코너스톤 클라우드
대안을 제시하다

구분	Core License		Feature License	
	Advanced	**Standard**		
기본기능	아이템(BOM) + 도면관리	도면 뷰어, 업무, 캘린더 + 파일관리	· PMS	10,000
월이용료 (연간 기준)	계정 당 40,000원	계정 당 20,000원	· 설계변경	10,000
클라우드 제공	스토리지 : 4GB / 트래픽 : 4GB	스토리지 : 2GB / 트래픽 : 2GB	· MES	10,000
확장기능 (별도 요금)	설계변경, 제조(MES), PMS, SCM, CRM	PMS, SCM, CRM	· SCM	10,000
			· CRM	10,000

www.csttec.com

목차

PART 1. PLM의 이해

- 10 PLM의 정의와 이해   도남철
- 16 제품개발 프로세스 기반의 BOM 관리   오민수
- 26 4차 산업혁명에서 PLM의 진화   조형식

PART 2. PLM/DX 트렌드

- 30 제조업의 경쟁력과 가상 엔지니어링   김태환
- 36 PLM의 중요성과 가치의 이해   류용효
- 43 변화하는 시대 그리고 PLM의 변화   김성희
- 46 PLM/DX 트렌드와 미래 리더십   류용효
- 51 MBSE의 정의와 PLM과의 연계   류용효

PART 3. PLM/DX 전략과 구축 가이드

- 58 PLM의 전략 수립과 구축 방법   강한수
- 67 실무 관리자를 위한 스마트팩토리 디지털 트윈 도입 실행 전략   임명진
- 76 중소제조기업에서 PLM 시스템을 도입할 때 몇 가지 고려할 점들   홍상훈
- 82 디지털 전환 시대의 성공적인 반도체 PLM 구축 전략   전성호
- 86 데이터의 지속적 활용을 가능하게 하는 디지털 스레드 전략   이봉기
- 92 PLM 구축시 선택 기준과 유형별 비교   류용효
- 97 PLM 시스템 구축을 위한 여정과 준비   김성희
- 100 PLM 시스템 활용도 향상을 위해 고려할 관리항목과 개선 방안   유종광

PART 4. PLM/DX 사례

- 106 율림에어샤프트 – PLM 단계적 도입으로 이룬 납기 단축 및 품질 개선   최재현
- 110 자동차부품 社 전사 PLM 시스템 구축   유영진

PART 5. PLM 업계 인터뷰

- 114 서효원 KAIST 산업및시스템 공학과 명예교수/초빙교수
  PLM의 역사와 발전을 위한 제언
- 116 김승동 티와이엠 중앙기술연구소 연구관리팀장
  티와이엠, PLM, ERP, MES 등 전사 DX 추진
- 118 한순흥 산업데이터표준협회 대표
  PLM의 역사와 발전 전망

PART 6. 주요 PLM 소프트웨어 소개

- 120 AonePLM
  중소/중견기업 최적화된 국산 PLM 솔루션
- 122 Aras Innovator
  오픈소스 PLM 소프트웨어
- 123 ASTRA PDM
  도면/문서관리 솔루션
- 124 Autodesk Vault PLM
  손쉽게 적용할 수 있는 실용적인 PLM 솔루션

Empowering an autonomous, sustainable future

헥사곤 SDx®를 활용하여 데이터를 정보로 전환하여 생산성을 향상시키고 비용 및 리스크를 감소시킬 수 있습니다.

| https://hexagon.com/ko/company/divisions/asset-lifecycle-intelligence

© 2023 Hexagon AB and/or its subsidiaries and affiliates. All rights reserved.

127 **Centric PLM**
소비재 PLM 솔루션

128 **CADPlus**
CAD 통합 모듈

130 **DynaPLM**
스마트 제품수명주기관리 소프트웨어

132 **DELMIA**
디지털 제조 및 계획 소프트웨어

134 **ENOVIA**
글로벌 협업 PLM 솔루션

136 **FabePLM**
전체 제품 수명주기 관리 솔루션

139 **FabeHUB**
데이터 배포 및 협업 관리 솔루션

140 **HxGN EAM**
설비 자산 관리 솔루션

141 **HxGN SDx**
스마트 디지털 리얼리티

142 **JK-PLM**
제품정보 통합관리 시스템

144 **LinkBiz**
마이링크 제조솔루션

146 **Nexus**
디지털 리얼리티 플랫폼

148 **Nextspace**
3D GIS 디지털 트윈 제작 및 시각화 플랫폼

149 **Visual Components**
3D 시뮬레이션 소프트웨어

150 **SAP Product Lifecycle Management**
제품 수명주기 관리(PLM) 소프트웨어

152 **SAP Production Engineering and Operations(PEO)**
생산 일정 수립 & 제약 관리 소프트웨어

154 **SOLIDWORKS PDM**
설계 데이터 관리 소프트웨어

156 **SOLIDWORKS Manage**
데이터 관리 소프트웨어

157 **TopSolid**
CAD/CAM/PDM/Shopfloor 디지털 팩토리 솔루션

158 **Teamcenter**
PLM 소프트웨어

160 **TeamPlus**
도면 및 기술정보 관리 솔루션

162 **코너스톤 도면관리 클라우드**
쉽고 빠른 도면관리

164 **코너스톤 PLM 클라우드**
바로 쓸 수 있는 맞춤형 클라우드 PLM

166 **Windchill**
엔터프라이즈 제품 라이프사이클 관리 소프트웨어

PART **7. PLM 관련 공급업체 디렉토리**

PART **8. 업체별 주요 PLM 및 관련 소프트웨어 공급 제품 리스트**

자동차 전장 부품 개발을 위한
ASPICE Cloud SaaS

ASoC
ASPICE on Cloud

더 이상 ASPICE의 시작을 늦출 수 없습니다!

시스템 구축 프로젝트에 사용되는 시간과 비용을 확실하게 절약하는 현명한 방법
바로 Cloud형 SaaS 서비스 입니다!
국내 최초 ASPICE Cloud SaaS 서비스인 ASoC을 지금 바로 사용해보세요!
제조기업에서의 30년 노하우를 담은 Best Practice가 적용된 SaaS 솔루션 ASoC을 소개합니다!

1 경제적인 비용

클라우드의 간편함으로 비용을 획기적으로 줄이세요.
SaaS 서비스를 통해 고가의 구축 비용과 유지보수 비용을 절감하고, 실시간으로 최신 기능을 활용하세요.
지금 바로 SaaS로 전환하여 비즈니스의 유연성을 극대화하고, 지출을 최적화할 수 있는 기회를 잡으세요!

2 쉬운접근

어디서나 쉽게 접근하세요.
핵심 기능들이 다 담긴 ASoC에 클릭 한 번으로 접근 해 보세요.
복잡한 설치나 업데이트 없이 바로 시작할 수 있어, 시간과 노력을 절약할 수 있습니다. 지금 바로 SaaS의 편리함을 경험해보세요!

3 탄력적 확장성

비즈니스 성장을 위한 무한한 가능성을 경험해보세요.
단 몇 번의 클릭만으로 사용자 수를 조정하고, 필요한 기능을 추가하며, 전 세계 어디서든 규모에 맞게 확장하세요.
귀사의 발전에 맞춰 자유롭고 신속하게 대응할 수 있게 도와줍니다. 지금 바로 유연한 확장성을 경험해 보세요!

4 안정적인 지원

전문 인력의 신속한 대응, 그것이 ASoC의 힘입니다.
서비스 사용 중 발생한 문제 또는 문의사항에 대해서 ASoC의 전문가가 빠르게 해결책을 제공합니다.
비즈니스의 효율성을 유지하고, 문제를 빠르게 넘어서도록 지원합니다. 언제나 신뢰할 수 있는 기술 지원을 약속드립니다!

	홈페이지	디엑스티 잠실 Office	디엑스티 수원 본사
DXT Homepage	dxt.co.kr	서울 송파구 백제고분로41길 6-7 4층	경기도 수원시 영통구 창룡대로256번길 77 A동 1305호
ASoC Homepage	asoc.co.kr	6-7, Baekjegobun-ro 41-gil, Songpa-gu, Seoul, Republic of Korea	77, Changnyong-daero 256beon-gil, Yeongtong-gu, Suwon-si, Gyeonggi-do, Republic of Korea

머리말

최근 제조 엔지니어링 기업들은 다양한 위험에 직면하고 있다. 팬데믹 위기를 거치면서 제조업에서는 공급망 문제와 수요 감소 등의 위기가 발생하였고, 관련 업계는 Industry 4.0과 같은 기술적 발전을 통해 생산성과 효율성을 높이는 방법을 찾고 있다. 또한 숙련된 기술인력의 감소와 인공지능(AI), 디지털 트윈 등 기술혁신은 새로운 화두를 던지고 있다.

PLM(Product Lifecycle Management, 제품수명주기관리)은 '제품 기획 단계에서부터 설계, 생산, 유지보수, 폐기까지 모든 과정을 관리'하는 것을 말한다. PLM의 전신이자 한 부문으로 볼 수 있는 PDM(Product Data Management, 제품데이터관리)은 CAD에서부터 필요성이 시작되었다. 1990년대 중반 CAD 데이터 관리 또는 엔지니어링 문서 관리에서 PDM이 시작되었고, 그후 BOM 관리, 설계변경 관리 등에 대한 관심이 높아지고, CPC(Collaborative Product Commerce)라는 개념이 등장하였으며, 2000년대 중반 PLM의 개념 확대와 함께 지금의 PLM으로 발전하게 되었다.

국내 제조업 및 솔루션 벤더들의 관점에서도 90년대 중반 삼성전자, 현대자동차 등 대기업이 PDM 솔루션 도입과 프로젝트를 시작하면서 시장이 형성되기 시작했다. 1995년 한국CAD/CAM학회(현 한국CDE학회)와 PDM연구회 설립, 2005년 제1회 PLM 베스트 프랙티스 컨퍼런스 개최, 2006년 12월 현대자동차, 삼성전자, LG전자 등 기업들이 주도하는 PLM컨소시엄의 창립, 2000년 이후 국내 기업들의 PLM 도입이 확대되면서 다쏘시스템, PTC, 지멘스 등 글로벌 벤더 등을 중심으로 시장이 확대되기 시작했다.

틈새를 겨냥한 국산 솔루션 개발사들은 부침을 거듭하며 현재는 아이보우소프트, 싱글톤소프트, 에스더블류에스, 마이링크, 코너스톤, 유라, 지경솔루텍, 디엑스티 등 중소 개발사들이 대열에 합류하고 있으며, 이제는 UNIPDM, ezPDM 등 SI 업체에서 개발했던 제품들은 역사 속으로 사라졌다.

PLM 업계 30년. 기술혁신의 아이콘으로 불리었던 PLM은 이제 새로운 아젠다는 아니지만 여전히 제조 엔지니어링의 미래를 이끌 핵심 축으로서 중요성을 인정받고 있다.

최근 각광을 받고 있는 스마트 제조, 디지털 트윈 등이 가능하기 위해서는 모델과 데이터 중심의 PLM 시스템 구축이 이루어져야 가능하기 때문이다.

우리나라에서는 아직도 2D 중심의 사고와 사일로(Silo)된 정보로 인해 디지털 스레드가 제대로 이루어지지 않고 있다. 반면 선진국에서 PLM, 스마트 엔지니어링, 그리고 스마트 제조의 통합은 중요한 아젠다로, 제품 개발 및 제조 엔지니어링의 전 과정을 혁신적으로 변화시키고 있다.

향후 PLM은 설계, 제품개발 부문의 툴이라는 인식에서 벗어나 스마트 제조와 디지털 트윈으로 범위를 넓히면서 IoT, 빅데이터, AI, 클라우드 등 새로운 기술, MES, ERP 등 다양한 영역까지 확장되며 기업의 전체 생애주기를 지원하는 진정한 시스템으로 성장해 나가

야 할 것이다.

PLM은 끊임없이 진화하고 있으며, 완성된 상태가 아닌 과거, 현재 그리고 미래를 아우르며, 제품수명주기 전반에 걸쳐 우리에게 끊임없는 과제를 던지면서 발전할 것이다.

30여년의 세월을 거치며 국내에서 그 중심에 서온 이들이 함께 모인 〈한국산업지능화협회 PLM기술위원회〉는 제조 엔지니어링 분야의 산업 활성화와 경쟁력 강화를 위해 다양한 사업을 하고 있다.

이번에 발간되는 〈스마트 엔지니어링을 위한 DX/PLM 가이드〉는 2005년 발간한 〈PLM Guide Book〉을 업그레이드 한 것으로, 국내 PLM/PDM 업계의 발전에 기여해온 이들이 힘을 모았다.

PLM의 정의와 이해, PLM/DX 트렌드, PLM/DX 전략과 구축 가이드, 관련 솔루션 소개, 업계 인터뷰 및 공급 업체 등을 수록했다.

이 책에는 교과서적인 내용도 있지만 PLM 분야 생태계에서 오랜 기간 현장에서 경험했던 내용들을 다양한 시각에서 정리한 글들이 많아 실제 시스템 구축시 참고할 내용들을 담고 있다.

뿐만 아니라 이러한 노력의 결과물들은 〈한국산업지능화협회 PLM기술위원회〉 주축으로 실시하고 있는 〈스마트 엔지니어링을 위한 DX/PLM 교육〉, 〈디지털 트윈 전문가 교육〉 등 교육 사업과 함께 실질적인 해법을 위해 접근하는데 많은 도움을 줄 것으로 기대된다.

이 책자는 〈한국산업지능화협회 PLM기술위원회〉와 〈캐드앤그래픽스〉 공동 기획의 산출물로, 캐드앤그래픽스 창간 30주년을 기념하는 책자이기도 하다.

10여년 전 〈PLM 베스트 프랙티스 컨퍼런스〉에서 'PLM이 미래다'라는 제목으로 구축 전략과 방법에 대해 소개된 적이 있었는데 오랜 시간이 지났지만 아직도 우리가 가야 할 길은 많이 남은 것 같다.

이 책이 국내 스마트 엔지니어링을 위한 PLM/DX 시스템 구축 및 활용에 도움이 되기를 바라며, 흔쾌히 저자가 되어주신 〈한국산업지능화협회 PLM기술위원회〉 위원들과 업계 분들에게 감사의 말씀을 전한다.

2023년 12월
최경화 / 캐드앤그래픽스 국장

이 책의 주요 저자 소개
강한수 / 김성희 / 김태환 / 도남철 / 류용효 / 서효원 / 오민수 / 유영진 / 유종광 / 이봉기 / 임명진 / 전성호 / 조형식 / 최경화 / 한순흥 / 홍상훈

참여업체
노드데이타 / 다쏘시스템 / 다우데이타 / 디엑스티 / 디원디지테크 / 마이링크 / 미라콤 / 센트릭 / 솔코 / 스페이스솔루션 / 싱글톤소프트 / 쓰리피체인 / 아이보우소프트 / 알씨케이 / 에스더블류에스 / SAP코리아 / 엔솔루션스 / 오상자이엘 / 오토데스크코리아 / 유라 / 이노팩토리 / 이쓰리피에스 / 인코스 / 자이오넥스 / 줌인테크 / 지경솔루텍 / 지멘스 / 코너스톤 / 키미이에스 / 피앤피어드바이저리(P&P Advisory) / PTC코리아 / 헥사곤_ALI / 헥사곤_MI

※ 가나다순

CAD&Graphics 30주년 감사드립니다

■ 월 10,000원, 1년 정기구독 100,000원

국내 유일의 CAD/CAM/CAE/PLM 전문지

CAD&Graphics 는 CAD/CAM/CAE/PLM 분야의 월간지와 관련 단행본을 발행하는 전문 잡지입니다. 1993년 12월에 창간된 본지는 기계 및 건축, 산업디자인 분야의 CAD/CAM/CAE/PLM 소프트웨어 정보, 스마트 제조를 위한 기술 트렌드, 업체·관련기관 동향과 튜토리얼에서 성공 사례까지 다양한 정보를 담고 있습니다.

CAD&Graphics 는 PLM 베스트 프랙티스 컨퍼런스, 플랜트 조선 컨퍼런스, CAD/CAM 컨퍼런스, CAE 컨퍼런스, 3D 프린팅 & 금형 기술 컨퍼런스, 코리아 그래픽스 등 관련 행사를 통해 업계를 리드하고 있습니다.

■ 부대사업 안내
● 각종 컨퍼런스 및 행사 기획, 각종 브로셔 및 매뉴얼 제작
● 문의 : 02-333-6900, www.cadgraphics.co.kr

4차산업혁명 시대, 스마트제조

페이스북 그룹에 초대합니다!

4차 산업혁명 시대에 디지털 트랜스포메이션을 통한 스마트 제조혁신과 인더스트리 4.0에 관심을 가지고 있는 사람들, 관련 업계에 종사하는 사람들, 스마트공장, PLM에 대해 관심을 가지고 있는 사람들이 함께 모여 허심탄회하게 정보를 공유하고 의견도 나누는 공간을 만들고자 합니다. 많은 참여와 공유 부탁드립니다.

■ 홈페이지 https://www.facebook.com/groups/plmcafe

캐드앤그래픽스 에서 펴낸 책들

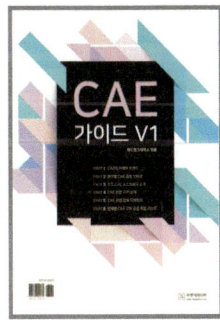

CAE 가이드 V1

CAE에 대한 이해 및 동향,
관련 제품 및 업체 소개 등 집대성
캐드앤그래픽스 엮음
정가 33,000원

캐드의 정석 ZWCAD(최신판)

인생 실전이야!
캐드도 실전처럼!
최종복, 김현기 지음
정가 35,000원

3D 프린팅 가이드 V4

- 3D 프린팅 & 3D 스캐닝 정보 총집합
캐드앤그래픽스 엮음
정가 25,000원

PART 01
PLM의 이해

PLM의 정의와 이해 / 도남철

제품개발 프로세스 기반의 BOM 관리 / 오민수

4차 산업혁명에서 PLM의 진화 / 조형식

PART 1

PLM의 정의와 이해

PLM(Product Lifecycle Management : 제품수명주기관리)은 비정형적이고 방대한 제품개발 활동을 지원하는 정보 시스템(혹은 정보 관리 기법)이다. 개별 기업의 복잡한 제품개발 활동을 지원하는 PLM은 기술적 경영적 변화에 따라 다양한 관점이 존재한다. 특히, PLM이라는 이름은 완성된 상태가 아닌 미래의 목표 시스템을 가리키는 단어로 더 많은 오해를 일으킨다. 그러므로 PLM을 평면적으로 정의하기 보다 과거, 현재 그리고 미래를 포함하는 시간의 흐름을 통해 이해하는 것이 균형 잡힌 관점을 제공할 수 있을 것이다. 이 글에서는 PLM을 시간의 흐름을 통해 이해하기 위해 제품 설계를 지원했던 PDM(Product Data Management : 제품데이터관리)부터 시작하여 제품개발까지 지원하는 현재의 PLM 그리고 제품 서비스를 포함하는 제품 수명 주기 전체를 지원하는 미래 PLM 개념을 연결하여 설명하고자 한다

PDM 소개

PDM 정의와 목적

PDM은 '제품 설계'를 위해 필요한 제품 자료를 통합 관리하는 '데이터베이스' 기반 정보 시스템이다. PDM의 목적은 방대한 제품 자료를 효과적으로 관리하여 높은 '품질'의 제품을 '신속'하고 '경제적'으로 설계(개발)할 수 있게 하는 것이다. 이러한 PDM/PLM의 대상인 제품 자료는 다음 특성을 가진다.

첫째, 제품 설계에서 폐기까지 상호 복잡한 관계를 가진 다양하고 방대한 제품 자료가 생성된다. 둘째, 다양한 조직, 모델, 응용 프로그램이 다른 관점에서 제품 자료를 공유하고 사용한다. 셋째, 제품 자료는 제품이 모델 아웃될 때까지 설계 변경과 판매 제품의 유지 보수를 위해 장기간 관리되어야 한다.

PDM의 발전

조기 PDM은 CAD(Computer Aided Design : 컴퓨터 이용 설계) 파일을 관리하기 위하여 시작되었

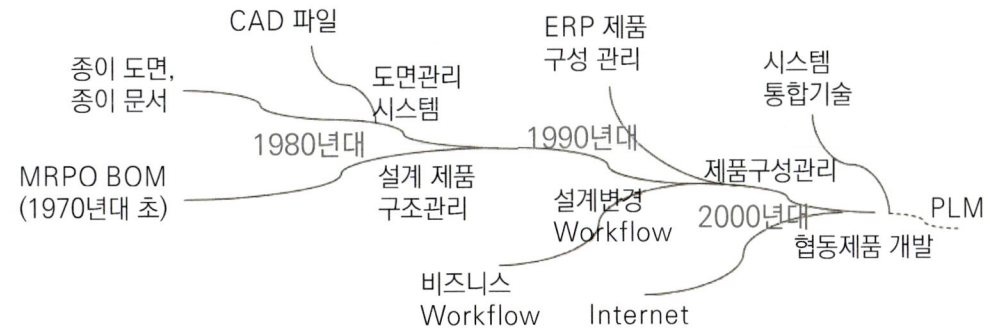

그림 1. PDM의 발전

다.(〈그림 1〉의 'CAD 파일') 1970년대부터 1980년대까지 제품 형상을 컴퓨터로 표현하는 CAD 시스템이 개발되었고, 기업들이 제품 설계에 CAD를 도입하기 시작하였다. CAD 파일을 관리하기 위해 CAD 파일의 디렉터리와 파일 이름을 색인(Index) 데이터베이스로 관리하는 기술 문서(도면) 관리 시스템이 생겨났다.

MRP(Material Resource Planning : 자재수급계획) 시스템이 도입한 BOM(Bill of Material : 자재명세서)의 영향을 받아 3차원 CAD 시스템의 제품구조 자료를 관리하는 데이터베이스 응용 프로그램이 나타났다. 문서 관리와 제품구조 개념이 통합되어 제품구조 중심의 CAD 모델과 문서관리 시스템이 생겨났으며, 이로써 제품구조 중심의 제품 자료 통합이라는 현대 PDM의 기본 구조가 형성되었다.('설계 제품구조 관리')

기업에서 일반 업무 자동화에 사용된 워크플로와 ERP(Enterprise Resource Planning : 기업자원 관리) 시스템 등에서 사용된 제품 구성(Product Configurations) 개념이 PDM 시스템에 도입되었다. 워크플로는 PDM 시스템의 설계변경 관리에 주로 쓰이고 있다.('제품 구성 관리'와 '설계변경 Workflow')

이후 여러 용어로 불리던 확장된 PDM 개념이 PLM(Product Lifecycle Management)으로 통일되었다. PLM은 인터넷 등의 새로운 정보 기술을 기반으로 제품수명주기 상의 설계, 생산 그리고 고객 지원 사이의 제품 자료 공유와 협동 제품개발을 지원한다. PLM에 대한 자세한 내용은 다음 절에서 다룬다.

PDM 기능

CIMdata는 복잡한 PDM 기능을 체계적으로 표현하기 위하여 PDM 기능, 응용 시스템 그리고 업무 솔루션으로 구성된 응용 모델을 제안하였다.(그림 2)

PDM 응용 모델은 하위 계층 요소를 조합하여 상위 계층을 구성하는 계층적 구조로 되어 있다. 응용 모델의 기반은 두 개의 기능 계층으로 구성되어 있다. 그중 하나인 사용자 기능은 PDM 시스템이 제공하는 기본 기능이다.(〈그림 2〉의 '사용자 기능')

반면 유틸리티 기능은 기본 기능 외의 사용자 환경과 외부 시스템 인터페이스 기능을 포함하는 보조 기능이다.('유틸리티 기능')

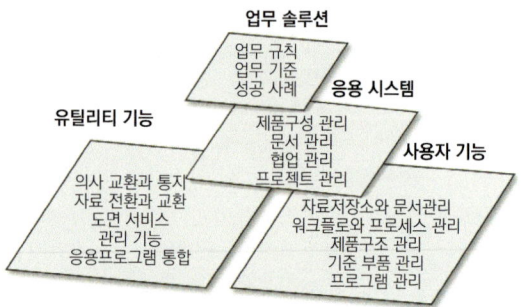

그림 2. PDM 응용 모델(CIMdata, 1997)

모델의 두 번째 계층은 응용 시스템 계층이다. 응용 시스템 계층은 기능 계층의 기능들을 조합하여 특정 응용을 목적으로 하는 PDM 응용 시스템을 구성한다.('응용 시스템')

응용 모델의 최상위 계층은 업무 솔루션 계층이다. 업무 솔루션은 특정 기업이나 산업에 응용을 위하여 응용 계층의 응용 시스템을 조합하여 만들어진다.('업무 솔루션')

PDM의 구체적 기능의 예로 사용자 기능 중 주요 기능인 기준 부품 관리, 문서 관리 그리고 제품구조 관리 기능을 설명한다.

기준 부품 관리

제품 자료 관리의 기본이 되는 제품에 사용되는 부품의 목록은 부품 리스트, 기준 정보, 부품 마스터 등의

PART 1

다양한 이름으로 불린다. 부품 리스트는 부품의 식별자(부품 번호) 부여와 기업 내 부품 목록과 부품 속성을 관리하는 역할을 한다. 부품 리스트는 부품번호 관리, 호환성 관리, 표준 품 관리, 외부 부품 번호 관리 그리고 호환 부품 번호 관리 등 기준 정보로서 철저한 관리가 필요하다. 기준 부품이 명확히 관리되지 못할 경우, 정보 시스템 전체의 신뢰성과 오류로 인한 피해가 발생한다.

그림 3. 부품 리스트 속성과 속성값 예

항목	값
PART NO	1650015
PART VERSION	--A
PART NAME	CAP
TYPE	FAB
STATUS	RELEASED
USAGE	E/C/M
CREATE_DATE	2002-10-05
OWNER	dnc
WEIGHT	10
UNIT	EA
MATERIAL	PLASTIC
PRICE	5
CS_TYPE	M

문서 관리

문서관리는 부품 리스트와 연계된 기술 문서(CAD, 도면, 자료 파일)를 통합된 단일 서버를 통해 공유하는

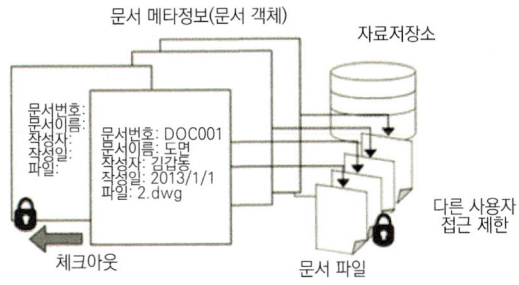

그림 4. 자료 저장소를 이용한 접근 권한 관리와 Check In/Out 기능

역할을 한다. 문서 관리는 자료 저장소를 이용하여 기술 문서를 일관되게 저장 공유할 수 있는 동시성 관리 기술로서 접근 권한 관리와 Check In/Out 기능 등을 제공한다.

제품구조 관리

제품구조란 부품 간 '구성 관계'를 연결한 네트워크 구조로써 PDM에서 관리되는 제품구조는 Engineering Bill of Material(E-BOM)으로 이해할 수 있다. 제품구조는 아래와 같이 제품에 참여하는 모든 부품 사이의 구성관계(예 : 010과 020사이의 조립 관계 – 두 부품을 선으로 연결)를 같은 부품으로 연결하면 생성할 수 있다.(예 030을 중심으로 010, 040, 050 연결)

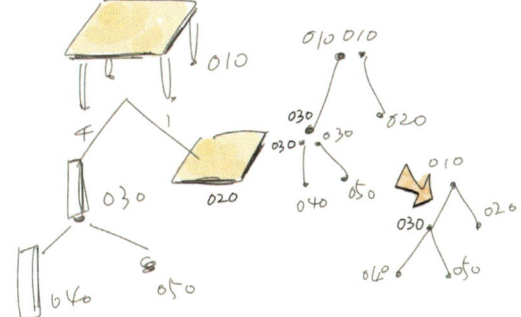

그림 5. 제품구조의 생성

제품구조를 사용하면 서로 다른 제품별 부품 공유를 복사하지 않고 표현할 수 있다.(〈그림 6〉의 '축' 부품) 중복되지 않은 부품 공유는 부품 리스트를 이용하여 부품을 유일하게 관리할 수 있게 한다.

제품구조를 이용하여 컴퓨터에 BOM을 효율적으로 표현할 수 있다. 그러므로 제품구조를 이용하여 BOM과 관련된 다양한 고급 제품 자료 관리를 제공할 수 있다. 제품구조는 제품구성(Configuration), 설계변경, 변형품, 유효성 그리고 통합 BOM 등 고급 제품 자료 관리를 지원한다.

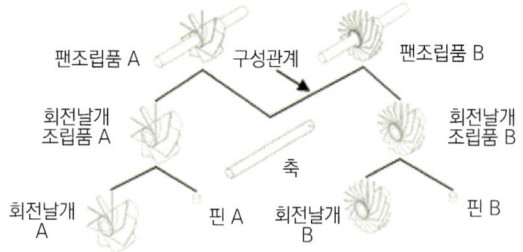

그림 6. 제품구조는 부품을 중복하지 않고 공유

이와 같이 PDM은 부품 리스트, 기술 문서 그리고 제품구조를 기반으로 다양한 사용자와 유틸리티 기능을 조합하여 제품 설계에 필요한 제품 자료 관리 기능을 제공한다.

PLM 소개

PLM의 정의

PLM은 제품 설계 자료를 기반으로 생산과 고객 지원을 준비하기 위한 설계, 생산 그리고 고객 지원의 제품 자료 공유와 협동 작업을 지원하는 정보 시스템(혹은 정보 관리 기법)이다. PLM은 제품 설계 지원을 위한 PDM을 확장하여 제품을 출시하기까지 필요한 활동인 '제품개발'을 지원한다. 제품개발은 설계 분만 아니라 상품기획과 제품구성(Product Configuration) 계획을 위한 시스템 설계 과정을 포함한다. 제품개발은 제품 설계 단계 이후에 설계 자료를 기반한 생산과 고객지원 준비 활동을 포함한다. 생산 준비 예로 '공정계획', 고객지원 준비 예로 '서비스 부품 카탈로그 출판과 편집'을 들 수 있다.

제품설계, 제품개발, 제품수명주기

제품 관점 제품수명주기 vs. 생산자 관점 제품수명주기

PLM은 제품설계, 제품개발 그리고 제품수명주기로 그 지원 대상을 점차 확대하고 있다. 하지만 현재 수명주기 상의 생산과 고객 지원 운영을 직접 지원하지 못한다. 그러므로 PLM이 이름처럼 제품 수명 주기를 지원한다는 정의는 정확하지 않다. 일반적으로 제품수명주기란 제품의 탄생부터 소멸까지 전 과정을 뜻한다. 그러므로 제품수명주기는 제품을 정의하는 설계, 제품을 물리적으로 구현하는 생산 그리고 판매 후 고객의 제품 사용을 지원하는 고객 지원 단계로 나눌 수 있다.(〈그림 7〉의 제품관점 제품수명주기)

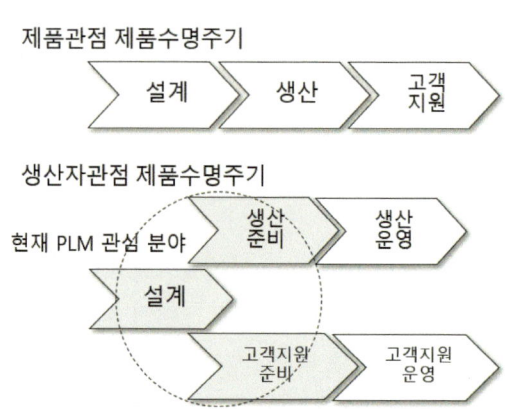

그림 7. 제품설계, 제품개발, 제품수명주기

하지만 이 제품수명주기는 개별 제품 관점에서 본 일생 주기이다. 제품 생산 기업은 다른 관점에서 제품수명주기를 정의한다. 생산자 관점에서 본 제품수명주기에서 제품 설계 이후 과정이 생산과 고객 지원으로 곧바로 연결되지 않는다. 제품 설계를 기반으로 생산과 고객 지원 방법을 결정하는 생산과 고객 지원 준비 과정을 거쳐 생산과 고객 지원을 실제 운영할 수 있다. ('생산자 관점 제품수명주기')

그 이유는 제품을 정의하는 제품 설계만으로 제품 생산이 불가능하기 때문이다. 생산 도구와 작업 순서를 이용한 제품의 생산 방법까지 준비되어야 제품 생산이 가능하다. 무엇을 생산할 것인가를 정의하는 제품 설계

PART 1

외에 어떻게 생산할 것인가를 정의하는 생산 준비가 이루어져야 한다. 기업에서 생산 준비의 대표적 과정으로 제품을 만드는 방법과 순서를 준비하는 공정 설계가 있다. 반면 생산 운영은 제품과 생산 방법이 결정된 후 이에 따라 생산 수량과 시간을 계획하여 제품을 실제 생산하는 단계이다. 고객 지원도 마찬가지로 제품 설계를 기반으로 어떻게 제품 사용을 지원할지를 결정하는 고객 지원 준비와 실제 고객 지원 활동을 관리하는 고객 지원 운영이 필요하다.

PLM이 관심 있는 생산과 고객 지원 준비 활동

현재 PLM이 관심 있는 부분은 생산과 고객 지원 운영 활동이 아니라 생산과 고객 지원 준비 활동이다. (〈그림 7〉 '현재 PLM 관심 대상')

생산과 고객 지원 운영 활동은 PLM이 아닌 ERP 같은 전용 정보 시스템을 사용한다. 현재 PLM은 생산 계획이나 공정 실행 혹은 서비스 운영 등의 생산과 고객 지원 운영 단계를 지원하지 못하고 있다.

PLM의 정의인 "설계, 생산 그리고 고객 지원의 제품 자료 공유와 협동 작업 지원 제품 정보 시스템"은 PLM이 제품수명주기 중 생산과 고객 지원 준비 단계를 포함한 제품개발을 지원한다는 의미이다. 반면 PDM은 설계를 지원하는 제품 자료를 관리한다.

생산과 고객 지원 준비는 제품 설계 정보를 기반으로 한다. 그러므로 PLM은 생산과 고객 지원 준비를 담당한 기술자가 설계의 제품 자료를 공유하여 설계와 통합된 생산과 고객 지원 자료를 생성할 수 있게 한다. 설계와 생산 및 고객 지원 준비를 위해 확장된 제품 자료는 제품수명주기 상의 설계와 생산 및 고객 지원 준비 단계의 협동 작업을 지원하여 제품수명주기 전체를 고려한 제품개발을 지원한다.

설계, 생산 그리고 고객 지원 준비를 위한 협동 작업을 지원하기 위하여 PLM은 PDM이 지원했던 설계 제품 자료에 생산과 고객 지원 준비를 위한 제품 자료를 통합 관리한다. 그러므로 PLM은 생산과 고객 지원 준비까지 지원 범위를 확장한 제품개발을 지원하는 정보 시스템이다.

제품 설계, 제품개발, 제품 수명 주기 상의 PLM

〈그림 8〉은 제품 설계, 제품개발 그리고 제품수명주기와 PDM 및 PLM의 관계를 종합적으로 보여주고 있다. 가장 내부의 과정은 제품 설계이다. 제품 설계는 만들고자 하는 제품의 기능, 형태 그리고 재료 등을 정의하는 과정이다. 제품 설계에 필요한 제품 자료는 PLM의 이전 시스템인 PDM 시스템에 의하여 지원되었다.(〈그림 8〉의 '제품 설계'와 'PDM 시스템' 사이의 화살표).

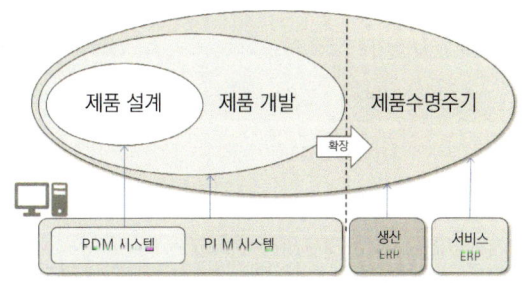

그림 8. PLM 제품개발, ERP 제품 생산과 고객지원 운영

제품개발은 제품을 출시하기까지 필요한 일의 순서로 물리적 제품을 만들어 내기 전까지 준비 활동을 뜻한다. 제품개발은 제품 설계를 포함하고 제품 설계를 기준으로 앞의 상품기획 뒤에 시제품 개발과 생산과 고객 지원 준비 단계를 포함한다. 현재 PLM 시스템은 제품개발까지 지원한다.

제품수명주기는 제품의 탄생에서 소멸까지의 모든

과정이다. 그러나 현재 PLM은 제품개발 단계인 설계와 생산 및 고객 지원 준비 단계를 포함하고 나머지 부분인 생산과 고객 지원 운영에 대한 지원은 부족하다. 제품수명주기에 제품개발 이후 물리적 제품을 생산하거나 서비스하는 운영 과정은 PLM이 아닌 생산과 서비스 ERP가 지원한다.

현재 PLM 시스템은 제품수명주기 전체를 지원하기 위한 과도기에 있다. 미래 제품 시스템으로 예측되는 스마트 커넥티드 제품개발의 경우 PLM 시스템의 설계와 생산 및 고객 지원 준비가 고객 지원 운영과 연결되는 특징이 발견된다. PLM 시스템은 제품개발에서 벗어나 제품수명주기 상의 생산과 고객 지원 운영으로 확장할 가능성이 있다. 특히 미래 설계 정보에 의해 자동화된 생산체계를 지원하는 PLM은 제품개발 분만 아니라 생산과 고객 지원 운영 자료 관리까지 확장하여 진정한 제품수명주기관리 시스템의 역할을 할 것으로 기대한다.

PLM 확장 목표와 기능

PLM은 기업 내 설계, 생산, 판매 그리고 고객 지원 등 서로 다른 관점을 가진 부서가 일관된 제품 자료를 공유하고 효과적인 정보 시스템을 통한 협력을 통해 더 혁신적인 제품을 설계하여 시장을 성공적으로 확대하는 것을 목표로 한다. 목표의 확장은 제품 설계 초기 단계의 지식 집약적 설계 지원과 생산과 고객 지원 준비를 통합 지원하는 PLM의 기능 확대를 가져왔다. 〈표 1〉은 PLM의 제품개발과 제품개발 외 부분에서 확장된 기능을 나열하고 있다.

지금까지 PLM은 PDM의 기능과 적용 범위를 확장한 정보 시스템임을 설명하였다. PDM은 제품 설계를 위한 제품 자료 관리 기본 기능을 제공하며, 제품구조 기반의 제품 자료 통합을 통해 제품구성 관리, 유효성, 설계 변경 이력, 통합 BOM 등 제품 설계 전반에 걸친 제품 자료를 제공한다.

PLM은 PDM의 제품 설계 자료를 기반으로 생산과 고객지원 준비 단계(예 공정 계획과 서비스 부품 카탈로그 편집)를 위한 자료 공유와 협업을 지원한다.

미래의 PLM은 디지털 전환을 위해 생산과 고객지원 운영을 포함한 전체 제품수명주기를 지원할 것으로 예측된다.

표 1. PLM 확장 목표와 기능

항목	내용
목표	혁신, 지속가능성, ESG 등 다양한 가치
적용기술	인터넷, 웹 서비스, 클라우드, IoT, 빅데이터, 기계 학습 등
적용환경	확장 및 글로벌 기업의 협동 제품 개발
기능확대 (제품 개발)	프로그램 관리, 콘텐츠 관리, 다양한 제품 정의 모델, 요구관리, 제품사양, 전자 및 소프트웨어 설계, 가시화를 포함한 자료 접근성 증대
기능확대 (제품 개발 외)	공정설계(디지털 공정설계 포함), 유지보수 계획, 유지보수 구성관리, 기술문서 출판(서비스 매뉴얼, 사용자 가이드, 조립 지침서), ERP, SCM, CRM과 연동된 협동 설계 관리

도남철 교수
경상국립대학교 산업시스템공학부
namchuldo@gmail.com

PART 1

제품개발 프로세스 기반의 BOM 관리

최근 세분화되는 고객 요구로 인해 시장 경쟁이 치열해짐에 따라 제조 기업들은 전통적인 대량 생산 체제(Mass Production)에서 대량 맞춤 체제(Mass Customization)로의 패러다임 전환을 요구하고 있으며, 이러한 추세는 제조 기업의 디지털 전환(Digital Transformation)이라는 방향에 맞춰 가속화되고 있다. 이러한 전환에 대응하기 위해 많은 기업들은 혁신적인 제품 개발 프로세스 개발 및 효율적인 설계 변경 프로세스의 표준화에 목표를 두고, 성공하는 제품을 출시하기 위해 빠르게 변화하고 있다. 제품의 설계 데이터를 선행 부서와 후속 부서에서 활용하는 부문간 협업 프로세스가 점점 더 강화되고 있으며, 전사 제품 프로세스(Enterprise Product Process) 기반 하에서 다양한 제품 정보를 통합관리 할 수 있는 체계가 필요하다. 따라서 전사 BOM 관리(Enterprise Bill of Materials Management)의 이해를 통해 그 해법을 찾고자 한다.

서론

최근 고객 요구의 세분화와 제품 다각화의 추세가 증가하는 가운데 제조 기업이 시장 경쟁력을 유지하기 위해서는 적시에 시장의 요구에 대응하고, 우리 기업의 제품과 공정이 가지는 고유 가치를 지속적으로 향상시켜, 우리 기업이 가장 잘 만드는 제품을 개발할 수 있는 최적화된 제품 개발 프로세스를 구축해야 한다.

또한 시장의 요구 수준과 현존하는 제품과의 차이점을 줄이기 위해 진행하는 활동 중 가장 구체적이고 직접적인 활동이 설계변경 프로세스라고 정의할 수 있다. 시장의 변화로 인하여 과거보다 더욱 잦아지고 필연적으로 되어버린 설계 변경으로 인해 발생되는 잦은 변화가 제품 설계 및 제조 현장의 생산성에 영향을 주는 문제에 직면하고 있는 것도 우리나라 제조 기업의 현실이다.

이러한 변화를 쫓다가 제품 개발 및 제조 현장의 문제가 발생하여 전체 기업의 비즈니스까지 악영향을 끼칠 수 있다는 점을 인지하고 있는 기업들은 혁신적인 제품 설계 프로세스의 구축과 함께 효율적인 설계변경 프로세스의 확립을 회사의 중요한 표준 프로세스로 생각하고 이를 우선적으로 구축하고 있다.

이에 이 글을 통하여 혁신적인 제품 개발 프로세스의 중추적인 요소인 전사 차원의 BOM 관리와 설계 변경 관리에 대해 이해하기 바란다.

BOM이란?

BOM(Bill Of Material : 자재명세서)은 제품(Product)을 구조적으로 표현할 수 있는 정보 체계를 말한다. 제품은 조립품(Assembly)으로 구성되어 있으며, 조립품은 조립품을 만드는 데 필요한 모든 하위조립품(Sub

Assembly), 부품(Part) 및 중간재, 원자재의 목록으로 구성되어 있는 제품의 구성 구조 정보와 상위 조립품의 최소 단위를 구성하는데 필요한 하위 부품의 소요 수량으로 표현한다.

제조 기업의 현실 : BOM 관리의 문제점 및 해결 방안

전통적으로 제품을 표현하는 가장 중요한 정보인 BOM(Bill Of Material) 정보는 제품 및 부품의 설계 및 생산에 참여하고 있는 담당자들의 업무 효율성 증대를 위하여 최하단 부품(Part) 요소는 거의 동일하나, BOM 구조 구성의 변화와 사용자의 관점에 따라 필요 정보의 차이를 표현해 주는 많은 시스템을 개발하여 활용해 왔다.

필요에 따라 시스템 개발을 진행하여 BOM 작업을 진행하다 보니, 각 사용자들의 사용성 및 작업 효율은 증가하는 긍정적인 측면이 있었으나, 후행 부서와의 협업 측면에서는 상이한 시스템 상에서 전달되어 오는 BOM 정보를 나의 업무에 적합한 BOM으로 생성하고, 정합성 검증 등을 위해 많은 시간 투입이 되는 부정적인 측면도 발생하고 있다. 또한 전사 차원의 명확한 BOM 관리가 어려워진 기업에서는 각 부서의 작업자들이 동일한 제품을 대상으로 작업을 진행하면서도 서로 다른 BOM 정보를 활용하는 사례가 발생하면서 제품 품질 확보에 중요한 걸림돌이 되는 것 또한 우리가 직면한 문제임을 부정할 수 없다.

Enterprise BOM Management 개념

이를 해결하기 위해서는 제품을 기획/설계/생산/서비스하는 제품의 수명주기 전 단계에서 정의되는 제품 사양 및 부품 정보를 일관성 있게 관리·활용할 수 있는 전사 차원의 BOM 관리(Enterprise BOM Management) 체계를 구축해야 한다. 또한 제품 및 부품의 설계 및 생산에 참여하고 있는 모든 작업자들이 공통으로 사용해야 한다.

이 시스템은 제품·부품이 정의되는 전 과정(기획/개발/생산/서비스) 간 제품 사양 및 부품 정보의 연계성을 유지하고, 제품 사양 및 부품 정보의 중복을 배제한 통합 체계에 정보의 최신성을 유지하여, 언제 어느 곳에서나 최신 정보를 활용할 수 있도록 함을 목표로 한다.

이를 구현하기 위해 제품 개발 부서(Engineering)에

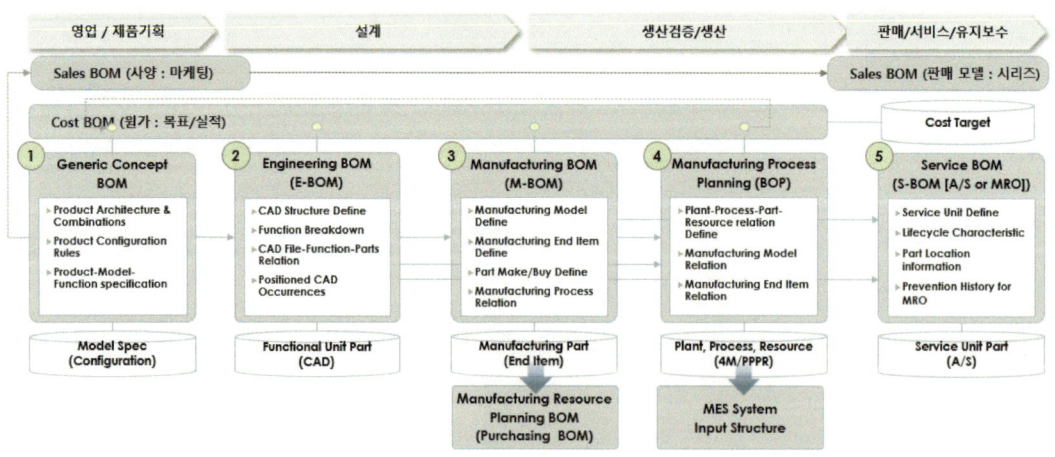

그림 1. Enterprise BOM 설명 범위

PART 1

서는 기술 기능 요구사항(Technical Requirement)과 기술 사양(Engineering Spec)을 정의하여 개발을 진행하여야 하고, 제품군(Product Line)별 또는 모듈(Module)별 정의된 설계 표준 방식 및 모듈간 인터페이스(Interface)가 정의된 CAD 표준 설계 방식에 따라 작업을 진행하여야 한다. 제품이 완료된 이후에는 제품을 구성하는 표준 모듈 검토와 엔지니어링 사양의 표준화를 검토하여 전사 활용 여부를 검토해야 하고 마케팅 사양과의 연계도 정의해야 한다.

이런 어렵고 복잡한 환경 내에서 제품의 기능 구현과 품질을 보증하는 제품을 만들기는 쉬운 일이 아니다. 제조기업의 특성상 전사 차원의 BOM 체계(Enterprise BOM Management)를 한 개의 통합시스템으로 만들기 어렵다는 것을 우리는 다년간의 경험으로 학습하여 잘 알고 있다.

그래서 각 기업의 특성에 맞는 최적화된 구현은 다음 기획에서 논의하기로 하고, 이 글에서는 전사 차원의 BOM 체계 구축 시 중요한 항목과 각 BOM 구성의 특징과 고려사항을 이해하는 것을 목표로 기술하려 한다. 전사 차원의 BOM 체계 구축 시 중요한 항목을 정의하면 다음과 같은 중요 요소를 정의할 수 있다.

전사 차원의 BOM 체계 구축 시 중요 항목

1. 기업내 BOM 정보를 활용하는 각 부서를 정의하고 사용성이 유사한 그룹의 요구사항을 정의하여 그 요구사항에 맞는 BOM을 구성하고 활용해야 한다.
2. 이렇게 구성된 각각의 BOM은 표준 BOM 등록 절차에 따라 생성되고, 개별 기업의 목적에 맞게 BOM을 활용하면서 연관된 파트(Part)간의 연결을 구성하여, 파트 추적성 관점의 제품 정보 통합 관리 시스템으로 유지하여야 한다.
3. 제품 변경 발생시 변경 정보를 일관성 있게 반영할 수 있는 변경 프로세스와 연동되어 항상 최신 및 유효한 BOM이 유지되어야 한다.
4. 1, 2, 3번 항목을 만족하면서 시스템 인터페이스가 최소한으로 발생할 수 있는 BOM 관리 시스템의 R&R(Roles & Responsibilities)을 정의하여 구성한다.

표 1. 전사 차원의 BOM 구분 및 구성 시 고려사항

사용 업무	BOM 구성 시 주요 고려사항	일반적인 BOM 표현 예
기획	제품군 별 기능 그룹 단위로 구성 모델/Function Group, 옵션 고려	GPS(Generic Product Structure) Generic Concept BOM
설계	기능 단위로 나누어 개발 필요 기능 구현, 부품 특성, 개발 담당 고려	CAD BOM Engineering BOM
생산	조립 단위로 구성 필요 공장 별, 공정 별, 설비 특성 고려	Manufacturing BOM Manufacturing Process Planning BOM (BOP)
구매	구매 단위로 구성 필요 발주 단위, 공급 업체 고려	Manufacturing Resource Planning BOM Purchasing BOM
판매	판매 가능 제품 구성 필요 판매 사양 및 패키지 고려	Marketing Specification Sales BOM
서비스 (A/S)	서비스(A/S) 가능 단위로 구성 필요 서비스 부품 단위 고려	Service BOM(As-Serviced) A/S BOM
서비스 (유지관리)	실제(Physical) 유지보수 관리 단위로 구성 Serialized 부품, 운영 실적 고려	Service BOM(As-Maintained) MRO BOM

전사 차원의 BOM 관리 체계를 구축하기 위하여 전체적인 관점에서는 기 정의된 중요 항목의 요구사항을 만족하면서, 각각의 BOM은 정확한 목적을 가지고 활용될 수 있어야 하기 때문에 각 BOM별 주요 고려사항을 기능적으로 구현해야 한다.

〈표 1〉에 기술된 BOM의 구분은 각 기업의 비지니스 환경에 따라 상이할 수 있으며, 필자가 경험한 많은 기업에서 일반적으로 사용하는 내용을 기준으로 기술하였다. 이 글에서는 PLM 정의를 통해 거론된 Generic Concept BOM, Engineering BOM (E-BOM), Manufacturing BOM(M-BOM), Manufacturing Process Planning(BOP), Service BOM 등 5가지의 BOM에 대한 특성 및 주요 고려사항에 대해 살펴보도록 하겠다.

Generic Concept BOM

새로운 제품이 개발되기 시작하면 부서간 상이한 요구사항이 발견되는데, 마케팅(Marketing) 부서에서는 제품 개발 초기에 기능의 조합으로 구성되는 제품의 모습 예측을 원하며, 개발(Engineering) 부서에서는 이미 제작된 다양한 파생(Variant) 제품과 비교하여 새로 개발될 제품 검증을 원하고, 생산(Production) 부서에서는 이 제품이 생산 가능한지 검증하기를 원한다.

이러한 요구사항을 만족하기 위하여 제시하는 제품 정보의 형태가 Generic Concept BOM이며, 이 정보의 형태를 구현하기 위하여 기업은 제품의 특성을 정의하여 제품 구조(Architecture)를 구성하고, 생산·판매할 수 있는 모델 기준으로, 기능 그룹(Function Group)과 선택 옵션(Option)을 정의하여 사양에 따른 표준 파생(Variant)을 지정하여 연결 구조를 생성 관리해야 한다

이를 통하여 설계 표준 관리 및 부품 공용화를 구현할 수 있으며, Generic Concept BOM을 구성한 후에는 새롭게 제품 파생으로 생성된 모듈(Module) 단위의 제품 구조를 표준 파생 모듈로 등록할 수 있는 프로세스 수립 및 연계를 진행하여 마케팅 사양 / 엔지니어링 사양 / 파생 제품 간 관계를 지속적으로 업데이트 해야 한다.

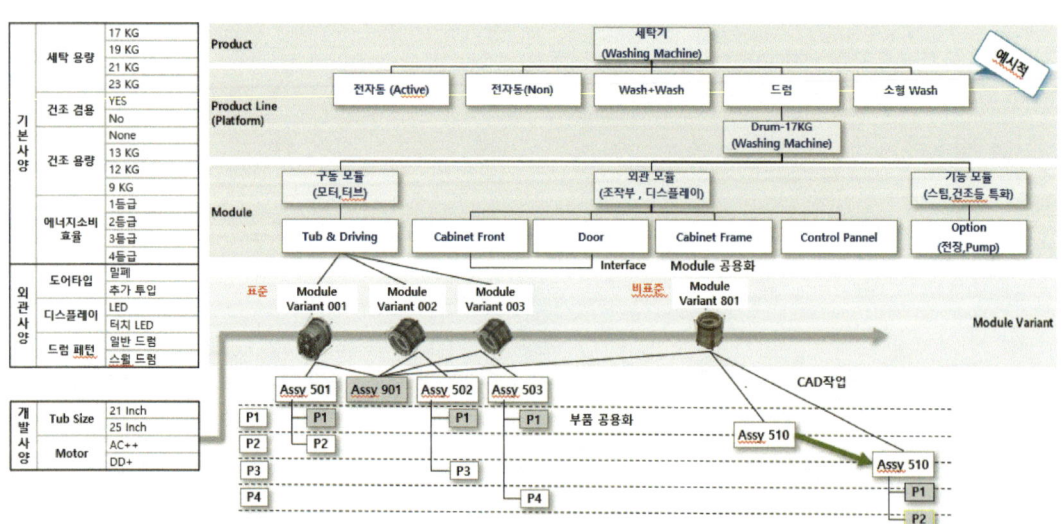

그림 2. Generic Concept BOM 개요 예시

PART 1

주요 고려사항

- 제품군별 특성에 따른 GPS(Generic Product Structure) 방향성 정의
- Model 별 Product Architecture Definition
- 전사 차원의 제품군 특성에 따른 GPS의 표준화 레벨 정의
- 제품별 Function Group 정의, 모델 별 적용 가능한 옵션들이 구성된 Super BOM 형태로 구성
- 제품/Model 표현 방식 및 Variant-Option 간 기능 정의
- 최하위는 표준 기능그룹으로 구성 → 연계된 표준 BOM 존재
- Variant 관리 방안 : Function Group별 표준 Variant 구성 방안 정의
- Option 관리 방안 : 부품간 Default 선택 관계 및 제약 관계 관리 방안 정의
- 표준 Variant 공용화 방안 및 부품 공용화 방안 수립
- 통합 GPS 구성을 위한 기존 제품 데이터 Migration 방안 수립

Engineering BOM(E-BOM)

Engineering BOM(E-BOM)은 제품에서 목표로 하는 기능 구현을 위한 제품 설계 엔지니어 관점의 정확한 전체 자재 소요량을 의미하고, 제품설계시 활용되는 엔지니어링 관점의 BOM이다. CAD 도면을 작성하면서 생성되는 CAD Structure 기준으로 생성되는 BOM을 CAD-BOM이라 정의하는데, 많은 회사에서는 CAD(기구CAD, 회로CAD 포함)에서 생성된 CAD-BOM을 E-BOM으로 활용한다. CAD Structure가 바뀔 때마다 E-BOM을 변경하여 정합성을 유지하는 것은 많은 노력이 필요하기 때문에 CAD-BOM과 E-BOM은 일원화된 구조체계를 유지하는 것이 중요하다. 이러한 이점에도 불구하고 고객의 상황에 따라 CAD-BOM과 E-BOM을 분리해서 관리해야 할 경우에는 CAD-BOM과 E-BOM의 구조를 분리하고 두 구조간 부품단위 연결을 통해 정합성을 유지한다. 이때 CAD-BOM은 CAD Structure와의 구조를 일치시키는 것에 초점을 맞추고, CAD-BOM과 타이트하게 연결된 E-BOM은 고객 상황에 맞춰 E-BOM을 생성하여 M-BOM으로 이관하는 것에 목적을 둔다.

또한 Engineering BOM 구성 후 표준화 프로세스를 통하여 표준 Variant로 확정되면, 제품 사양 별 기능 그룹(Function Group Variant)의 표준 Variant로 활용된다. 이를 위하여 기업은 표준화 등록을 위한 절차 및 각 표준화 부품에 연관된 도면 및 문서들에 대한 활용 정책이 사전에 결정되어야 한다.

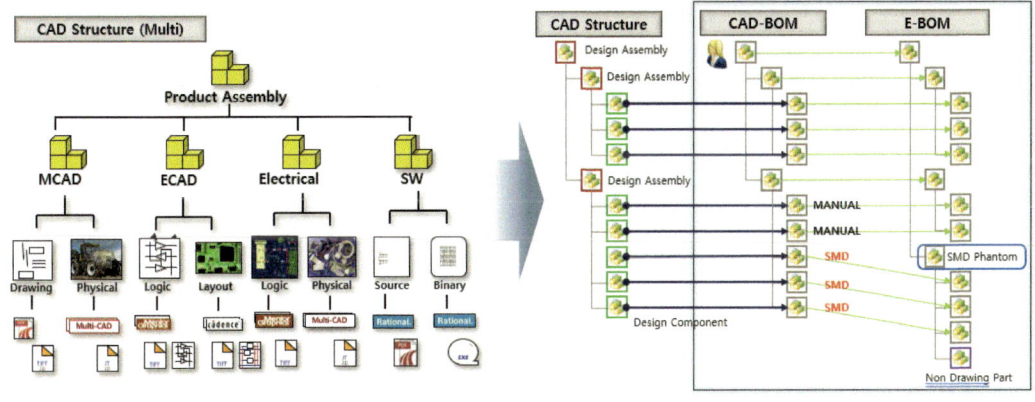

그림 3. CAD-BOM에서 E-BOM 생성 및 연계 예시

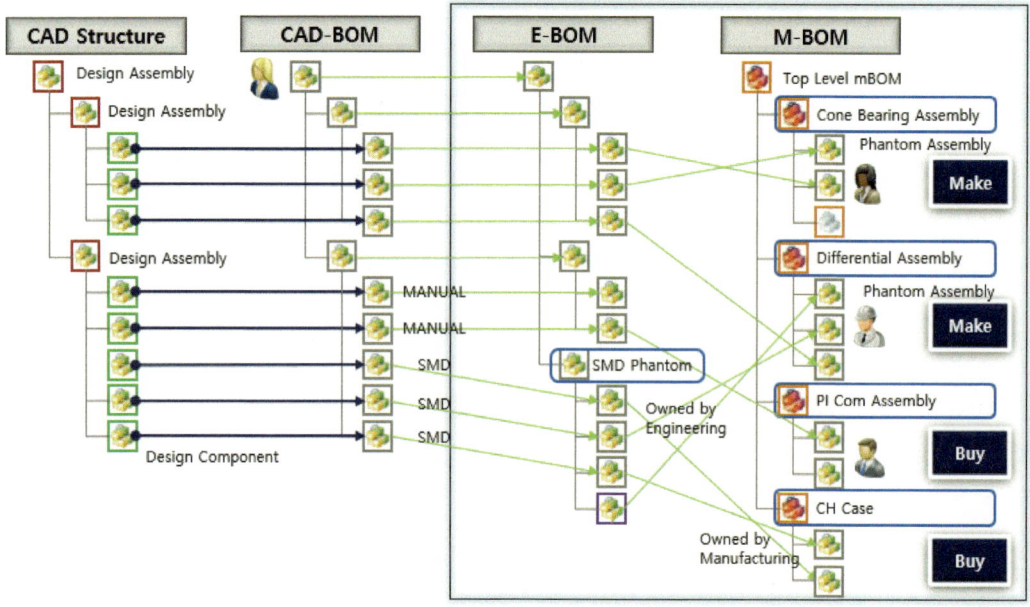

그림 4. E-BOM과 M-BOM 연계 예시

주요 고려사항

■ CAD Assembly 구성에 따른 E-BOM 관리 방안 수립
■ Multi-CAD 연계 관리 방안과 연계된 기능 중심의 관리 방안 수립(Function Variant)
- 기구 CAD, 회로 CAD, 전장 CAD, Software 관리 방안 수립
■ E-BOM에서 비 도면 자재 포함 시 관리 방안 수립
■ 설계 변경에 따른 도면 변경(CAD-BOM 포함)과 E-BOM 변경의 동기화 방안
■ 모델 표준 BOM을 구성하기 위한 기능 그룹을 구성하는 기준 Variant BOM 선정 및 구성 방안

Manufacturing BOM(M-BOM)

Manufacturing BOM(M-BOM)은 제품 생산 시 필요한 자재 정보를 정의한 제품 제조 시 활용되는 제조 BOM이며, 제품 생산에 관여하는 많은 제조 사용자들이 사용한다. 일반적으로 Manufacturing BOM(M-BOM)은 Engineering BOM(E-BOM)의 부품과는 동일한 부품을 사용하고 있으나 E-BOM의 구조가 변경된 형태로 관리되며, E-BOM 상에서 다른 기능 그룹에 속해 있는 부품들이 M-BOM의 제조 공정 그룹(일반적으로 Phantom Assembly로 구현) 하위의 구조로 할당(Assign)되어 구성되고 그 단위로 제조 관련 정보를 관리한다.

Manufacturing BOM(M-BOM)에는 자재 조달 구분 정보인 Make/Buy(자작/외주)가 구분되어 관리되고, 자재 투입 단위 정보인 End Item(생산 투입 단위)을 정의하여 관리한다. M-BOM은 E-BOM에는 없는 가공 공정의 원자재 또는 중간 가공물을 포함할 수 있으며, 특히 재고 소진에 따른 적용 같은 특정한 적용일자 적용 및 관리를 위하여, 제조 관점의 적용시점을 관리한다.

과거 많은 기업에서는 Manufacturing BOM 구성 시 제조 공정의 역순서로 BOM을 구성하면서 제조 공정 정보를 표현하였으나, 제조 Simulation의 발전

과 작업지도서의 자동화로 인하여 제조 공정 (Manufacturing Process)과 Manufacturing BOM을 분리하여 관리하고 있는 추세여서 이 자료에서는 Manufacturing BOM과 제조 공정 정보 구조인 BOP(Bill Of Process)를 구분하여 정리하기로 한다.

주요 고려사항

- E-BOM 제품과 M-BOM 제품의 연계 방안 수립
- Manufacturing BOM을 구성하는 제조 공정 그룹(Phantom Assembly)에 대한 개념 정의
- Manufacturing End Item 구성 방안 수립
- Manufacturing End Item 정의 및 공장 별 대체 부품 정의
- 자재 조달 구분 정보인 Make/Buy(자작/외주) 관리 방안 정의
- E-BOM에서 정의된 부품이 M-BOM에 모두 할당되어 활용되는지 검증 방안 수립
- Manufacturing 변경에 따른 적용 시점 관리 방안 수립
- M-BOM과 후속으로 연계된 정보의 관리 방안 수립

Manufacturing Process Planning BOM(BOP)

제조공정을 중심으로 제조 공정 프로세스(Process), 부품(Part), 공장(Plant), 제조자원(Resource)을 연계 구성한 구조를 Manufacturing Process Planning BOM(BOP)이라 한다. Manufacturing Process Planning BOM은 제조 공정 계획을 수립하기 위한 정보 구조이며, 공정의 작업 순서 및 공정별 C/T(Cycle Time) 정보를 관리하고 있어 작업 지도서 생성 및 제조 시뮬레이션을 위한 기준정보로 활용된다.

제품을 구성하는 부품은 생산에 적합한 형태인 Manufacturing BOM으로 전환하여, 제조 공정/생산공장/제조자원의 정보를 구조화한 제조 공정 구조(Manufacturing Process Structure)에 투입되는 자재 형태로 연계하여 Manufacturing Process Planning BOM을 구성한다.

BOP(Bill of Process)를 활용하는 기업에서 공정/작업순서 및 작업방법은 Manufacturing BOM에는 포함되지 않으며, BOP 구조에서 공정 정보를 활

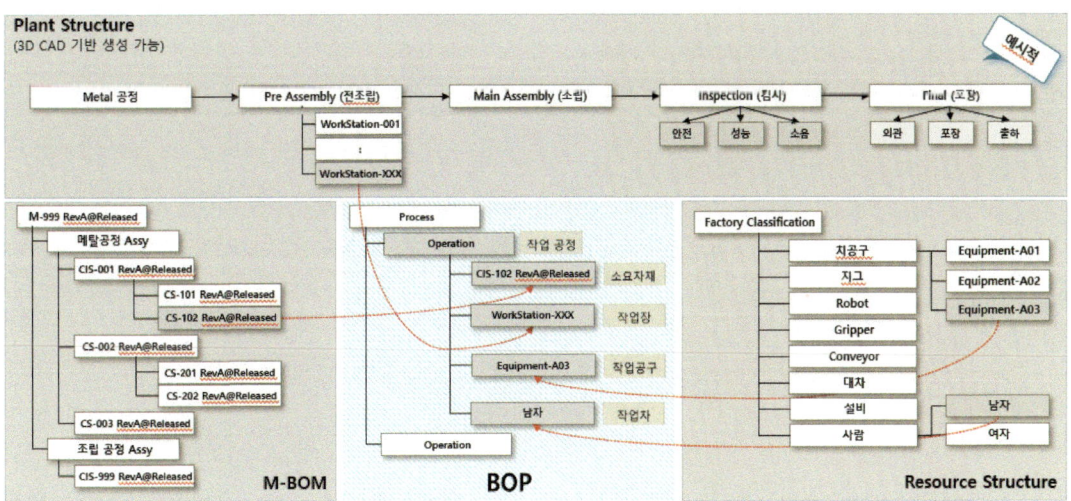

그림 5. Bill of Process (BOP) 구성 예시

용하여, MES의 Input 정보로 활용되기도 한다. 이러한 Manufacturing BOM과 Manufacturing Process Planning BOM의 구분 방식은 각각의 기업에 맞게 최적화될 수 있어 기업의 필요에 따라 적용할 것을 권장한다.

주요 고려사항

- ■ 제품 개발 모델과 연계된 생산용 모델 전환 방안 수립
- ■ Manufacturing End Item 구성 방안 수립
- - Manufacturing End Item 정의
- - 공장 별 대체 부품 정의
- ■ 생산 공장 단위 정의(Plant Specific Definition)
- - 공장 구조 정의
- - Plant 요소/설비 요소 설정
- ■ 제조 공정 작업 단위 정의(Operation Level Definition)

Service BOM(A/S BOM, MRO BOM)

제품이 고객에게 판매된 이후 A/S 서비스나 유지보수를 목적으로 구성하는 BOM을 Service BOM이라 한다. A/S BOM은 제품 고장 대응에 따른 부품 교체를 목적으로 사용되는 반면, MRO BOM은 제품의 운영시간을 극대화하고, 제품/자산 가치의 증대를 목적으로 각 개별 부품의 정교한 관리에 목적을 두고 사용한다.

Service BOM(S-BOM)은 Engineering BOM(E-BOM)과 연계하여 제품과 연계된 도면, 제품 형상 데이터 및 부품 정보를 활용하여 디지털 기반의 Part Catalog 및 Publishing을 구현하여 사용 가능하다.

A/S BOM

제품의 판매 이후 After Service 수행을 위하여 E-BOM 또는 M-BOM에 정의된 부품 구조 정보를 After Service 수행에 적합한 구조 형태로 변경 정의할 수 있다. A/S BOM은 제품 고장 대응 및 예방 정비를 위한 목적으로 사용되며, 부품 수급을 위한 창고(Inventory)와 부품 조달(Logistics) 관리와 연계하여 체계를 구성한다.

주요 고려사항

- ■ 원활한 A/S를 위한 A/S Unit 구성 및 정의/정비 방안 수립
- ■ A/S 작업을 위한 부품 창고(Inventory)와 부품 조달(Logistics) 관리와 연계 방안 수립
- ■ BOM 변경에 따른 A/S BOM Update 방안 수립

MRO BOM(Maintenance, Repair and Overhaul BOM)

MRO(Maintenance, Repair and Overhaul) BOM은 제품의 가동/운영시간을 극대화하기 위하여, 자산 가치가 높은 제품을 대상으로 실물과 동일한 Physical Structure 관리 및 주요 부품에 대한 Serialized 구조로 파생하여 호기 별 운영 데이터 관리가 가능하도록 구성한다. 부품 수급을 위한 창고(Inventory)와 부품 조달(Logistics) 관리와 연계하여 체계를 구성하는 것은 A/S BOM과 비슷하지만, 운영되는 실제 데이터 관리를 위하여 추가적인 구조체계가 필요한 부분은 A/S BOM과 상이한 부분이다.

주요 고려사항

- ■ MRO 관점의 전체 Process 체계 정립 방안 수립
- ■ 제품개발정보체계와 연계된 MRO Planning 체계 및 Logistics Management 체계 정립 방안 수립
- ■ Service Engineering 체계 정립 방안 수립
- ■ 정비구조(Maintain BOM) S/N별 정비를 수행하고

PART 1

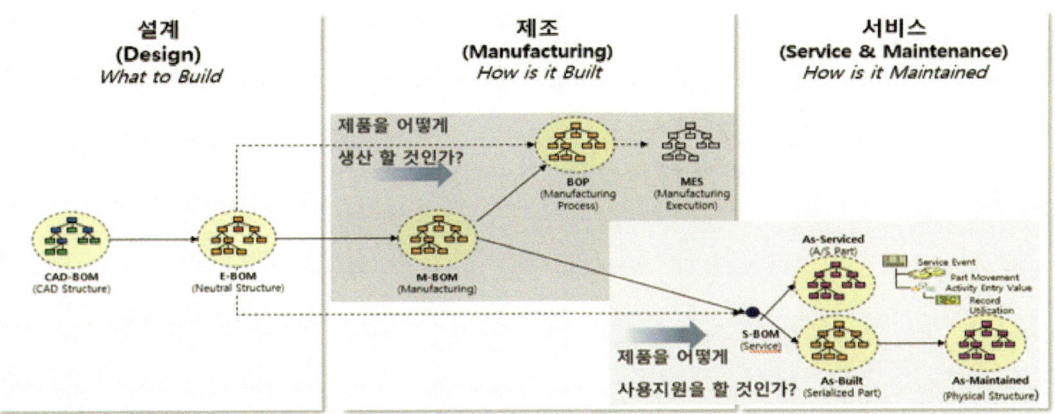

그림 6. 서비스(Service) BOM의 위치와 역할

> Service Event에 실적을 입력하는 방안 수립
> ■ Service Event에 정비사항 및 정비예측을 위한 Utilization을 기록하는 방안 수립
> ■ 호기 정보와 MRO BOM과의 연계 방안 수립

Engineering Change Management

설계 변경 프로세스의 목표는 시장의 최신의 Needs를 반영하거나 제품 출시 이후 문제를 해결하기 위하여, 제품 개발 프로세스 상에서 발생하는 설계 변경에 대한 표준 프로세스를 수립하고, 변경 업무의 추적성 확보 및 이슈 해결을 통한 제품 품질을 확보할 수 있는 제품 품질 개선 프로세스를 구현하는 것이다. 그리고 제품의 설계 변경 처리를 위한 업무 절차 및 규칙, 설계 변경 관련 운영에 대한 방안을 사전 정의하여 진행해야 한다.

또한 전사 BOM 관리 차원에서 변경이 진행되면 변경의 적용 범위에 따라 도면변경, 부품변경, 공정변경이 각 상황에 따른 조합의 경우로 발생되며, 변경정보는 일원화된 전사 변경 프로세스에 의해 Seamless하게 전달되어야 한다.

일반적으로 PLM 기반의 설계변경은 설계 변경 요청 → 설계 변경 타당성 검토 후 설계 변경 지시 → 설계 변경 합의 및 통보의 순서로 진행하며, 각 단계는 공식적으로 검토와 승인 절차가 필요하다.

각 단계별 주요 수행 내역은 다음과 같다.

설계 변경 요청(ECR: Engineering Change Request)은 관련 부서의 문제(Problem) 발의로부터 시작하고, 설계 변경 요청이 완료되면 타당성 검토 및 설계 변경 영향도를 확인하는 설계 변경 타당성 검토 단계 프로세스가 진행된다.

설계 변경 지시(ECO: Engineering Change Order)는 설계 변경 요청에 대한 결정을 구현하기 위한 시시이며, 실계 변경을 진행하기 진 설계 변경으로 인해 영향을 받는 BOM 및 도면을 확인하고, 변경이 될 대상(Problem Item)을 기준으로 영향이 가는 부품과 제품을 찾아 변경의 타당성을 검토하는 단계이다. 설계 변경 지시가 승인된 이후 부품의 변경은 실제로 수행된다.

설계 변경 통보(ECN: Engineering Change Notice) 단계는 변경이 적용된 도면 및 파트의 승인을 위하여 관련 부서의 합의를 통해 변경이 통보 및 합의가 진행되는 단계이고, 변경이 완료되었음을 관련 담당

> PLM의 이해

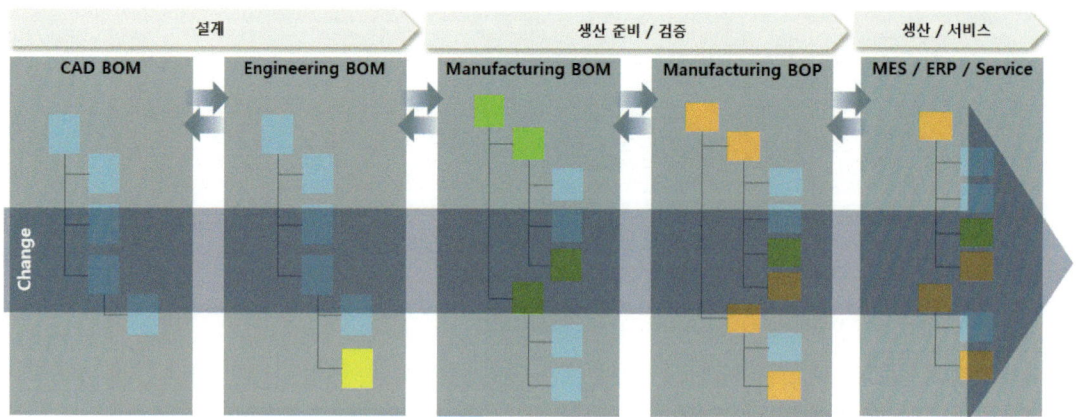

그림 7. 통합 BOM 기반의 변경(Seamless Data Flow)

자들에게 알리게 된다.

그 이후에 엔지니어링 프로세스인 EC(Engineering Change) 프로세스와 제조 변경 프로세스인 MC(Manufacturing Change)간의 연계를 통해 제조 관련 변경도 연동되어 진행하고 있지만 이 주제는 다음 기회에 자세히 정리하기로 한다.

주요 고려사항

- ■ 표준 설계 변경(EC Process Planning) 방안 수립
  - 문제 Item 인접 영역 간, 데이터 연계성 점검 필요
  - 각 업무 담당 별 변경 정보 전달 체계 정의
- ■ ECO 기준 발행 원인 분류 체계 정의
- ■ 부품 Revision 수행 시 적용 Rule 정의
- ■ 부품 적용 시점(Effectivity) 관리 방안 수립

맺음말

제조기업의 가장 중요한 정보 핵심 콘텐츠인 제품, 제품 정보의 중요한 항목인 BOM 관리에 대해서 간략하나마 정리를 하였다.

회사의 환경과 경험 그리고 컨설턴트의 직관력에 따라 BOM을 바라보는 시각에 차이가 있어 많은 이견이 있을 수 있지만 제조기업의 디지털 전환(Digital Transformation)의 중요한 시점에 누군가는 이야기의 시작을 해야 한다는 생각으로 작성해 보았다.

이 글을 통하여 우리나라의 제품 BOM 전문가와 소통하고 발전하는 모임의 시작이 되기를 기대한다. 또한 BOM을 입문하는 사용자들에게는 제품 수명주기 프로세스 상에서 제품의 정보가 선행 부서에서 후행 부서로 원활하게 흘러가면서 각각의 단계 마다 그 정보 활용의 필요(Needs)에 따라 최적화하면서 변화하는 제품 정보의 디지털 전환 이미지를 이해하는 자료로 활용되기를 기대해 본다.

오민수 대표
디엑스티(DXT)
ms.ouh@dxt.co.kr
www.dxt.co.kr

PART 1

4차 산업혁명에서 PLM의 진화

4차 산업혁명과 PLM의 변화

4차 산업혁명(Industry 4.0)은 디지털, 물리적, 생물학적 영역을 아우르는 광범위한 기술 혁신을 특징으로 하며, 이는 PLM(Product Lifecycle Management)에도 중대한 변화를 가져오고 있다.

4차 산업혁명에서 PLM의 변화를 구체적으로 살펴보면 다음과 같다.

첫 번째는 데이터 중심의 접근(Data-Centric Approach)이라고 할 수 있다. 그렇다면 과거에는 데이터를 중요하게 여기지 않았을까? 사실 과거의 PDM이나 PLM은 문서중심의 접근이라고 할 수 있다. 4차 산업혁명 시대의 PLM은 디지털 데이터를 중심으로 움직인다고 할 수 있다. 제품 데이터, 고객 피드백, 시장 동향 등의 정보를 실시간으로 수집하고 분석하여 제품 개발 및 관리 과정을 개선할 수 있다. 최근의 모델베이스 엔지니어링(Model Based Engineering) 역시 개발문서 중심이 아니라 디지털데이터 중심의 제품 개발을 의미한다. 그리고 디지털 트윈에서 디지털 스레드 또는 디지털 데이터 흐름이 결정적으로 중요한 역할을 할 수 있다.

두 번째는 클라우드 기반 PLM이라고 할 수 있다. 현

그림 1. 디지털의 핵심은 연결이다.

재 디지털 전환과 4차 산업혁명의 근간은 클라우드 컴퓨팅이다. 클라우드 기술의 발전은 PLM 솔루션을 더욱 접근하기 쉽고, 유연하며, 확장 가능하도록 했다. 클라우드 PLM은 팀 간의 협업을 강화하고, 리소스 접근성을 향상시키며, 전 세계적인 작업 분배를 가능하게 한다.

세 번째는 산업용 인공지능(AI)과 PLM의 통합이다. AI와 머신 러닝 기술은 PLM 시스템을 더욱 스마트하게 만들어서, 복잡한 데이터 분석, 예측 모델링, 자동화된 의사 결정 등을 가능하게 한다. 그러나 최근 결론적으로 PLM에서 산업용 인공지능의 적용은 간단하지 않다. 최근에 챗GPT의 열풍으로는 인공지능 분야 중에 대규모 언어모델의 생성형 인공지능이 제품개발이나 PLM에게 더 효과적일 수 있다는 생각을 하게 한다. 인공지능은 미래 PLM 시스템의 가장 중요한 부분이 될 것이다. 제품 개발에서 최종관점은 의사 결정이기 때문이다.

네 번째는 사물인터넷(IoT)과 PLM과 결합이다. 4차 산업혁명의 총아 중 하나는 사물인터넷이라고 할 수 있다. IoT 기술을 통해 실시간으로 제품 사용 데이터를 수집하고, 이를 통해 제품 성능을 모니터링하고, 제품 개선 및 유지보수의 실질적인 데이터를 활용할 수 있다.

다섯 번째는 디지털 트윈의 활용이다. 디지털 트윈은 실제 제품의 디지털 복제본을 생성하여, 제품 설계, 시뮬레이션, 테스트를 가상 환경에서 진행할 수 있게 해준다. 이는 제품 개발 과정을 더욱 효율적이고 비용 효과적으로 만든다. 디지털 트윈 기술은 PLM의 역할을 다시 혁신시킬 것으로 예상된다. 그리고 정교한 디지털 트윈의 구축은 PLM의 디지털 3D 모델과 디지털 스레드가 결정적인 역할을 할 수 있다.

여섯 번째는 사용자 중심 설계이다. 디지털 SNS 환경으로 이전에는 생각도 할 수 없었던, 최종 사용자의 요구와 경험을 중심으로 제품을 설계하고 개발하는 경향이 강화되고 있다. 이는 사용자 피드백을 신속하게 통합하고, 고객 만족도를 높이는 데 중점을 둔다.

일곱 번째는 지속 가능성과 친환경 설계의 구현이다. 환경에 대한 관심이 높아짐에 따라 PLM은 지속 가능하고 친환경적인 제품 설계를 지원하는 방향으로 진화하고 있다. 이는 재료 선택, 제조 과정, 폐기물 관리 등을 포함한다.

4차 산업혁명 시대의 PLM은 기존의 선형적이고 단편적인 접근에서 벗어나, 보다 통합적이고, 동적이며, 상호 연결된 시스템으로 발전하고 있다. 이러한 변화는 제품 개발의 속도와 효율성을 크게 향상시키고, 시장 변화에 신속하게 대응할 수 있는 유연성을 제공한다.

PLM과 스마트 엔지니어링 그리고 스마트 제조의 통합

인더스트리 4.0 시대의 초기에 한국에서는 중소기업의 스마트 공장 중심의 정책 접근으로 인하여 스마트 엔지니어링에 대한 중요성이 간과되었고, 스마트 제조의 일부로서 스마트 엔지니어링이 인식되고 스마트 엔지니어링과 PLM의 통합 발전의 기회를 잃어버렸다. 그러나 선진국에서는 PLM(Product Lifecycle Management), 스마트 엔지니어링, 그리고 스마트

PART 1

제조의 통합은 현대 산업에서 중요한 동향으로, 제품 개발 및 제조의 전 과정을 혁신적으로 변화시키고 있다. PLM, 스마트 엔지니어링, 스마트 제조의 통합은 다음과 같은 방식으로 진행된다.

첫 번째, 통합된 데이터 관리 : PLM은 제품의 전 생애주기에 걸쳐 데이터를 관리하며, 스마트 엔지니어링과 스마트 제조는 이 데이터를 활용하여 설계와 제조 과정을 최적화한다. 이러한 통합된 접근 방식은 데이터의 일관성을 보장하고, 과정 간의 투명성을 증가한다.

두 번째 혁신적인 제품 개발 : 스마트 엔지니어링은 고급 분석, 시뮬레이션, 디지털 트윈 등을 사용하여 제품 설계를 혁신한다. PLM은 이러한 설계 데이터를 관리하고, 스마트 제조는 설계된 제품을 효과적으로 생산한다.

세 번째 제조 과정의 자동화와 최적화 : 스마트 제조는 제조 과정을 자동화하고 최적화하여 제품의 품질과 생산 효율성을 향상시킨다. PLM은 이러한 제조 데이터를 통합하고 분석하여 지속적인 개선을 지원한다.

네 번째 향상된 협업과 의사결정 : 이 통합은 다양한 팀과 부서 간의 협업을 강화하며, 효과적인 의사결정을 위한 통합된 플랫폼을 제공한다. 데이터와 프로세스의 투명성은 팀 간의 의사소통을 촉진하고, 의사결정의 정확성을 향상시킨다.

다섯 번째 유연한 시장 대응 및 지속 가능성 : 이러한 통합은 기업이 시장 변화에 더 빠르고 유연하게 대응할 수 있게 하며, 지속 가능한 제품 개발과 생산을 지원한다.

현재 PLM 전문가들조차 엔지니어링과 제조에 대한 통합적 개념들이 부족하다. 디지털전환과 디지털 기술 그리고 산업용 생성 인공지능의 시대 이런 통합이 가능할 수도 있다는 생각을 해 본다. 당연히 이런 통합은 경쟁력 향상, 효율성 증대, 품질 개선을 가져 올 수 있다.

PLM, 스마트 엔지니어링, 스마트 제조의 통합은 산업 전반에 걸쳐 제품의 개발과 제조 과정을 혁신적으로 변화시키고 있으며, 이를 통해 기업들은 더욱 경쟁력 있는 제품을 효과적으로 개발하고 생산할 수 있게 될 것이다. 이러한 통합적 접근 방식은 미래의 산업 발전에 있어 핵심적인 추진력이 될 수 있다.

결론적으로 PLM의 외형이나 기술이 변화해도 최종적 본질은 의사결정 시스템이라는 것이다. 변화무쌍한 현실에서 PLM의 가장 큰 핵심은 불확실성에 대한 결정이다. 최근에 오픈AI의 챗GPT의 열풍과 전기차 개발을 위한 새로운 패러다임인 소프트웨어 정의(SDx), 디지털 트윈, 메타버스 같은 개념들의 등장은 앞으로 PLM 환경에 엄청난 도전이 될 것으로 예상된다.

우리에게 혁신이 필요한 것은 대담한 미래 대응을 하기 위해서이다. 미래는 루틴으로 대응하는 시대는 지났다. 미래는 변화폭이 너무 크고, 불확실하다. 애매하고, 복잡하다.

우리는 2가지의 혁신적 대응이 필요하다. 하나는 변화에 대해서 적응력을 키우는 것이고, 하나는 불확실성에 대처하는 능력을 키우는 것이다. 정적인 PLM을 역동적인 PLM으로 변신하는 것이 필요하다.

조형식 대표
디지털지식연구소
hyongsikcho@gmail.com

PART 02
PLM/DX 트렌드

제조업의 경쟁력과 가상 엔지니어링 / 김태환

PLM의 중요성과 가치의 이해 / 류용효

변화하는 시대 그리고 PLM의 변화 / 김성희

PLM/DX 트렌드와 미래 리더십 / 류용효

MBSE의 정의와 PLM과의 연계 / 류용효

PART 2

제조업의 경쟁력과 가상 엔지니어링

제조업의 경쟁력은 연구개발, 원가, 품질, 출시 속도 등 여러 가지 요인에 의해 좌우되며, 이를 향상시키기 위해 다양한 방법과 전략이 요구되고 있다.
이 글에서는 PLM과 관련이 있는 제조업의 운영 탁월성에 대한 디지털 혁신 방법과 PLM의 확장, 가상 엔지니어링이라고 할 수 있는 디지털 트윈에 대해 살펴본다.

제조업이 왜 중요한가?

제조업은 원재료비 외에도 공장이나 가공, 조립 기계 등의 설비 투자비, 신기술 등을 위한 연구 개발비 등 어느 정도의 자본 투하를 필요로 한다. 이 때문에 제품 생산이 증가하면 제품과 관련된 다른 산업의 생산 활동에 영향을 미치는 파급 효과가 발생한다. 이는 자동차처럼 많은 부품, 대규모 시설 및 공장을 필요로 하는 제품에서 두드러진다. 또한 제조업에 의한 설비 투자는 승수효과[1]를 발생시켜 총 수요를 증가시키는 특징이 있다.

예전의 제조업은 공급자 중심의 소품종 대량 생산이 주류였지만, 요새는 소비자 중심의 다품종 소량 생산, 고부가가치 제품 생산이 주류가 되어 가고 있다. 이는 제조업 패러다임 변화의 예고를 의미하며 4차 산업혁명과 맥을 같이 한다. 이전 세 차례의 산업혁명이 제조산업에서 시작하여 사회 대변혁을 이루었듯이 지금 한창 진행 중인 4차 산업혁명도 결국 제조산업에서 꽃을 피워야 사회적 파급 효과가 극대화될 것으로 예상된다.

제조업과 가치사슬(Value Chain)

제조업은 원재료를 가공, 조립하여 최종적으로 고객이 사용하는 제품을 생산 및 제공하는 산업활동을 의미한다. 제조업은 가치사슬로 이루어지며, 이는 제품을 생산하기 위해 필요한 원재료, 노동력, 자본 등의 자원을 결합하는 일련의 과정에서 부가가치(Value)를 창출하는 단계를 세분화하여 사슬(Chain)처럼 엮은 것을 말한다.

좁게는 설계, 구매, 생산, 판매, 서비스 등 한 기업 내에서 부가가치를 창출하는 업무 기능별 연결을 의미하며, 넓게는 하나의 최종 제품을 만들고 공급하기 위해 원재료, 부품 등의 중간재 생산이나 유통 물류에 참여하는 기업들 간의 연결로 확대할 수 있다.

가치사슬상에서 해당 산업의 앞뒤에 위치한 업종을 전방산업과 후방산업이라 한다. 즉, 자사를 기준으로 제품 소재나 원재료 공급 쪽에 가까운 업종을 후방산업, 최종 소비자와 가까운 업종을 전방산업이라고 한다. 예를 들어 자동차산업에서 부품산업과 제철과 같은 소재산업은 후방산업이 되고, 자동차 판매는 전방산업이 된다.

제조업은 3차 산업인 서비스업과 달리 눈에 보이고 직접 만질 수 있는 물리적 제품이 존재한다. 그러나 가

정용 전기 제품이나 자동차 등 소비자가 잘 볼 수 있는 B2C(기업-소비자 거래) 제품의 제조사 브랜드는 일반인에게 인지도가 높지만, 공작기계 등 산업용 기계 설비나 전자 부품, 화학 제품 등 B2B(기업간 거래) 중간재의 제조사는 비록 세계 시장 점유율이 최고라고 해도 일반인의 인지도가 낮고 고객수도 얼마 안 되는 특성을 갖고 있다. 제조업은 이처럼 눈에 보이는 제품 뒤에 숨겨져 있는 가치사슬을 통해 관련 산업에 영향을 미치는 역할을 한다.

제조업의 경쟁력

기업들이 소비자를 위한 가치를 창출하기 위한 방법으로 가치규율[2](Value Disciplines)이라는 세 가지 유형의 본원적 전략 모델이 제안되고 있다.(그림 1)

즉, 제품을 생산하여 고객을 만족시키기 위해서는 계속적인 신제품 개발로 고객에게 가장 혁신적인 제품이나 서비스를 제공하는 제품 선도력, 기업의 효율적인 운영을 통해 고객에게 가장 낮은 가격의 신뢰할 수 있는 제품과 서비스를 제공하는 운영의 탁월성, 그리고 고객에 대한 깊은 이해를 바탕으로 최상의 서비스와 문제해결을 제공하는 고객 친밀도가 바로 그것이다.

제조업의 경쟁력과 디지털 혁신 전략

제조업의 경쟁력은 연구개발, 원가, 품질, 출시 속도 등 여러 가지 요인에 의해 좌우되며, 이를 향상시키기 위한 다양한 방법과 전략이 요구되고 있다. 세 가지 가치규율에 대해서 IT나 디지털 기술을 적용하여 제조업의 경쟁력을 높일 수 있는 디지털 혁신 방법에는 제품

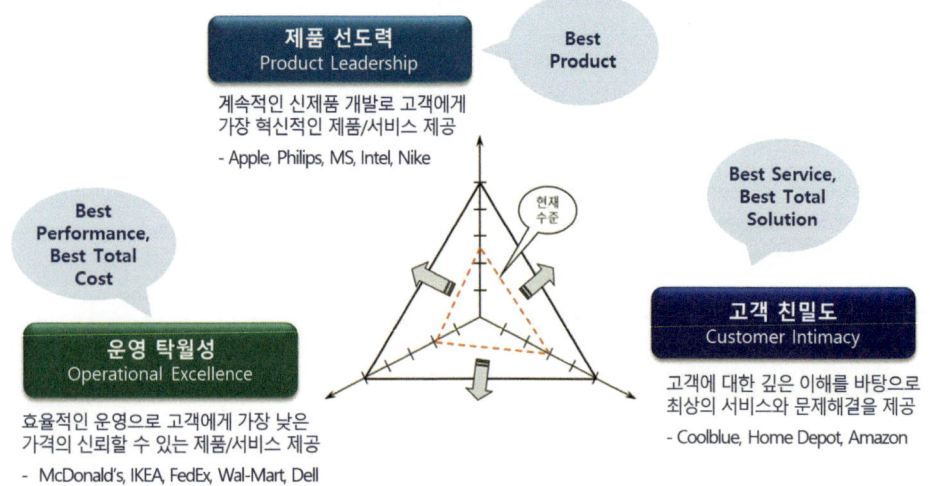

그림 1. Wiersema and Treacy's business strategy model

가치 규율	디지털 혁신 전략	디지털 솔루션	선도 제조기업
제품 선도력	• 제품의 서비스화	• IoT, 빅데이터, AI, 블록체인 등	• 애플, 필립스, 존디어, GE
운영 탁월성	• 밸류체인 혁신 (수평적 통합) • 제조공정 혁신 (수직적 통합) • 엔지니어링 혁신 (가상 엔지니어링)	• (IT) PLM, ERP, MES, CRM 등 • (OT) PLC, SCADA, DCS, HMI • IoT, 빅데이터, AI, 엣지컴퓨팅, 디지털트윈 등	• 지멘스, GE • 포스코, LG전자, LS일렉트릭
고객 친밀도	• 고객 접점 혁신	• CX솔루션, 모바일, 빅데이터, AI 등	• 애플

PART 2

을 지능화하고 연결하여 새로운 비즈니스 모델을 창출하는 제품의 서비스화(Servitization), 가치사슬과 제조공정의 통합 및 가상 엔지니어링을 통한 프론트 로딩, 그리고 고객 경험 데이터를 통해 행동을 예측하고 제품이나 서비스를 개인화된 맞춤형으로 추천하는 고객 접점 혁신 등이 있다.

여기서는 PLM과 관련이 있는 제조업의 운영 탁월성에 대한 디지털 혁신 방법에 대해 좀더 자세히 살펴본다.

> (1) 제조업의 프로세스를 구성하는 제품 개발, 구매, 생산, 유통, 판매, 서비스 등의 가치사슬과 공급자, 고객 등 외부 파트너가 생태계를 형성하여 협력하는 수평적 요소
> (2) 공장 내부의 액추에이터 및 센서, 제어 등 물리적 시스템이 생산관리, 기업자원관리 등의 정보 시스템과 계층적으로 연결되는 수직적 요소
> (3) 제품 개발과 관련된 가치 창출 프로세스를 구성하는 제품 기획 및 개발, 제조, 제품 서비스 영역에 대한 엔지니어링 요소

제조업의 운영 탁월성을 위한 3가지 통합 요소

초연결, 초융합, 초지능화를 통한 제조 CPS[3] 또는 스마트 공장을 구현하기 위해서는 먼저 제조업을 구성하는 3가지 요소에 대한 통찰이 필요하다. 이 3가지 요소는 다음과 같다.

밸류체인 혁신(수평적 통합)

수평적 요소에 대한 통합은 고객이 원하는 요구사항을 도출하는 시장조사를 비롯하여 제품기획, 제품개발(개념설계-상세설계-시제작), 공정설계 등의 신제품 개발 프로세스(주로 Cyber 영역)와 실제 제품을 생산하고 고객에게 인도한 이후 서비스까지 하는 양산 프로세스(주로 Physical 영역)를 포함하는 전체 밸류체인

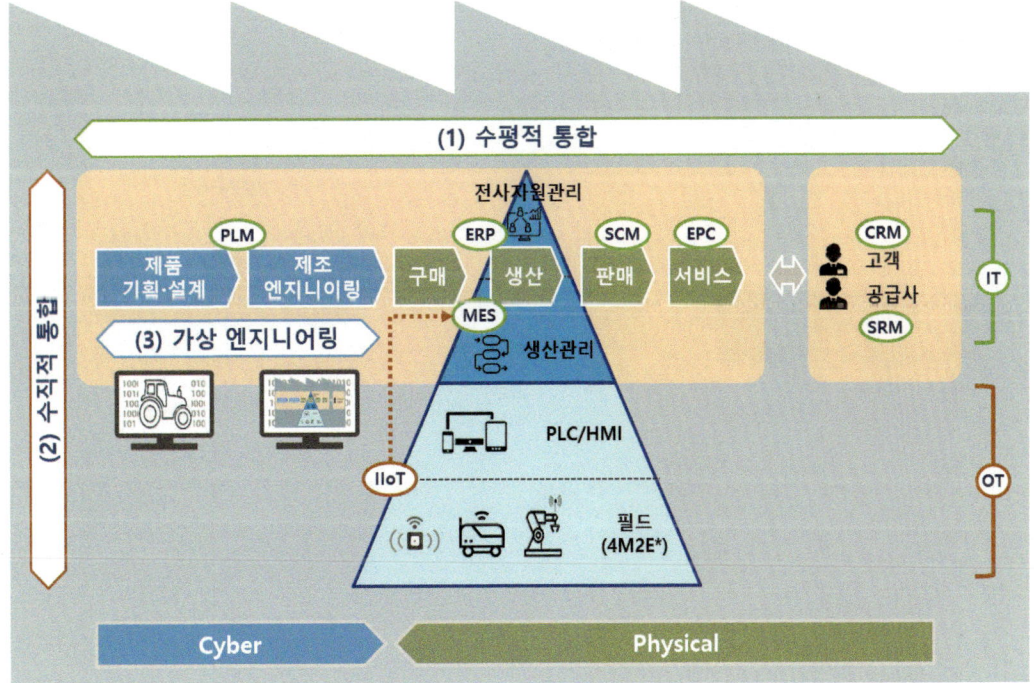

*4M2E: 생산활동과 연관된 모든 자원 (Man, Machine, Material, Method, Environment, Energy)

그림 2

을 통합하는 개념이다. 이를 위해서는 CRM, PLM, ERP, MES, SRM 등 많은 IT 시스템의 도입 및 통합과 더불어 기준정보의 표준화, 업무 프로세스의 재정립 등을 필요로 한다. 이와 같은 수평적 통합을 통한 밸류체인의 혁신은 IT 영역이 담당한다.

제조공정 혁신(수직적 통합)

수직적 요소에 대한 통합은 제품이 생산되는 공정 상의 다양한 자원(4M2E)에 IoT 센서를 적용하여 필요한 신호(데이터)를 획득하고 PLC 및 HMI 등의 제어기술을 통해 설비의 제어를 수행하며, 아울러 생산 실행을 담당하는 MES를 거쳐 상위의 정보 시스템인 PLM, ERP 등과 연계함으로써 제조공정을 혁신하는 개념이다. 수평적 통합은 IT 영역이 담당하는 반면, 수직적 통합은 공장 자동화 및 제어와 관련된 OT[4](Operational Technology, 운영기술) 기술이 담당하므로 OT 영역이라 불린다. 이전에는 기술, 비용 등의 이슈로 획득하기 어려웠던 공정, 품질, 설비, 물류, 안전 등 현장 곳곳에 대한 데이터를 저비용의 IoT 기술로 수집하고 이들을 IT 시스템과 통합함으로써(IT-OT 융합) 비로소 스마트 공장을 구현할 수 있게 되었다.

엔지니어링 혁신(가상 엔지니어링)

마지막으로 살펴볼 영역은 가상 엔지니어링에 의한 엔지니어링 혁신 영역이다. 엔지니어링의 대표적인 영역으로는 신제품을 기획하고 개발하는 제품 엔지니어링, 신제품 생산이나 신공정 개발 시 공정을 기획, 설계하는 제조 엔지니어링, 제품을 고객에게 인도한 후 유지보수하는 서비스 엔지니어링 등 세 가지가 대표적이다. PLM은 이러한 일련의 엔지니어링 활동을 지원하는 IT 시스템으로 제품 사양, BOM, 3D 모델 등 제품 정보를 중심으로 제품 개발 및 제조, 서비스에 필요한 정보를 통합 관리한다. 이를 통해 실제 제품을 제작하거나 제조라인을 설치·운영하기 전에 3D 모델 기반의 가상 엔지니어링 기술들을 이용하여 미리 시뮬레이션 해봄으로써 실물 제작이나 운영 시에 발생할 수 있는 문제점을 걸러낼 수 있다.

대표적인 예로 CAD, CAE, CAM, DMU, DPA를 들 수 있다.

■ **CAD(Computer Aided Design)** : 보통 그래픽 디스플레이를 사용하여 컴퓨터와 대화하면서 각종의 설계 계산을 행하고 자동적으로 2D 또는 3D 도면을 작성하는 시스템.

■ **CAE(Computer Aided Engineering)** : 컴퓨터를 이용한 해석, 분석 등의 과정을 의미하며, 흔히 공학 시뮬레이션(Engineering Simulation)이라고 함. 컴퓨터상에서 제품의 3차원 모델을 작성하고, 이를 기초로 기능 및 성능에 대한 모의시험(시뮬레이션)을 통해 테스트 기간 및 비용을 대폭 감소시킬 수 있는 기술임.

■ **CAM(Computer Aided Manufacturing)** : 소프트웨어 도구를 사용하여 부품의 생산을 담당하는 기계와 통신하면서 제작 프로세스를 자동화하는 방법. (예: CNC 자동가공)

■ **DMU(Digital Mockup)** : 실제로 실물 모형을 만들지 않고 디지털 모델(3차원 CAD) 등의 설계 자료를 이용하여 컴퓨터 상의 가상 공간에서 실물 모형을 구성할 수 있도록 하는 컴퓨터 프로그램. 저비용으로 실물 모형보다 정확하고 신속하게 간섭, 구동 등의 설계 검증 가능.

■ **DPA(Digital Pre-Assembly)** : DMU가 디지털 모델로 설계를 검증하는 반면, DPA은 가상 공간에서 조립을 검증하는 프로그램.

가상 엔지니어링이 왜 중요한가?

앞에서 제시된 세 가지 기업 경쟁력 요소를 밸류체인과 프로세스 그리고 IT 시스템과 매핑해 보면 〈그림 3〉과 같다.

밸류체인은 제품개발, 구매/물류, 생산, 판매/유통,

PART 2

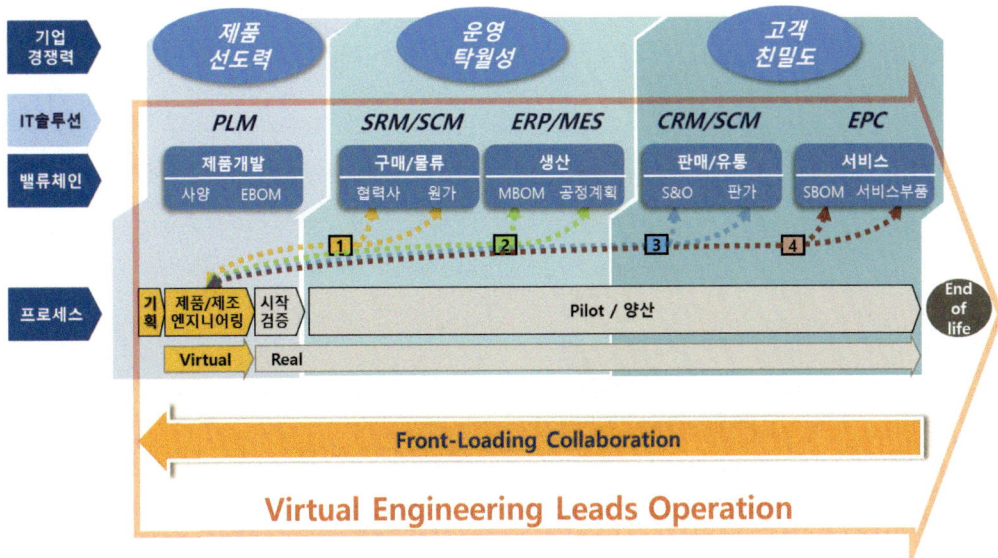

그림 3

서비스 단계로 이루어져 있으며, 프로세스 관점에서는 크게 신제품 개발과 양산(파일럿 생산 포함)으로 나눌 수 있다. 제품개발 프로세스는 다시 제품기획/설계, 공정계획 등 엔지니어링 단계와 시제품 제작에 의한 실물 검증 단계로 나눌 수 있으며, 엔지니어링 단계에서는 주로 CAD 도면을 작성하거나 CAE, DMU, DPA와 같은 가상 검증 툴을 활용하여 시제품 제작에 의한 실물 검증 전에 미리 설계와 조립의 문제를 걸러내는 중요한 역할을 담당한다.

아울러 제품개발 단계에서는 목표원가를 고려한 부품 개발, 양산을 위한 MBOM 구성 및 공정계획, 판매 사양 구성 및 수익을 고려한 목표 판매가 설정, 서비스를 위한 SBOM 구성 등 향후 양산 시 후공정에서 일어날 일들을 반영하게 된다. 이는 설계부문만의 일이 아니기 때문에 후공정 부문과의 협업이 필수적이며 이를 지원하는 툴로서 PLM과 가상 엔지니어링 프로세스가 뒷받침되어야 한다. 이와 같이 제품개발 단계에서 가상 엔지니어링을 통해 최대한 문제를 걸러내고 또 후공정 부문과 협업을 통해 순차적으로 일어날 일들을 조기에 반영하는 이른바 프론트 로딩(Front Loading) 프로세스는 운영의 탁월성뿐만 아니라 제품의 선도력 제고 측면에서 제조기업 경쟁력의 핵심 요소로 작용한다. 따라서 가상 엔지니어링이 전사적 프로세스를 선도할 수 있어야 한다.

PLM과 디지털 트윈

디지털 트윈(Digital Twin)은 실제 사물의 특징을 동일하게 반영한 쌍둥이(Twin)를 가상의 모델로 구현하고, 현실과의 동기화 및 시뮬레이션을 통해 해당 사물에 대한 관제·분석 등의 의사결정에 활용하는 기술이다.

디지털 트윈은 실제 사물로부터 데이터를 수집·저장·해석하여 그 결과를 실제 사물로 피드백하는 패쇄회로(Closed Loop)를 이루는 점에서 CPS의 메커니즘과 같다고 할 수 있다. 즉, 디지털 트윈은 CPS의 가상환경이 실제 사물의 특징을 그대로 반영한 쌍둥이를 구성하여 가상과 실제가 상호작용하는 경우를 말한다.

PLM/DX 트렌드

그림 4 출처 : 관계부처 합동 디지털 트윈 활성화 전략(2021.9)

디지털 트윈의 핵심은 가상의 세계에 현실을 반영한 모델을 구현하여 데이터의 '생성→전송→취합→분석→이해→실행' 등의 절차로 실제 세계와 가상의 세계를 실시간으로 통합하는 것이 핵심이다. 이를 위해서는 3D 모델링, 데이터 수집 및 분석, 예측 및 최적화를 위한 다양한 디지털 기술들과의 융합을 필요로 한다.

가트너에 따르면 디지털 트윈의 성숙도 모델은 3단계로 나누어진다.

■ 레벨1 : 현실 객체의 기본적 속성을 반영한 디지털 객체 구현(3D 가시화) 및 시뮬레이션
■ 레벨2 : 실세계와 연결되어 실시간 모니터링 및 제어
■ 레벨3 : 데이터 기반의 분석, 예측 및 최적화

제품 또는 제조공정에 대한 3D 가시화와 시뮬레이션은 PLM의 전통적인 영역으로 레벨1의 디지털 트윈이 IoT, 빅데이터, AI 기술 등과 접목됨으로써 비로소 완전한 디지털 트윈의 구현이 가능하게 되었다. 이런 관점에서 PLM은 기존의 영역에서 디지털 트윈으로 그 범위를 확대하는 것이 바람직하다고 하겠다.

주석
1. 새로운 투자가 이루어지면 그것이 유효수요의 확대로 파급되어 투자 금액보다 많은 수요가 창출되는 현상
2. Wiersema and Treacy's business strategy model
3. Cyber Physical System : 컴퓨터 프로그래밍으로 만들어진 가상(Cyber) 세계 즉, 디지털 환경과 로봇, 의료기기 등 물리적 법칙에 의해 운용되는 물리적(Physical) 세계를 실시간으로 통합하는 개념
4. 산업장비, 자산, 프로세스 및 이벤트를 직접 모니터링, 제어하여 변경을 감지하거나 변경하는 하드웨어 및 소프트웨어(Gartner)

김태환 부회장
한국산업지능화협회
taehwan.kim@koiia.or.kr

PART 2

PLM의 중요성과 가치의 이해

서론
PLM의 중요성과 가치

PLM은 현대 기업 운영에서 중요한 역할을 하며, 기업의 성장과 경쟁력을 향상시키는 핵심적인 요소 중 하나로 자리잡았다. PLM은 제품의 개념부터 폐기까지의 전 과정을 효과적으로 관리하고 최적화하는 데 도움을 주는 체계적인 방법론과 기술의 집합이다.

그렇다면, 왜 PLM은 기업에게 이렇게 중요한 것일까?

첫째, 혁신과 제품 품질 향상이다. PLM은 제품의 개발과 디자인 과정을 최적화하고 가속화시킴으로써 혁신을 촉진한다. 제품 품질을 향상시키고 시장 출시 속도를 높여 새로운 제품을 경쟁력 있게 만들 수 있다.

둘째, 비용 절감으로, PLM은 제품 개발 및 생산 과정에서의 비용을 효율적으로 관리하고 설감할 수 있는 도구를 제공한다. 재료, 인력, 생산 시간 등 다양한 비용 요소를 최적화하여 경제적 가치를 창출한다.

셋째, 생산성 향상으로, PLM은 중복 작업을 줄이고, 협업을 강화하며, 데이터 공유와 접근성을 개선함으로써 생산성을 높이다. 이는 제품 개발과 제조 과정을 더 효율적으로 만들어 고객에게 제품을 빠르게 제공할 수 있도록 한다.

넷째, 품질 관리와 규정 준수를 통해서 PLM은 제품의 품질을 관리하고, 제조 기준 및 규제 준수를 보장한다. 이는 제품의 안전성과 신뢰성을 유지하며 기업의 명성을 높이다.

다섯째, 유연성과 시장 대응력이다. PLM을 통해 기업은 변화하는 시장 조건에 신속하게 대응할 수 있다. 새로운 트렌드와 요구 사항을 반영하여 제품을 수정하고 다시 출시함으로써 경쟁에서 우위를 차지할 수 있다.

여섯째, 지식 관리와 문서화가 핵심이다. PLM은 기업 내에서의 지식 공유와 문서화를 강화한다. 이는 지식의 분실을 예방하고 전문 지식을 보존하는 데 도움을 준다.

일곱째, 환경 친화성과 지속 가능성이다. PLM은 환경 친화적인 제품 디자인과 제조를 지원하며, 지속 가능한 비즈니스 관행을 촉진힌다.

이러한 7가지 즉, 혁신과 제품 품질 향상, 비용 절감, 생산성 향상, 품질관리와 규정 준수, 유연성과 시장 대응력, 지식 관리와 문서화, 환경 친화성과 지속 가능성을 통해서, PLM은 기업의 제품 관리와 생산 프로세스를 혁신하고 최적화하는 데 필수적이다. PLM을 효과적으로 활용하는 기업은 더 나은 제품을 더 빠르게 개발하고, 비용을 절감하며, 경쟁력을 확보할 수 있다. 따라서 PLM은 현대 기업 경영에 있어서 높은 가치를 지닌 핵심 기술 중 하나로 인정받고 있다.

PLM의 가치와 이해

PLM은 무엇인가?

PLM은 기업이 제품을 개발, 제조, 유지 보수, 폐기하는 모든 단계에서 제품 정보와 프로세스를 체계적으로 관리하고 최적화하기 위한 전략과 방법론이다. 이는 제품이 아이디어로부터 실제 제품으로, 그리고 마지막으로 제품의 수명이 끝나는 과정을 관리하는 데에 관한 종합적인 접근 방식을 의미한다.

PLM의 주요 요소는 6가지이다.

첫째, 제품 데이터 관리이다. PLM은 제품과 관련된 모든 정보를 중앙 집중식으로 저장하고 관리한다. 이는 제품 디자인, 스펙, 재료, 생산 정보, 품질 제어 등 다양한 데이터를 포함한다.

둘째, 제품 디자인 및 모델링이 핵심이다. PLM은 제품의 3D 디자인 및 모델링을 지원하며, 다양한 디자인 및 시뮬레이션 도구와 통합된다. 기구, 회로, 소프트웨어를 통합BOM으로 관리하고, Engineering BOM과 Manufacturing BOM, AS BOM까지 관장한다. 여기에 사실상 현존하는 글로벌 솔루션들이 연계되어 설계자의 정보, 데이터를 체계적으로 쌓고 변경관리까지 이루어진다.

셋째, 프로세스 관리가 PLM의 꽃이다. PLM은 제품 개발 및 제조 프로세스를 효율적으로 관리하고 개선하는 데 사용된다. 프로세스의 표준화와 최적화를 통해

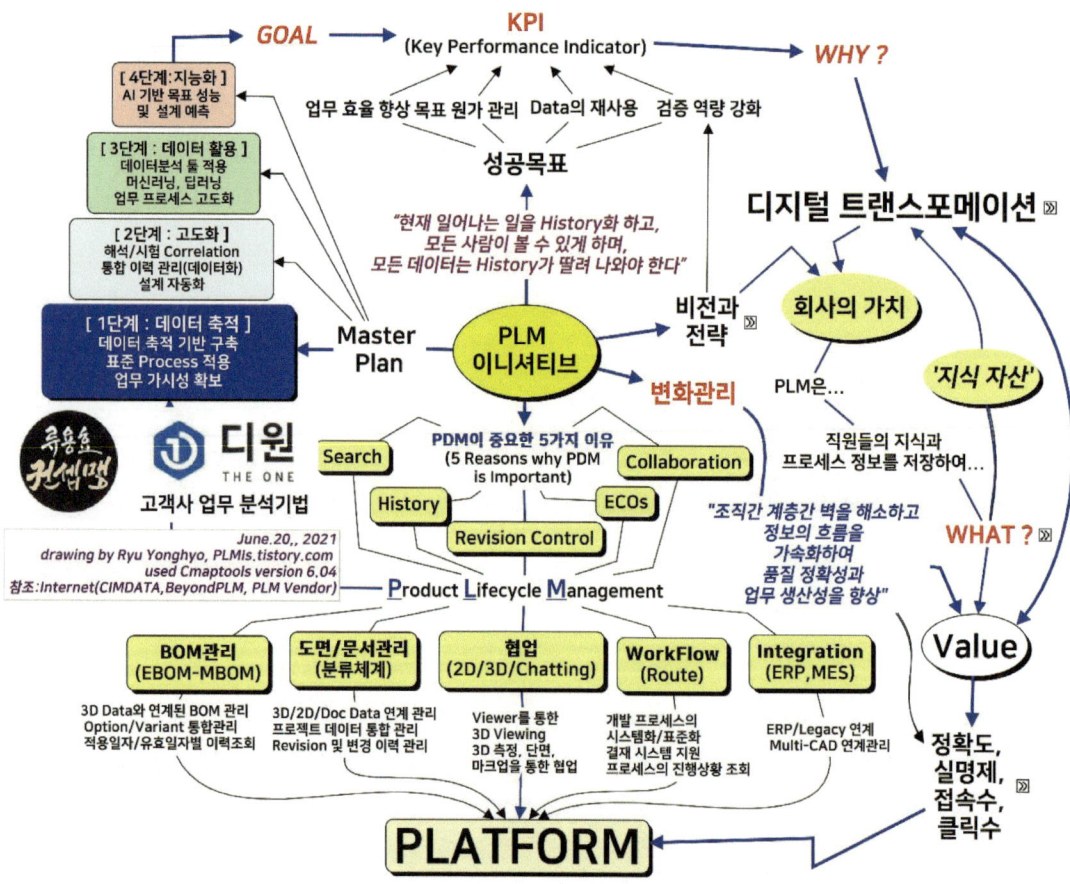

그림 1. PLM 정의 컨셉맵(Map by 류용효)

PART 2

생산성을 향상시킨다.

넷째, 협업 및 통합 기능이다. PLM은 팀 간 협업을 강화하고, 다른 비즈니스 시스템(예: ERP, CAD)과의 통합을 통해 데이터와 프로세스를 효율적으로 공유한다. PLM이 존재하는 이유이다.

다섯째로 제품 수명 주기 관리이다. PLM은 제품의 수명 주기를 추적하고 관리하여 유지 보수 및 폐기 단계에서도 가치를 창출한다.

여섯째, 문서화와 규정 준수이다. PLM은 관련 문서와 규정 준수를 관리하고 제품의 품질과 안전성을 보장한다. PLM의 이점은 제품 개발 기간 단축, 제품 품질 향상, 생산성 향상, 비용 절감, 유연성 및 시장 대응력 향상, 지속 가능한 제품 개발 및 생산이다. 이러한 PLM은 제품 중심의 기업에서 핵심적인 역할을 하며, 제품 관리와 생산 프로세스의 최적화를 통해 경쟁 우위를 확보하는 데 필수적인 도구로 인정받고 있다.

PLM의 가치

기업에서 PLM을 도입하는 이유는 무엇이며, 이를 통해 다양한 가치를 창출할 것인가에 대해 알아보자.

첫째로 빠른 제품 개발과 시장 진입을 위해 PLM이 필요하다. PLM은 제품 디자인 및 개발 프로세스를 최적화하고 가속화시키며, 이는 새로운 제품을 빠르게 시장에 내놓아 경쟁자에 앞서 진입할 수 있는 기회를 제공한다. 제품의 초기 출시는 시장 점유율 증가와 수익 증대로 이어진다.

둘째, 제품 품질과 신뢰성 향상을 위해서이다. PLM은 제품의 품질 관리를 강화하며, 설계 단계에서 불량률을 감소시킴으로써 제품을 구매하는 바이어들에게 신뢰감을 줄 수 있다. 품질이 향상되면 불필요한 리콜 및 수리 비용이 절감되고, 고객의 신뢰를 얻을 수 있다.

셋째, 비용 효율화로, 이는 CEO의 주된 관심사 중의 하나이다. PLM은 생산 프로세스의 효율성을 최적화하고 비용을 절감한다. 재고 감소, 공정 최적화, 생산력 향상 등을 통해 기업의 경제적 가치를 높인다.

넷째, 고객 요구 사항을 충족하기 시키기 위해 PLM이 필요하다. 기업 전략에서 중요한 부분을 차지한다. PLM은 고객의 요구 사항을 반영하는 데 도움을 주며, 제품 개발 중에 피드백을 수용하고 수정하는 데 능숙하게 대응함으로써, 고객 만족도를 높이고 시장에서의 입지를 향상시킨다.

다섯째, 자연스럽게 경쟁력 확보로 이어진다. PLM은 기업이 혁신적인 제품을 개발하고 빠르게 시장에 내놓는 데 도움을 주며, 이는 경쟁자와의 격차를 벌이고, 시장에서 더 큰 몫을 차지할 수 있는 경쟁력을 제공한다. 테슬라의 경우에도, 기존의 자동차 OEM의 노하우가 담긴 PLM을 통해서 신속하게 움직임과 동시에 차별화 전략을 구사하기 위해 PLM의 핵심요소들을 적극 활용함으로써 큰 역할을 하였다.

여섯째, 규정 준수와 안전성 확보이다. 이는 PLM을 통해서 제품전체 라이프 사이클을 활용함으로써 축적된 데이터에서 정보를 자동으로 연계하여, 규제와 안전성 요구 사항을 준수하고 이를 문시화 하는 것이 기능하다. 이는 기업의 법적 책임을 줄이고 고객에게 믿음을 주는 데 도움을 준다.

일곱째, ESG 측면에서 지속 가능한 비즈니스 운영이 가능해진다. PLM은 환경 친화적인 제품 개발과 지속 가능한 생산을 지원한다. 기업의 환경적 책임을 강조하고, 친환경 제품으로 시장에서 차별화될 수 있도록 한다.

여덟째, 지식 관리와 협업 강화를 통해, PLM은 기업 내부의 지식을 관리하고, 팀 간 협업을 강화하며, 지식

유출 방지와 효율적인 의사 결정을 가능하게 한다. 이러한 이유로 PLM은 제품 중심의 기업에게 혁신, 비용 절감, 경쟁력 향상, 지속 가능성, 고객 만족도 등 다양한 가치를 제공한다. 따라서 PLM은 현대 기업 운영에서 필수적인 도구로 자리잡고 있었다. 유수한 기업들이 성공적인 비즈니스를 이루도록 자동차, 항공, 조선, 기계, 전자 산업 등에서 활발히 PLM을 사용하고 있고 그 가치를 인정받고 있다.

PLM의 어려움과 극복

PLM의 어려움 파악

PLM 도입 및 운영에 따른 어려움은 다음과 같다.

첫째, 복잡한 시스템 구축과 관리이다. PLM 시스템은 기업의 다양한 부서 및 프로세스를 통합하는데 필요한 복잡한 시스템이다. 시스템을 구축하고 관리하기 위해서는 상당한 IT 및 기술 리소스가 필요하며, 이는 초기 투자 및 운영 비용으로 이어진다.

둘째, 데이터 품질과 일관성이다. PLM은 정확하고 일관된 데이터를 필요로 한다. 그러나 데이터의 품질을 유지하고 중복을 방지하는 것은 어려운 과제이다. 잘못된 데이터로 인한 오류와 혼란을 방지하기 위해서는 데이터 관리 전략이 필요하다.

셋째, 조직 문화와 변화 관리이다. PLM 도입은 조직 문화와 업무 프로세스에 변화를 가져온다. 이러한 변경에 대한 직원들의 저항과 적응을 관리하는 것은 중요한 과제이며, 변화 관리 전략과 교육 프로그램이 필요하다.

넷째, 보안과 규제 준수이다. PLM 시스템은 중요한 기업 데이터를 다루므로 보안이 큰 고려 사항이다. 데이터 무단 접근을 방지하고 규제 준수 요구 사항을 충족시키는 것이 필요하다.

다섯째, 통합 및 호환성이다. PLM 시스템은 기존 시스템과 통합되어야 한다. 그러나 기존 시스템과의 호환성 및 통합이 복잡할 수 있다. 다른 시스템과의 원활한 상호 운용을 보장하기 위해 표준화가 필요하다.

여섯째, 초기 투자와 ROI이다. PLM 시스템 도입은 초기 투자가 크며, 이로 인한 ROI 달성까지 시간이 걸릴 수 있다. 기업은 초기 투자와 장기적인 이익을 고려해야 한다.

일곱째, 전문 인력 부족이다. PLM 시스템 운영과 관리를 위한 전문 인력 부족은 고민거리이다. 팀 멤버들을 교육하고 필요한 기술 스킬을 개발하는 것이 필요하다.

여덟째, 생산 환경 복잡성이다. PLM은 다양한 제조 과정과 복잡한 생산 환경을 고려해야 한다. 다양한 변수와 조건을 고려하는 것은 어려운 과제로, 시뮬레이션과 모델링이 필요하다.

이상과 같이 PLM 도입은 이러한 어려움을 극복하기 위해 효과적인 전략과 계획, 조직의 지원, 데이터 관리 및 보안 강화, 그리고 직원 교육과 훈련이 필요하다. 이러한 노력을 통해 PLM은 기업의 효율성, 품질, 혁신, 경쟁력을 향상시키는 중요한 도구로 활용될 수 있다.

외부 의존 대신 능동적인 접근

PLM 시스템 도입 및 운영에서 어려움을 극복하고자 할 때, 외부 의존 대신 능동적인 업무 분석 프로세스맵을 만드는 방안은 매우 효과적이다.

다음은 이 접근 방식에 대한 자세히 알아보자. 첫째, 업무 이해와 프로세스 매핑이다. PLM 시스템을 도입하기 전, 조직 내에서 어떤 업무가 진행되고 있는지 완벽하게 이해해야 한다. 이를 위해 업무 프로세스를 자세히 매핑하고 문서화해야 한다.

둘째, 비즈니스 요구사항 도출이다. 업무 분석을 통해 비즈니스 요구사항을 도출하고, PLM 시스템이 이

PART 2

러한 요구사항을 어떻게 충족시킬 수 있는지 식별한다.

셋째, 사용자 참여 및 교육이다. 업무 분석과 프로세스맵 작성에는 사용자의 참여가 필수적이다. 사용자들은 자신들의 업무와 요구사항을 설명하고, 시스템 도입 후에도 효과적으로 활용할 수 있도록 교육을 받아야 한다.

넷째, 프로세스 개선과 최적화이다. 업무 분석을 통해 기존 업무 프로세스를 개선하고 최적화할 수 있다. 중복 작업을 제거하고 효율성을 높인다.

다섯째, 유연성과 확장성을 고려한다. 업무 분석은 PLM 시스템의 유연성과 확장성을 고려하여, 미래에 필요한 변경사항을 수용할 수 있는 프로세스맵을 작성한다.

여섯째, 시스템 구축 및 테스트 부문이다. 업무 분석을 토대로 구축회사와 함께 PLM 시스템을 구축하고 테스트한다. 사용자들이 시스템을 효과적으로 활용할 수 있도록 현업 담당자가 주도적으로 지원한다.

일곱째, 지속적인 개선이다. PLM 시스템이 운영되면, 지속적인 모니터링과 개선을 통해 업무 프로세스를 최적화한다. 이러한 능동적인 접근 방식은 기업이 PLM 시스템을 외부 의존 없이 효과적으로 구축하고 관리하는데 도움을 준다. 업무 분석을 통해 조직의 요구사항을 명확히 이해하고, PLM 시스템을 최대한 활용할 수 있는 프로세스를 설계하게 된다.

PLM을 목적이 아닌 목표로

PLM은 기업의 목적 자체가 아니라, 이루고자 하는 목표를 달성하기 위한 도구이다. 목표는 기업이 지향하는 비전과 전략을 실현하는 핵심 도구로서 PLM을 활용함으로써 다음과 같은 목표를 달성할 수 있다.

첫째, 혁신과 경쟁력 강화이다. PLM은 제품 및 서비스 혁신을 촉진하고, 경쟁력을 확보하는 데 도움을 주며, 제품 개발과 디자인 프로세스를 최적화하여 새로운 아이디어를 현실로 만들 수 있다.

둘째, 품질 향상이다. PLM은 제품 품질을 향상시키고 불필요한 불량률을 감소시키며, 고객 만족도를 높이고 제품 문제로 인한 리콜 비용을 줄인다.

셋째, 비용 절감이다. PLM은 생산 프로세스를 최적화하고 비용을 절감하는 데 도움을 준다. 재고를 감소시키고 생산 효율성을 향상시켜 경제적 가치를 창출한다.

넷째, 고객 요구 사항 충족이다. PLM은 고객의 요구사항을 반영하고 제품을 맞춤형으로 개발하는 데 도움을 주며, 고객 만족도를 높이고 시장에서의 입지를 향상시킨다.

다섯째, 지속 가능한 비즈니스 운영이다. PLM은 친환경 제품 개발과 지속 가능한 생산을 지원하며, 환경적 책임을 강조하고 친환경 제품으로 시장에서 차별화될 수 있다.

마지막으로 여섯째, 지식 관리와 협업 강화이다. PLM은 기업 내부의 지식을 관리하고, 팀 간 협업을 강화하며, 지식 유출 방지와 효율적인 의사 결정을 가능하게 한다. PLM은 이러한 목표를 실현하기 위한 필수적인 수단으로서, 기업의 비즈니스 비전을 달성하는 데 큰 역할을 한다. PLM은 목적을 실현하기 위한 도구로서, 기업의 비즈니스 전략을 구현하고 끊임없는 혁신을 추구하는데 기여한다.

PLM을 통한 기업 성장
PLM의 전략적 활용

기업은 PLM을 경쟁 우위 확보, 고객 만족도 향상, 비용 효율성 증대, 지속 가능한 경영 및 혁신의 핵심 요소로 활용할 수 있다.

표 1. PLM의 전략적 활용

전략적 활용 영역	목표 및 이점
제품 혁신	새로운 제품 및 서비스 출시 가속화, 경쟁 우위 확보
고객 중심 제품 개발	고객 요구 사항 반영, 고객 만족도 향상, 시장 입지 강화
품질 향상 및 비용 절감	제품 품질 향상, 생산 비용 절감, 경제적 가치 창출
글로벌 시장 개척	글로벌 시장 진출 지원, 로컬라이제이션 관리, 다국가 협업
지속 가능한 비즈니스 운영	친환경 제품 개발 지원, 환경적 책임 강조, 친환경 제품 차별화
협업과 지식 공유 강화	조직 내부 지식 효과적 관리, 팀 간 협업 강화, 혁신 촉진
시뮬레이션과 시나리오 분석	최상의 제품 설계와 생산 방법 탐색, 품질 향상
보안 및 규제 준수	제품 데이터 보안 강화, 규제 준수 관리, 법적 문제 방지
지속적인 혁신	지속적인 제품 및 프로세스 개선, 새로운 기회 발견
경영 전략과 통합	경영 전략의 일부로 PLM 통합, 비즈니스 목표 달성

기업 내부에서의 PLM

PLM과 ERP의 데이터 연계를 통해서 PLM과 ERP 시스템을 통합하여 제품 수명 주기 관리와 기업 내 프로세스 관리를 효율적으로 연계할 수 있다. 비즈니스 프로세스 통합을 통해서 ERP를 활용하여 제품 수명 주기 관리와 관련된 비즈니스 프로세스를 통합하고 최적화할 수 있다. 이러한 통합 접근 방식을 통해 기업은 PLM과 ERP의 각각의 강점을 최대한 활용하고, 제품 및 비즈니스 프로세스를 종합적으로 관리할 수 있다. 〈표 2〉에 PLM과 ERP의 역할과 약점에 대해 정리하였다.

PLM의 진정한 가치를 찾아서

기업은 변화와 혁신을 향해 달려가는 길에서 끊임없

표 2. PLM과 ERP의 역할과 약점

요소	PLM의 역할 및 약점	ERP의 역할 및 약점
역할	제품 수명 주기 관리에 중점 제품 디자인, 개발, 관리 제품 문서화 및 협업 제품 혁신 지원	기업 내부 프로세스 자동화 재고 및 생산 관리 재무 및 인사 관리 비즈니스 운영 최적화
약점	제품 중심 데이터만 다룸 기업 내 프로세스 외 영역 커버 X 재무 및 인사 데이터 처리 미흡	제품 수명 주기 관리 미흡 제품 혁신을 다루지 않음 제품 디자인 관련 데이터 처리 미흡
통합과 협업	제품 관련 부서 간 효과적인 협업 지원	기업 전반적인 프로세스 통합 지원
데이터 종류	제품 및 디자인 관련 데이터	재고, 구매, 생산, 회계, 인사, 판매 관련 데이터
주요 강점	제품 혁신과 개발을 강화 품질 향상과 고객 만족도 증대	비즈니스 프로세스 효율화 재고 최적화와 비용 절감
약점 보완 방안	ERP와 통합하여 기업 전체 프로세스 커버 PLM과 ERP 데이터 연계	PLM과 통합하여 제품 수명 주기 관리 강화 ERP의 모듈 중 하나로 PLM 도입 가능

PART 2

이 질주한다. 그리고 이 길에서 필요한 동반자로서 PLM이 비로소 그 진정한 가치를 드러낸다. 이전에 기업은 제품을 만들고 판매하는 것이 목표였다.

그러나 오늘날, 제품은 단순한 물건을 넘어서고, 그 제품을 둘러싼 생태계와 경험이 중요해졌다. PLM은 이러한 환경에서 기업이 제품의 전체 수명 주기를 이해하고 효과적으로 관리할 수 있게 도와주는 전략적인 수단이 되었다. 제품 개발, 생산, 마케팅, 유지 보수 및 폐기까지의 모든 단계에서 PLM은 통합된 정보와 협업 기능을 제공하여 기업이 품질을 유지하고, 시장에 빠르게 대응하며, 지속 가능성을 추구하도록 지원한다.

진정한 가치는 이제 더 이상 제품의 디자인이나 생산 과정의 최적화에만 머무르지 않는다. PLM은 기업이 고객의 요구 사항을 더 잘 이해하고, 제품을 개선하며, 제품의 생애 주기 동안 가치를 제공하는 데 도움을 준다. 그것은 고객과의 긴밀한 연결을 통해 기업의 경쟁력을 강화하고, 지속적인 혁신과 성장을 가능하게 한다. 기업은 더 나은 제품을 만들고, 더 나은 경험을 제공하며, 지속 가능한 미래를 구축하기 위해 PLM을 활용하고 있다.

이것이 PLM의 진정한 가치이며, 이로써 기업은 미래를 더 밝게 그릴 수 있다. 그래서 PLM은 더 이상 선택 사항이 아니라, 현대 기업의 생존과 성장을 위한 필수적인 파트너가 되었다.

결론
PLM, 변화의 바다에서 나침반으로서의 역할

세상은 끊임없이 변화하고, 그 가운데에서 기업은 향후 방향성을 잡기 위해 바다에서의 나침반과 같은 역할을 하는 PLM을 찾아왔었다. 그간, 단순히 제품을 창조하고 판매하는 것만이 기업의 궁극적인 목적이었다면, 지금은 그 이상의 무언가를 찾아가는 여정에서 제품 주변의 깊은 이야기와 가치를 중시하게 되었다. PLM은 이 환경 속에서, 제품의 탄생부터 그 생명이 끝나는 순간까지의 모든 과정을 아우르며, 기업에게 깊은 통찰력과 청사진을 제공한다. 그것은 더이상 단순한 정보의 집합이나 프로세스의 자동화에 그치지 않고, 기업의 심장과 같은 역할을 하여, 기업의 비전을 뚜렷하게 그려 나가는 데 중심 축이 된다.

진정한 PLM의 가치는 그 안에서 발견되는 품격과 우아함에 있다. 그것은 제품의 완성도를 높이기만 하는 것을 넘어서, 그 제품을 통해 연결되는 모든 이들에게 어떤 의미와 가치를 전달하는지를 중시한다. 그것은 고객의 기대와 꿈을 현실로 전환하며, 기업의 성장을 위한 끊임없는 파트너로서의 역할을 해 나간다. 따라서, PLM은 단순한 도구가 아닌, 기업의 방향성과 미래를 함께 그려가는 예술가와 같은 존재한다. 그 속에서 기업은 미래의 가능성과 그림을 발견하게 되며, 그것이 바로 PLM의 가장 깊고 품격 있는 가치이다.

류용효 상무
디원에서 근무하고 있으며, 페이스북 그룹 '컨셉맵연구소' 리더로 활동하고 있다.
Yonghyo.ryu@gmail.com
블로그 https://PLMls.tistory.com

변화하는 시대 그리고 PLM의 변화

포스트 팬데믹(post pandemic)으로 지칭하는 지금은 변화의 시기이다. 사회 전반적으로는 경제 환경, 고객들의 의식, 직장 구성원의 의식의 변화 그리고 새로운 MZ 세대의 등장 및 코로나19로 인한 반강제적인 실험(원격근무 실행 등)을 통해 변화의 두려움은 감소하고, 실행은 더 빨라질 것이다.

시스템적으로는 전통적인 방식의 온프레미스(on-premise)에서 온 클라우드(on-cloud)로의 변화가 가속화되고 있다. 상대적으로 PLM 분야에서는 온 클라우드로의 변화가 더디지만, 시간이 지날수록 그 속도는 빨라질 것으로 예상한다. 또한, 메이저 PLM 솔루션 공급사들이 클라우드 환경을 고려한 방향으로 변화해 가고 있음을 몸으로 느끼고 있다.

이 글에서는 PLM 현업 컨설턴트의 입장에서 변화하는 시대에 PLM의 변화와 방향성에 대해서 이야기해보려고 한다.

데이터

데이터 디지털화

기본에 충실해야 한다. 데이터의 디지털화(Data Digitalization)에 집중해야 한다.

PLM은 도면 파일 관리에서부터 시작되었고, 지금도 파일 기반의 데이터가 많다. 클라우드 환경으로 바뀌면서 메타정보를 이용한 파일 관리 시스템의 한계와 구조적인 문제점이 계속 대두될 것이다. 파일 기반에서 데이터 기반으로의 변화가 일어나고 있다. 다가오는 시대에서는 데이터가 가장 중요한 자산이 된다고 한다. 그 말 속에는 '잘 갖추어진' 데이터라는 의미가 있다. 고객의 요구사항, 제품 기획, 설계, 생산, 서비스 영역까지 제품 개발 프로세스 전체의 흐름을 반영하며 디지털 스레드(digital thread) 및 연속성(continuity)을 고려한 데이터를 구성해야 한다.

재사용

잘 꺼내서 사용할 수 있는 데이터 구조를 만들고 쌓아나가야 한다. 과거에는 데이터의 저장에 더 의미를 두었다고 한다면, 이제는 사용을 고려한 저장을 생각해야 한다. 데이터를 이용하여 어떤 목적의 결과를 얻어낼지를 고민하고 데이터를 저장/축적해야 한다. PLM이 더 이상 기술 자료의 관리에 목적을 두어서는 안 된다. 제품 개발 영역에서 기술 기반의 의사결정에 도움이 되는 시스템이 되어야 한다. 저장된 데이터에서 AI 기술 등을 이용해서 새로운 가치를 만들어 나갈 수 있는 것이다.

3D 데이터

경제 위기 상황에서는 늘 기술 패러다임의 변화가 일어나서 새로운 시장을 만들어냈다. 메타버스로의 전환

도 가속화될 것으로 예상된다. 3D 기반의 데이터를 잘 관리해야 한다. 디지털 트윈(digital twin), 증강현실(AR) 기술의 발전이 빠르게 진행되고 있다. 또한, 통신 기술, 단말기 등 주변의 제반 기술도 빠르게 발전이 진행되고 있다. 현장에서는 아직도 2D 기반의 업무를 하고 있는 곳이 많다. 준비되지 않은 이들에게 메타버스는 또 다른 벽이 될 수 있다.

문화

인적자원의 관리를 고려한 프로세스 정립

PLM 프로젝트를 진행할 때 통상적으로 표준화된 프로세스를 정의하고, 선정한 솔루션에 프로세스를 내재화하는 작업으로 진행이 된다. 프로세스를 선정할 때 PLM의 베스트 프랙티스(best practices), 글로벌 선진사례 등을 참고하여 프로세스를 정립하는 작업을 한다. 이때, 인적자원 관리를 고려한 내용도 포함되어야 한다.

대한민국의 인구는 줄어들고 있다. 포스트 코로나 이후 조직 구성원들의 의식의 변화도 보인다. 그리고, MZ 세대는 기성 세대와 다른 직업관을 보이고 있다. 일보다는 자신의 삶의 밸런스를 중요하게 여기는 것이다. 시스템은 이런 시대의 변화를 담아내야만 한다.

기술 자산 못지 않게 인적 자산의 관리가 중요하다.

표 1. 애자일 조직의 5가지 특징(Mckinsey의 'The five trademarks of agile organizations'에서 일부 발췌)

	특징	조직의 속성
전략	뚜렷한 목표 설정	■ 조직의 목적과 비전의 공유 ■ 주어진 기회는 예리하고 민첩하게 반응 ■ 유연한 자원의 할당 ■ 실천적인 전략의 가이드
구조	권한이 부여된 네트워크 팀 구성	■ 수평적인 구조 ■ 명확한 책임 역할 ■ 직접적인 관리 ■ 튼튼한 실천 공동체 ■ 실천적인 동료 의식과 환경 ■ 목적에 최적화된 조직
프로세스	빠른 의사결정과 배움의 과정	■ 빠른 반복 실험 ■ 표준화된 업무 추진 방식 ■ 효율적인 업무 추진 ■ 정보의 명확성 ■ 지속적인 배움 ■ 실천 기반의 의사결정
구성원	열정을 갖고 다이내믹한 사람들의 모델	■ 조직 융화적인 커뮤니티 ■ 공유하고 서비스하는 리더십 ■ 구성원의 경영자 마인드 내재화 ■ 역학의 유연한 변경
기술	최신 기술의 빠른 습득	■ 기술 구조, 시스템, 룰을 포함 ■ 다음 세대의 최신 기술과 베스트 프랙티스의 유연한 습득

애자일(agile) 조직으로의 변화 등을 고려한 조직의 문화를 변화해야 한다.

성과와 보상체계

일하고 싶은 환경을 만들었다면, 이제는 일한 성과에 대한 보상과 상벌체계가 명확하게 준비되어야 한다. 투명한 성과 관리 체계를 적용하여 조직과 조직 구성원이 이해할 수 있는 체계를 시스템에 반영해야 한다. 특히, R&D의 우수한 인력들은 주요 관리 대상이 되어야 한다.

체계적인 성과 관리, 아이디어 관리 그리고 나아가서는 조직(기업)과 조직 구성원(개인)이 협업하고 공생해 나갈 수 있는 환경과 구조로 변화가 이루어져야 한다. 변화하는 시대에서 능력 있는 자원의 관리는 회사의 존망을 결정지을 수 있는 사항이다.

시스템 아키텍처

클라우드 환경 대비

클라우드 환경으로의 변화가 가속화되고 있다. SaaS(Software-as-a-Service) 방식의 솔루션이 대세를 이루고 있다. PLM 분야에서도 같은 방향으로 발전해 나가고 있다.

PLM 관점에서는 협업 환경을 손쉽게 구성할 수 있다는 것이 장점 중 하나가 아닐까 생각한다. 고객사와 협력업체가 같은 구조 속에서 같은 데이터를 공유할 수 있다는 점은 큰 장점이 될 수 있을 것이다. 하지만 클라우드의 한계도 아직은 명확하다. PLM은 전사 제품 개발 프로세스를 담아내기에 각 영역별 시스템의 인터페이스를 고려해야 하는데, 이런 시스템간의 인터페이스 문제는 아직 뚜렷한 해결책이 나오지 않았다.

또한, 클라우드 환경의 장점을 극대화하기 위해서는 데이터의 공유 정책도 고려해야 한다. 어디까지 공유할지, 어디까지는 보안 영역에 두어야 할지를 고민해야 한다.

로컬 비즈니스 처리

클라우드(SaaS) 환경에서는 로컬 비즈니스(local business)를 담아낼 방법이 현재는 없다고 생각한다. 해당 문제를 시스템 아키텍처 관점에서 접근해서 풀어내려는 노력이 필요하다. 메인스트림 데이터의 영역과 로컬 비즈니스를 담아내는 영역으로 구분해 관리하는 방안을 고려해보면 어떨까? 예를 들면 CAD, 부품, BOM(Bill of Materials), 설계 변경 등을 다루는 메인 영역은 클라우드로, 단위 사업부의 업무를 지원해주는 솔루션은 자유롭게 커스터마이제이션(customization)할 수 있는 구조로 구성하는 것이다. 또한, 노코드(no code) 및 로코드(low code) 등을 적극 활용하는 방안도 고려해 볼 수 있다.

맺음말

시간의 축을 길게 늘려보면, 인류는 항상 변화하고 발전해 왔다. 현재를 사는 우리는 4차 산업혁명, 포스트 노멀(post normal), 인구 구조의 변화, 기술의 발전 등 변화의 소용돌이 속에 놓여있는 듯하다. 미래는 알 수 없지만, 우리는 과거의 지혜를 바탕으로 예측하고 대비할 수 있다. 변화하는 시대의 트렌드를 읽고 시대에 역행하지 않는 유연한 대처가 필요하다. 우리 모두 변화를 기회로 삼아 성공하길 기원한다.

김성희 대표
VCIS의 대표이자 PLM 컨설턴트이다. 다양한 PLM 솔루션 및 자동차/기계/반도체/CPG 등 산업군의 PLM 컨설팅을 수행했다.
pass829@naver.com
블로그 https://blog.naver.com/pass829

PART 2

PLM/DX 트렌드와 미래 리더십

디지털 전환(DX)은 어떤 비즈니스의 변화를 가져왔는가?"

디지털 전환(Digital Transformation, DX)을 쉽게 풀어 쓰면 "디지털 기술을 활용하여 기업의 제품/서비스, 일하는 방식, 비즈니스 모델을 전환하는 과정"이다.

비즈니스 변화를 살펴보면 지난 10년간 분야별 대표 선두 기업들이 보란 듯이 변화를 이끌었다. 나이키는 의류 패션 도소매에서 의류 패션 이커머스 및 콘텐츠로, 마스터카드는 신용카드 결제 네트워크 제공에서 결제 데이터 분석 및 컨설팅으로, 마이크로소프트는 PC 운영체제 공급에서 클라우드 공급 및 컨설팅으로 전환 및 확장했다. 특히, 주목받는 스타벅스의 경우 커피라는 아이덴티티를 살리면서 오프라인 매장 기반에서 모바일 기반으로 전환을 가져왔다.

우리가 이런 얘기를 들으면, 한 귀로 듣고 한 귀로 흘려보낸다. 왜냐하면, DX의 화두는 경영자에게 있기 때문이다. 기업 경영자의 리더십이 깨어 있지 않으면, 기업의 구성원이 힘들다. "CEO가 먼저 회사 전체의 목표 관리를 할 줄 알아야 한다"라고 한다. ('거인의 리더십' 중에서)

스타벅스의 사이렌 오더의 경우를 보면, '서비스 디지털화'의 대명사이다. 매장에 직접 가서 줄을 서서 주문하던 것을 모바일로 모든 것을 바꿔 버렸다. 모바일에서 주문하고 완료 시 알림을 준다. 요즘 대부분 커피 전문점이 사이렌 오더와 같은 방식을 지원한다. 한 술 더 해서 배달까지 지원하는 곳도 있다. 그래서 '사이렌 오더'는 누구나 다 사용할 수 있도록 바뀌었기 때문에 '혁신'이라고 불릴 만하다.

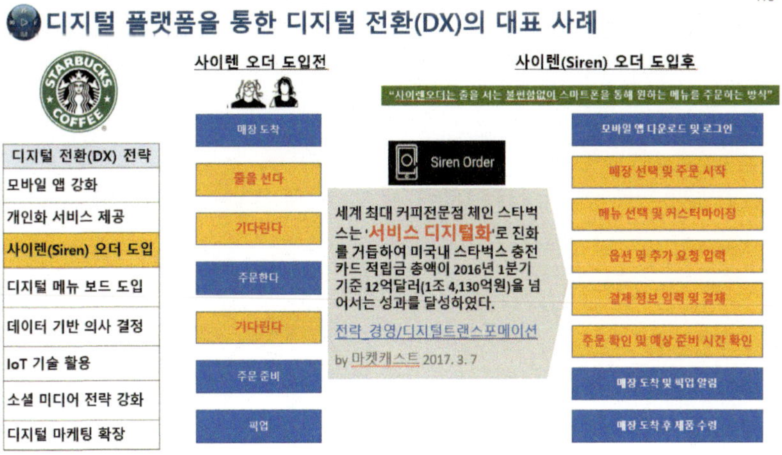

그림 1. 디지털 전환(DX)대표 사례

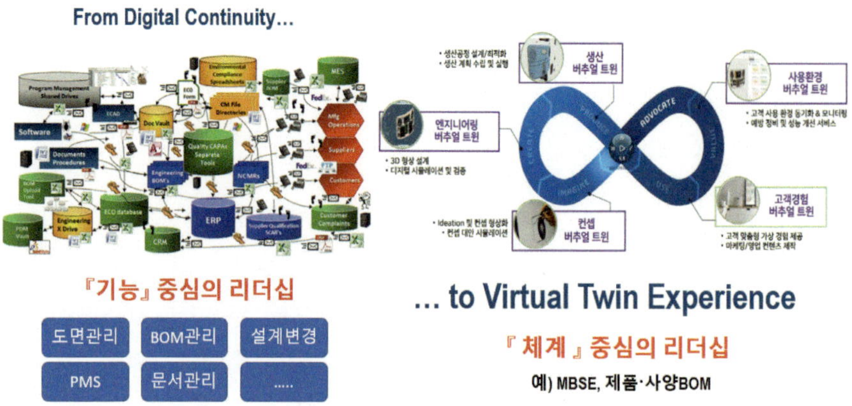

그림 2. DX 리더십

디지털 연속성에서부터 버추얼 트윈 경험까지

지금까지 우리는 기능 중심의 리더십으로 사례들을 보면서 개별 업무를 다져왔다. 문서관리, 도면관리, 설계변경, 프로젝트관리 등… 상당한 성과를 이루는 반면에 지금은 굉장히 형식적인 기능 지원여부의 판별용으로 어느 솔루션을 선택할 것인가의 기준으로 여겨지고 있다. 도입 기업에서는 기능리스트를 통해 솔루션 판별력과 가격, 그리고 전략 등을 고려해서 의사결정을 한다. 하지만, 솔루션들은 기능들이 평준화되고, 기업에서는 학습보다는 다른 회사와 유사한 방식으로 검토해서 담당자는 편할지 몰라도, 구축하게 되면 크게 효과를 본다던 지 하는 감흥은 별로 없다. 오히려 사용자 수용(User acceptance)을 받는 데 어려움이 있다. 사용자의 요구사항은 항상 나중에… 특히 교육을 한참하고 사용할 때쯤 불만사항이나 해줬으면 하는 요구사항들이 등장한다.

또한 구축회사에서도 이런 패턴들이 타사의 경험을 통해 익숙해져서 프로젝트 초반부터 고객에게 교육 등을 집중해서 관심을 가지는 과정을 적게 하는 경우가 있다. 하지만 지금은 주 사용 고객들이 MZ세대를 중심으로 구성되다 보니, 이런 패턴도 변화가 필요하다. 한마디로 기능의 어려움과 복잡함 보다는 어떤 스토리와 시나리오로

이 일이 어떻게 처리되는지 과정이 궁금해졌다. 또한, 이런 것을 시연하는 것이 갈수록 쉽지는 않다. 왜냐하면 끊임없는 공부와 연습을 해야 가능하기 때문이다. 특히 최근 화두가 되고 있는 MBSE(Model Based Systems Engineering : 모델 기반 시스템 엔지니어링)는 SE의 이해와 전체적인 흐름과 제품의 특성으로 인해 한사람이 모든 것을 하기에는 역부족이며 체계적인 변화로 발전하였다.

또 다른 예로 제품 사양BOM 체계이다. 기능적으로는 이미 오래전에 솔루션사에서 제공하지만, 기업에서 적용하는 데는 기존의 프로세스 틀에서 개발하거나, 아예 기존 틀을 계속 사용하는 형태로 유지되어 왔다. 하지만, 최근에 이런 체계를 OOTB 기반으로 구축하는 추세가 늘어나고 있다. 즉, 체계로의 전환이 시작되었다. 여기에는 고객 PM의 역할이 크다. 설득으로만 될 문제는 아니었기 때문이다. 그것은 디지털 전환 리더십의 7가지를 이해하느냐에 달려 있었다.

디지털 전환(DX) 리더십 7가지

하워드 슐츠의 스타벅스처럼 디지털 전환을 이루기 위해서는 어떤 리더십이 필요한지 7가지로 정리해 봤다.

PART 2

> 1. VIRTUAL TWIN의 '디지털 연속성' 확보
> 2. 지속적으로 OOTB 업그레이드 용이하게 하려면?
> 3. 체계 중심으로(ex. MBSE) 전환
> 4. 향후 Cloud로의 여정은 어떻게 해야 합니까?
> 5. 변화 관리는 어떻게 하나요?
> 6. 미래 트렌드 변화 안목 높이기
> 7. 디지털 전환(Dx) 중장기 로드맵(예시)

첫 번째로 디지털 트윈에 인터랙티브(Interactive)와 다이나믹(Dynamic)을 추가한 버추얼 트윈의 디지털 연속성이다. 버추얼 트윈은 비즈니스 End-to-End 전 과정이 하나의 플랫폼으로 구현되어 통합된 데이터 관리가 가능하며, 이를 기반으로 협업을 극대화하여 최적의 의사결정이 가능하다. 5가지의 버추얼 트윈으로 ▲Ideation 및 컨셉을 형상화하고 컨셉 대안 시뮬레이션을 할 수 있는 컨셉 버추얼 트윈 ▲3D 형상 설계 및 디지털 시뮬레이션 및 검증을 하는 엔지니어링 버추얼 트윈 ▲다음으로 생산공정 설계/최적화 및 생산 계획 수립 및 실행을 하는 생산 버추얼 트윈 ▲고객 사용 환경 동기화 & 모니터링, 예방 정비 및 성능 개선 서비스를 담당하는 사용 환경 버추얼 트윈 ▲고객 맞춤형 가상 경험 제공 및 마케팅/영업 콘텐츠 제작을 담당하는 고객 경험 버추얼 트윈을 들 수 있다.

두 번째, 지속적으로 "OOTB 업그레이드를 용이하게 하려면 어떻게 해야 하나?"이다.

기존에는 그리고 지금도 PLM을 구축하려고 하면 요구사항을 듣고, 요구사항을 정리하고, RFP에 의해 특별한 PLM을 개발하고 사용자 수용(User acceptance)을 통해 완료한다. 이러한 것을 반복하다 보니, 업그레이드에 드는 비용과 시간이 오래 걸려 어려움을 호소한다. 심지어 재구축하는 비용이 더 저렴하다는 얘기까지 나온다. 하지만 앞으로는 PLM 구축시 PM(구축, 고객)의 OOTB이해, 반복적인 교육과 더불어 습관화를 통한 PLM 구축 방법론 전환이 필요하다. OOTB 기반 프레임워크를 통해 교육→스토리보드→Use Case 방식을 통해서 요구사항을 정리하고 OOTB의 기능 중 사용하는 기능들을 요구사항으로 정리한다. 그리고 실제 검증(Value Commitment)을 거쳐 구축(Value Delivery)하게 된다. 이러한 과정을 거치게 되면 업그레이드는 최소한의 절차로 진행될 것이다.

세 번째 체계 중심으로 전환이다. 가장 적절한 예가 MBSE일 것이다. MBSE는 솔루션사에서 나오는 기고나 정보를 활용해 보면 큰 도움이 될 것이다.

기입의 시스템 개발 프로젝트에서 요구사항과 관련된

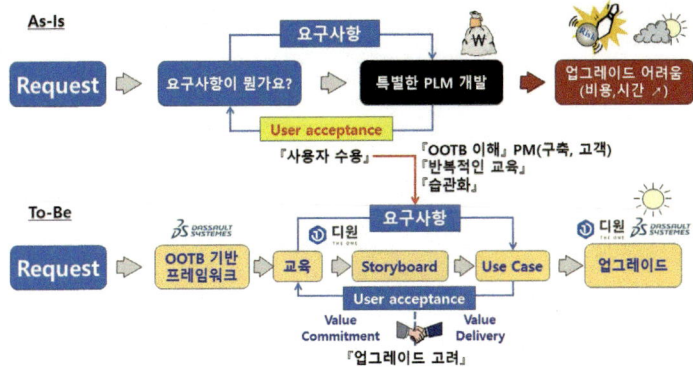

그림 3. DX 리더십 – OOTB 업그레이드 용이하게 하려면?

항목(명확한 요구사항, 불완전한 요구사항, 요구사항의 변경)이 프로젝트의 성공 및 어려움을 겪게 하는 요인 중 많은 부분을 차지하고 있다. MBSE는 이와 같은 문제점의 해결책으로 떠오르는 미래전략으로 부재시 적절하게 대응하기 어려워 프로젝트의 성공 확률이 낮아질 수 있기 때문이다. 미래는 'System thinking'으로 전략은 수긍이 가나 풀어가는 과정은 어렵지만 도전해 볼 만한 가치가 있다.

네 번째, 클라우드(Cloud)로의 여정이다.

현재는 스타트업, 신사업, 글로벌 오퍼레이션 시작하는 곳에서 클라우드로 진행하는 경우가 많다. 이미 운영 중인 PLM은 앞으로의 변화에 신경을 쓰고 착실히 준비하는 것이 유리할 것이다. 왜냐하면, 트렌드 흐름상으로 클라우드로 가기 때문이고, 또 비용과 운영 면에서도 유리해지는 부분이 있기 때문에 고려해 볼 만하다. 물론 현재 드러난 사실들을 보면, 제약사항도 분명히 있어 보이고, 그러한 허들을 하나하나 넘어가는 중이라고 보면 될 것이다. 무조건 안된다고 하기 보다 뭐가 이익인지 천천히 살펴보는 지혜가 필요할 것 같다.

다섯 번째, 변화관리는 어떻게 하는가?

'일의 격'에서 신수정 저자는 "왜 선택(변화/혁신)을 주저하는가?"라는 질문에 다음과 같이 말했다. 새로운 가능성보다 현재가 주는 '혜택'이 더 크기 때문이다. (혜택을 잃으려 하지 않기 때문)

변화는 단계별로 서서히 진행되지만, 혁신은 비전으로부터 시작되며, Top down으로 진행된다.

변화의 저항요소 6가지 중에 혼란은 제일 많이 영향을 준다. 변화를 통제하는 방법으로 환경변화는 변화의 방향, 변화의 속도, 변화의 온도에 의해 좌우되며, 변화 성공 요소는 리더십, 명확성, 모든 계층의 변화주도자 배치, 직원의 참여, 교육실시 등이다.

여섯 번째, 미래 트렌드 변화 안목 높이기이다.

시대적 흐름을 살펴보면 사피엔스에서 포노사피엔스로 넘어가는 키워드는 '클릭'이었다. 클릭은 스마트폰의 혁명을 의미하며, 그 후로 '우리'에서 '나'로 바뀌며, 커뮤니티, 성장, 호기심 이런 단어들이 나에겐 인상적이었다. 그리고 최근에 '클릭' 다음으로 주목받는 것이 '질문'이다. 챗GPT(ChatGPT)로 인한 생성형 AI가 온세상을 휩쓸고 있다. 기업에서는 무엇보다 중요한 것이 문서화(업무 ↔ 프로세스 ↔ 시스템)라고 생각된다. 얼마나 정교한가에 따라 그 기업의 업무 수준 및 관리

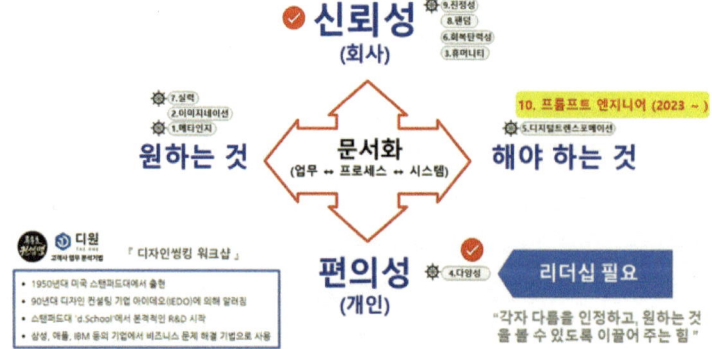

그림 4. DX 리더십 – 미래 트렌드 변화 안목 높이기

PART 2

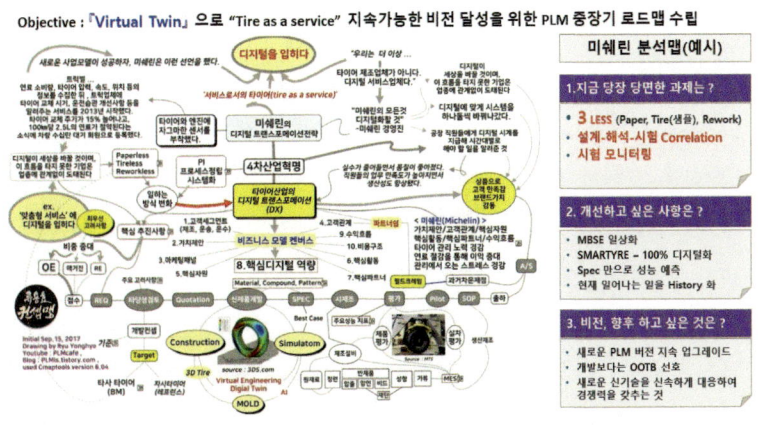

그림 5. DX 리더십 – 디지털 전환 (DX) 중장기 로드맵 (예시)

수준을 가늠할 수 있다. 디자인 씽킹 방법론을 통해서 해야 하는 것, 원하는 것, 신뢰성(회사), 편의성(개인-다양성) 사이를 트레이드오프(TRADE OFF) 해야 한다. 편의성에는 리더십이 필요하다. 해야 하는 것에는 프롬프트 엔지니어가 최근 추가되었다. 각자 다음을 인정하고 원하는 것을 볼 수 있도록 이끌어 주는 힘을 통해서 절충안을 찾아야 한다.

마지막으로 일곱 번째, 디지털 전환(DX) 중장기 로드맵이다.

PLM 관점에서의 디지털 전환 목적은 차세대 PLM에 대해서 파악하고, 기업에 최대한 이익이 되는 중장기 로드맵 방향을 수립하는 것이다. 그렇게 하기 위해 4가지 세트로 구성된 로드맵을 만드는 것이 중요하다. 비즈니스 오브젝티브로 회사가 나아갈 방향에 대해 한 장의 맵이 중요하다. 지금 당장 당면한 과제, 그리고 개선하고 싶은 사항, 비전 및 향후 하고 싶은 것을 분석하고 목표를 명확히 하는 것이 중요하다. 그 다음에는 목표를 뒷받침하는 단계별 추진 로드맵, 그리고 추진 로드맵을 상세히 분석한 실행방안과 실행방안을 실현해 줄 아키텍처이다.

이렇게 4장의 세트로 구성된 디지털 전환 중장기 로드맵은 지속적으로 업데이트 관리해 주어야 방향을 잃지 않고, 해마다 시대의 변화에 대응하면서 나아갈 수 있을 것이다.

미래 PLM의 리더십

디지털 전환 리더십의 7가지를 통해서 미래 PLM이 갖추어야 할 리더십을 살펴보았다. 챗GPT의 등장으로 과거와 다른 무언가 큰 변화들이 일어나고 있다. 지금까지의 변화는 사회적 변화와 국가적인 변화의 흐름이었다면, 챗GPT는 분명 개인 역량의 차이로 이를 아는 사람이 모르는 사람의 일자리를 차지할 것이라는 얘기가 회자되고 있다. 미래 PLM의 리더십 관점으로 본다면 과거에 하던 방식을 답습하는 것은 시대의 흐름에 맞지 않을 거라는 확신이 들게 된다. 이미 최적화된 것들은 우리가 무엇이 필요한지 체크만 하면 되는 것들로, 미래로 가는 큰 체계 중심으로 사고의 전환과 운영을 꾀해야 할 시점이다.

류용효 상무
디원에서 근무하고 있으며, 페이스북 그룹 '컨셉맵연구소' 리더로 활동하고 있다.
Yonghyo.ryu@gmail.com
블로그 https://PLMls.tistory.com

MBSE의 정의와 PLM과의 연계

2016년 필자는 글로벌 벤더사에 근무할 당시 국내 자동차 회사에 유럽의 MBSE(Model Based Systems Engineering : 모델 기반 시스템 엔지니어링) 전문가를 모셔와 MBSE 워크샵을 진행한 적이 있었다. 그때 나온 얘기 중에 모델(Model)이라는 개념과 시기상조라는 두 가지 큰 이슈의 벽을 만났었다. 그 후 2019년부터 주요 회사들에서 MBSE가 이니셔티브(initiative)로 자리잡고 활발히 논의되고 있다. 과거의 경험으로 토요타의 경우 1990년대 말 2D 설계만으로도 충분하다는 시절이 있었다. 그 후 몇 년 있지 않아 3D의 붐이 일었다. MBSE도 앞으로 몇 년 이내에 핵심 프로세스로 자리 잡을 것 같다는 생각이 든다. 이유는 마치 전기차에 대항하는 내연기관차와 같은 처지이기 때문이다. 본 내용은 MBSE에 대한 자료를 수집, 정리한 내용이다.

MBSE 정의

INCOSE는 MBSE에 대해 "개념 설계 단계부터 개발 및 이후의 라이프사이클 전반에 걸쳐 시스템 요구사항, 설계, 분석, 검증(V&V) 활동을 지원하기 위해 모델링을 적용하는 것"이라고 정의하였다.

SE(Systems Engineering)와의 차이점은 SE가 document 기준(문서기반 체계공학)이라면 MBSE는 Model 기준(모델기반 체계공학)이라는 점이다.

PLM vs MBSE

MBSE와 PLM은 사상, 추진 목표, 지원 영역 등에서 차이가 있지만 제품개발이라는 측면에서 보면 상호 보완적인 관계이다. PLM은 제품의 기획, 설계, 생산, 평가, 출시와 관련된 데이터 및 정보를 관리하고 프로세스를 운영하는 방법론으로, 추진 목표로는 개발 정보 관리 혁신, 개발 산출물/형상관리/CAD 연계 및 도면 관리 혁신, BOM 관리 혁신, 프로젝트 관리 혁신, 목표원가 달성 혁신을 다룬다. 지원영역은 제품개발 영역, 상품기획, 개념설계, 상세설계, 시험, 생산까지 포함한다. 주요 기능으로는 기술문서 관리/도면관리/CAD 데이터 관리, BOM 관리, 변경관리, 프로젝트 관리이다. 기대효과는 업무 생산성 향상, 정보 통합 관리, History 추적, 데이터 정합성이다.

MBSE는 시스템 엔지니어링 방법과 디지털 환경에서 목적별 모델(시스템 아키텍처 모델, 1D 모델, 3D 모델 등)을 활용하여 제품개발 시간을 단축하고 품질을 확보하는 개발 방법론이다. 추진 목표로는 과학적이고 체계적인 목표성능 달성, 조기 검증, 복잡한 시스템의 개발 시간 단축/개발 품질 향상/개발원가 절감을 다룬다. 지원 영역은 PLM과 동일하게 제품개발 영역, 상품기획, 개념설계, 상세설계, 시험, 생산 영역까지 포함한다.

주요 기능은 요구사항 관리, 아키텍처 설계(SysML), 다분야 통합, Verification & Validation이다. 기대효

PART 2

과는 개념 설계 단계에서의 성능 달성 조기 검증, 확도 높은 설계 변수 확정, 요구사항부터 V&V까지 추적성 확보, 개발 자산활용(모델, 기술자료, 문제해결 등)의 개발 시간 단축 및 품질 확보, Knowledge 체계화에 따른 연구원 간의 업무 상향 평준화 등이다.

PLM과 MBSE는 추진 목표에 따라 구분되며, MBSE는 PLM에는 없던 영역 즉 아키텍처 설계(SysML)를 다루는 것이 특징이다. 즉 가상 아키텍처(Virtual Architecture)를 만드는 것이 진정한 디지털 트윈으로 가는 길목에서 핵심 요소이다.

목적 - 왜 필요한가? (Why)

LG전자가 냉난방 시스템 개발 혁신을 위하여 선행개발 성능 목표 및 개발 프로세스를 혁신할 수 있도록 MBSE를 추진한다고 발표하였다. LG전자는 MBSE를 도입함으로써 제품 개발에 필요한 요구사항에 따른 모델링, 추적성 확보, 업무효율 개선 등이 가능할 것으로 기대하고 있다. 이 외에도 시뮬레이션을 통한 다물리 해석, 제어능력 향상을 통한 변경대응 시간의 최소화 등 업무 효율성과 시스템 모델 및 품질을 개선할 수 있을 것으로 전망했다.[7] 그리고 사이언스온 사이트(www.scienceon.kisti.re.kr)에서 시스템엔지니어링학술지에 발표된 LIG 연구논문[5]에서 추출한 답변을 보면 기업에서 왜 필요한지를 제시하고 있다.

Document 위주로 SE(System Engineering)로는 한계가 있고, 시스템도 갈수록 복잡성이 늘어남으로 프로젝트의 성공을 위해서는 모델기반 시스템공학(MBSE)가 필요하다는 얘기다.

다음은 MBSE를 공급하는 주요 솔루션 사에서 얘기하는 필요성(why)이다.

단위 시스템의 복잡도 증가와 함께 시스템 간의 통합 관련하여 점점 더 많은 이슈가 발생하고 있어, 이를 해결하기 위한 많은 고민과 노력이 필요하다.[1]

한 시스템 엔지니어는 이렇게 말했다. "이것은 능력의 도약으로 볼 수 있다. 가장 주목해야 하는 것은 엔지니어링 해석 모델을 시스템 모델과 연계시킬 수 있다는 것이다. 바로 그때가 엔지니어가 결정을 내릴 수 있는 때이다."

가치는 개념 설계(즉, 제안서 작성) 중에 회사가 설계 프로세스 초기에 실제 엔지니어링 및 비용 분석을 통합하여 요구 사항을 검증하고 시스템 설계를 최적화할 수 있다는 것이다. 이를 통해 프로젝트를 수주할 기회와 비용 및 일정 등을 크게 개선할 수 있다. 성능과 비용의 절충을 검토하여 고객의 요구 사항을 충족하고 할 수

표 1. MBSE를 적용한 요구사항개발 프로세스 연구(scienceon.kisti.re.kr)

핵심어	질문	논문에서 추출한 답변
시스템 엔지니어링 프로세스 적용의 필요성	시스템 엔지니어링 프로세스 적용의 필요성이 지속적으로 증가하는 이유는 무엇인가?	시스템 규모가 커지고 복잡화 되면서 지속적으로 증가하고 있다
요구사항 개발 단계	시스템 엔지니어링 프로세스에서 요구사항 개발 단계는 어떠한 단계인가?	프로젝트의 성공과 실패를 가름하는 중요한 단계
시스템 엔지니어링 프로세스	시스템 엔지니어링 프로세스에서 어려움을 겪게 하는 요인 중 많은 부분을 차지하는 것은 무엇인가?	시스템 개발 프로젝트에서 요구사항과 관련된 항목(명확한 요구사항, 불완전한 요구사항, 요구사항의 변경)이 프로젝트의 성공 및 어려움을 겪게 하는 요인 중 많은 부분을 차지한다

있다. 이상적으로는 고객에게 상향 판매(소규모의 비용 증가, 상당한 성능 향상)를 통해 경쟁업체와 차별화할 수 있다.[2]

복잡성 문제 해결, 재사용 지원, 제품 라인 관리의 세 가지 방식으로 도움을 준다.[3]

시스템 복잡성이 점차 심화되면서 비용과 시간, 품질을 제어할 수 있는 새로운 개발 방식이 필요한 상황이다. 문서 중심의 기존 테스트 기반 방식은 현재의 다분야 및 분산 시스템 엔지니어링과 더 이상 호환되지 않는다. 모델 기반 시스템 엔지니어링(MBSE)은 모델 중심의 프론트 로딩 엔지니어링 방식으로, 이러한 복잡성을 해소한다. 궁극적으로, 콘셉화에서부터 실제 생산에 이르기까지 보다 효율적인 제품 개발을 가능하게 한다.[4]

국내 동향

자동차산업, 홈어플라이언스 산업에서 활발히 검토하거나 구축을 진행 중이다. 먼저 자동차산업에서는 '성능 아키텍처'를 목표로 성능중심 아키텍처 구축을 통한 성능 개발 데이터 구조화, 아키텍처에 기반한 플랫폼과 버추얼 모델 연계 구현 실증에 초점을 맞추고 있다. 자동차에서 핵심은 성능인데, 성능을 가상으로 검증하기 위해서는 '성능 아키텍처'가 핵심 기술력의 척도라고 할 수 있다.

홈어플라이언스는 그야말로 'MBSE'이다. 제품의 시스템 모델링 수행, 성능 달성 시뮬레이션, MBSE 관점의 제품개발 업무 변화 모습 제시 MBSE 개념을 적용한 개발 프로세스 변화 방안 제시, MBSE 솔루션의 PoC(개념검증)를 통한 유용성 확인, PoC 경험을 기반으로 한 효과적 도입방안 수립 등을 추진하고 있다.

또한 유럽에 본사를 둔 기계산업 회사에서는 MBSE를 "R&D에서 어떤 일이 벌어지는가? 제품이 가상세계에서 실제로 어떻게 동작하는지?"에 관심이 많고 MBSE로 구현하려고 노력하고 있다. 내연기관차에서 전기차로 변화하는 과정에서 전기로 이루어지는 메커니즘(기구, 회로, SW)이 실제로 어떻게 동작하는지 자세히 알기 위해 MBSE로 'MODEL(SysML)'을 상세하게 구현하려고 한다. 다만, 이 분야에 전문가가 부족하다는 현실과 경험이 적다는 것이 국내 엔지니어링 회사에서 겪고 있는 어려움이다.

안하면 뭐가 문제인가

기업의 시스템 개발 프로젝트에서 요구사항과 관련된 항목(명확한 요구사항, 불완전한 요구사항, 요구사항의 변경)이 프로젝트의 성공 및 어려움을 겪게 하는 요인 중 많은 부분을 차지하고 있다. MBSE는 이와 같은 문제점의 해결책으로 떠오르는 미래전략으로 부재 시 적절하게 대응하기 어려워 프로젝트의 성공 확률이 낮아질 수 있기 때문이다.

미래는 'System thinking'으로

전략은 수긍이 가나 풀어가는 과정은 어렵다. 그러나 도전해 볼 만한 가치가 있으며, 단연코 시도해 봐야 한다고 생각한다. MBSE를 기반으로 제품 개발하였다면 분명히 글로벌 경쟁력에서 월등히 앞설 가능성이 높다. 개인적으로 테슬라가 MBSE의 선구자라 생각한다. 테슬라는 'System thinking'을 체계적으로 잘 하지 않을까… Risk 감소를 넘어, Risk가 없는 환경을 꿈꾸지 않을까 추측해 본다.

스타트업이나 유니콘으로 가려는 기업은 MBSE를 하는 것이 좋으며, 기존 방식과 섞지 말고 독자적으로 해보길 권한다. 솔루션사와 제휴해서 꼭 해 보길 하는

PART 2

바람이 있다. 왜냐하면 디지털 트윈(DT)의 방향이 들어 있기 때문이다. 자동차의 경우, SDV(Software defined Vehicle : 소프트웨어 정의 자동차) 기반에서 어느 한 곳이 바뀌면 알아차릴 수 있어야 한다. 그런 복잡성을 엮어줄 열쇠가 MBSE라고 생각된다. 모델링 언어인 SysML의 수요는 인력시장에서 새롭게 포지셔닝 할 것으로 예상된다.

MBSE Study Step1 Map

필자는 MBSE open source로 만들어진 Modelio를 설치하여 열심히 Study 중이다. 우선 1차적으로 MBSE Study Step1 Map을 아래와 같이 정리해 보았다. 아직은 스터디 단계라서 정리한 내용 중에 오류도 있을 수 있다. 혹시 MBSE에 관심이 있어 참여를 희망하거나, 오류 발견시 피드백을 주면 같이 스터디 모임에 참여하여 공유 기회를 나누면 좋겠다. 아래 MBSE Study Step1 Map은 다쏘시스템의 MBSE에 대해서 집중공부를 통해 작성된 내용이다.

MBSE 고려사항

첫 번째로 아키텍처의 활용 목표 수립이다. 자사의 현황에 맞는 제품개발 관점의 아키텍처 역할과 활용 전략 수립이 필요하며, 개발 단계에서의 아키텍처 역할(SysML의 도입 검토)이 필요하다. 제품 아키텍처의 기준 정보화, 조기검증을 위한 아키텍처와 시뮬레이션 연계, 제품개발 생산성을 위한 아키텍처와 BOM 연계

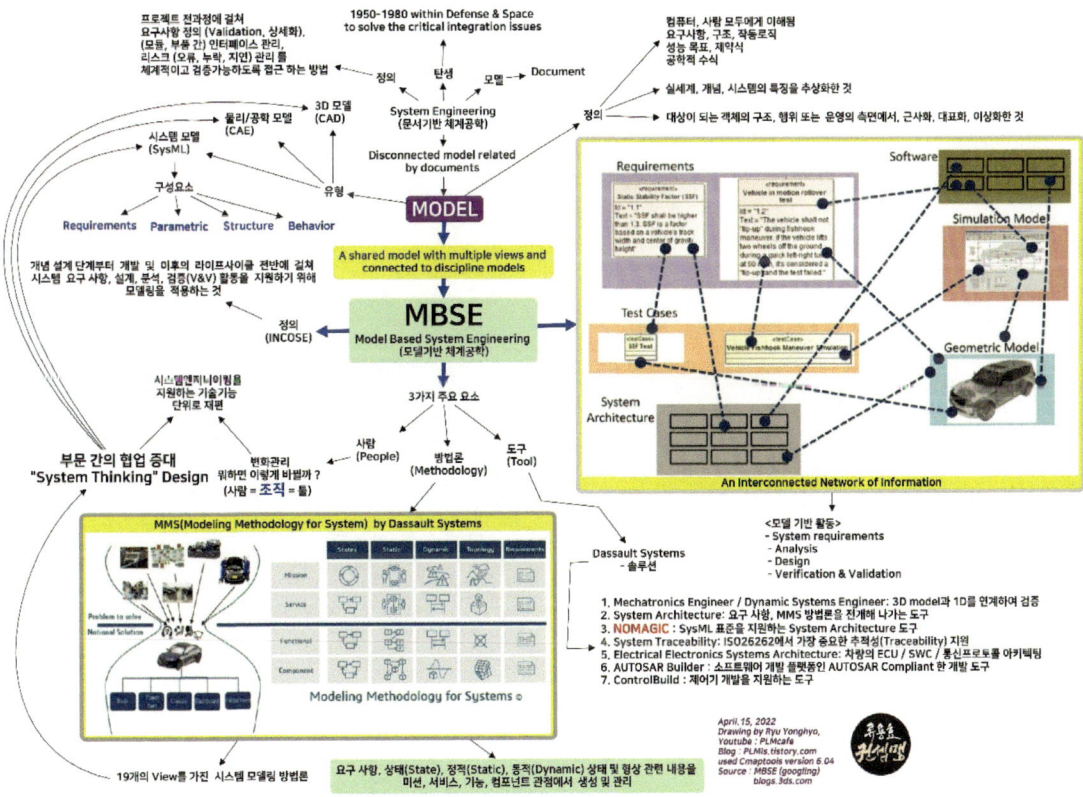

그림 1. MBSE Study Step1 Map(by 류용효)

등이 고려되어야 한다.

두 번째로, 아키텍처와 1D 모델을 활용한 조기 검증이다. 개념설계 단계에서의 조기 검증 활용 방안 및 조기 검증을 위한 SysML과 1D 모델연계를 위한 파라미터 정의를 통한 조기 검증 체계 확립이 필요하다.

세 번째, MOE(Measure of Operational Effectiveness)-MOP(Measure of Performance)-TPM(Technical Performance Measurement)의 활용이다. 아키텍처 기반의 MOE-MOP-TPM 연계를 통한 성능 검증 및 추적성 확보가 핵심이다.

네 번째로 1D-3D Co-Simulation이다. Co-Simulation에는 FMI(Functional Mock-up Interface)/FMU((Functional Mock-Up Unit), Reduced Order Model(차수 축소 모델), 1D CAE의 Coverage 및 활용 방안이다.

다섯 번째로 MBSE와 PLM의 활용이다.

MBSE와 PLM의 연계를 통해 아키텍처 포트폴리오 (Pool) → 사양 선택 → 유사 아키텍처 선택 → E-BOM 생성 → CAD 작업 → M-BOM 구성 → 현장배포와 같은 연계구조를 고려해야 한다.

모든 시스템에 적용되는 불문율은 MBSE에도 그대로 적용된다. 시작은 "작게 빨리 시작해서 성공의 맛을 보라"고 얘기한다.

참고로 MBSE는 엔지니어링 도구이지 개발도구가 아님을 유념해야 한다. 개념을 이해하고 자사의 제품에 적용하여 잘 활용하는 것이 최고의 전략이다.

참고자료

1. 다쏘시스템, MBSE(모델 기반 시스템 엔지니어링), blogs.3ds.com/korea/mbse모델-기반-시스템-엔지니어링
2. 알테어, 기업에서 해석 모델과 연계된 MBSE를 원하는 이유, blog.altair.co.kr/55050
3. PTC, MBSE 사용에 따른 세가지 혜택, www.ptc.com/ko/blogs/plm/3-ways-model-based-systems-engineering-mbse-will-help-you
4. 지멘스, 모델 기반 시스템 엔지니어링 솔루션 확장, https://www.plm.automation.siemens.com/global/ko/our-story/newsroom/siemens-press-release/43921.
5. 모델기반 시스템 엔지니어링(MBSE)을 적용한 요구사항개발 프로세스 연구, 시스템엔지니어링학술지 = Journal of the Korea Society of Systems Engineering v.13 no.1, 2017년, pp.51 - 56 양환석(LIG넥스원(주)); 장재덕(LIG넥스원(주)); 정호(LIG넥스원(주)); 최상욱(LIG넥스원(주)); 이혜진(LIG넥스원(주)); 이수용(LIG넥스원(주))
6. 설계구조행렬(DSM)로 설계 복잡성을 해소하라, 박정규의 제조업책략(策略), 품질경영 2022년 4월호
7. 다쏘시스템, MBSE 통해 LG전자의 냉난방 시스템 개발 혁신, 캐드앤그래픽스, 2022년 5월호

류용효 상무
디원에서 근무하고 있으며, 페이스북 그룹 '컨셉맵연구소' 리더로 활동하고 있다.
Yonghyo.ryu@gmail.com
블로그 https://PLMls.tistory.com

현업 경험자들의 노하우 전수 및 방향 제시

제2회 스마트 엔지니어링을 위한 DX/PLM 교육

일시 | 2024년 2월 21일(수) 오전 9시~오후 6시
장소 | 온라인(줌)

한국산업지능화협회 PLM 기술위원회

한국산업지능화협회 PLM 기술위원회에서는 오랫동안 현장에서 고민해온 전문가들의 교육을 통해 제조 엔지니어링 기업의 경쟁력 확보와 PLM/DX 인력양성 및 저변 확대를 위해 교육을 실시하고 있습니다.

2023년 7월 〈스마트 엔지니어링을 위한 DX/PLM 교육〉을 실시한데 이어 지난 12월 7일에는 〈디지털 트윈 전문가 기본 교육〉을 실시한 바 있습니다.

올해도 관련 교육을 실시할 예정으로 있으며, 업계 발전을 위한 교육들을 추가할 예정이오니 많은 참여 바랍니다.

주최 | 한국산업지능화협회
주관 | 한국산업지능화협회 PLM기술위원회,
　　　캐드앤그래픽스(이엔지미디어), www.cadgraphics.co.kr
문의 | PLM 교육 사무국 02-333-6900 plm@cadgraphics.co.kr

PART 03

PLM/DX 전략과 구축 가이드

PLM의 전략 수립과 구축 방법 / 강한수

실무 관리자를 위한 스마트팩토리 디지털 트윈 도입 실행 전략 / 임명진

중소제조기업에서 PLM 시스템을 도입할 때 몇 가지 고려할 점들 / 홍상훈

디지털 전환 시대의 성공적인 반도체 PLM 구축 전략 / 전성호

데이터의 지속적 활용을 가능하게 하는 디지털 스레드 전략 / 이봉기

PLM 구축시 선택 기준과 유형별 비교 / 류용효

PLM 시스템 구축을 위한 여정과 준비 / 김성희

PLM 시스템 활용도 향상을 위해 고려할 관리항목과 개선 방안 / 유종광

PART 3

PLM의 전략 수립과 구축 방법

PLM 전략은 PLM 시스템을 왜 구축해야 하는 지와 어떤 비즈니스 목표를 기대하는지를 설명하며, PLM 구축 계획은 시스템을 어떻게 구현할 것인지, 어떤 단계로 진행할 것인지, 필요한 리소스와 예산을 어떻게 할 것인지를 다룬다고 하면 쉽게 이해가 될 것 같다. 그러나 PLM 계획서를 작성할 때 전략과 구축 방안을 명확히 구분해 설명하기 보다는 PLM 구축을 위해 함께 고려해야 된다고 보는 것이 좋을 것 같다

PDM/PLM의 도입과 제품 개발 업무의 디지털화

1990년대부터 진행된 제품 개발 업무의 디지털화를 통한 업무 효율화를 되돌아보면, 이러한 디지털화 단계는 PLM(Product Lifecycle Management, 제품수명주기관리) 발전 과정 그 자체라고 할 수 있다.[1] 그 당시부터 PLM(당시에는 아직 PDM(Product Data management, 제품 데이터 관리)이라고 함)이 도입되기 시작했지만, 초기에는 프로세스의 변화없이 컴퓨터를 활용한 업무 처리의 변화가 주 목적이었다. 이때는 수작업으로 하던 설계가 2D 캐드(CAD)로 대체되었지만 설계 방식은 수작업과 큰 변화가 없었기 때문에 이 단계를 보통 전산화, 혹은 디지타이제이션(Digitization)이라고 한다.

2000년대에 들어서면서 설계 부문을 중심으로 기술 정보를 통합 관리하고 업무 프로세스 개선을 목적으로 PLM을 도입하는 프로젝트가 증가하기 시작했다. 또한 3D 설계가 확대되면서 디지털 목업(Digital Mockup)이 도입되고 이 3D 모델에 CAE 기술이 접목되며 개발 프로세스에서 시작품을 대체하는 큰 변화가 일어났다. PLM의 도입 목적이나 요건 정의의 방식이 바뀌기 시작한 것도 이 무렵이다. 디지털 데이터를 활용하여 프로세스 변화를 목적으로 한다는 의미에서 디지털라이제이션(Digitalization), 보통 디지털화라고 부른다. 이 시대는 PLM이라고 부르기는 했지만 아직 라이프사이클 전체를 범위로 한 프로젝트는 찾아보기 어려웠다.

2010년대에 들어서면 경영층 주도로 설계 부문뿐만 아니라 기획, 영업, 제조, 보수, 협력업체 및 고객까지 포함하는 라이프사이클 전체를 대상으로 한 PLM 도입 프로젝트가 늘어나기 시작했다. 이때부터 개발 프로세스와 PLM 측면에서 볼 때 글로벌 거점을 중심으로 고객과 협력업체를 포함한 글로벌 PLM 구축, 라이프사이클을 커버하는 전사적 BOM 재구축 등의 프로젝트들이 추진되었다. 이것은 경영층이 주도하지 않으면 이뤄질 수 없는 디지털 혁신이기 때문에 이런 형태의 PLM 전개를 디지털 트랜스포메이션(Digital Transformation, DX), 보통 디지털 전환이라 할 수 있다.

PLM은 디지털 전환을 구현하는 과정에서 제품의 전체 라이프사이클을 관리하고 최적화하는데 도움을 주며 이것을 지원하는 핵심역할을 한다. 하지만 제품의

전자화가 확대되고 종류도 다양해지면서 복잡성이 증가하고 있고 제품의 출시 주기가 빨라지고 있다. 또한 글로벌화로 인해 개발이나 생산 거점이 분산됨으로 인해 제품 관리는 더 복잡해지고, 각종 규제나 법규 강화로 인해 컴플라이언스 대응이 어려워지고 있는데다 IoT(Internet of Things)와 AI(Artificial Intelligence)로 대표되는 신기술의 등장과 확산으로 인해 디지털 전환은 가속화되고 있어 PLM은 큰 변화에 직면해 있다.

PLM의 변화

기업의 주요활동은 제품기획부터 설계, 생산, 유지보수를 축으로 하는 제품 개발 프로세스와 영업 및 고객관리, 재고관리, 구매 등과 연관된 고객 요구 이행 프로세스의 2개의 축으로 요약할 수 있다. 한 축을 구성하는 고객 요구 이행 프로세스는 CRM(Customer Relationship Management), SCM(Supply Chain Management), ERP(Enterprise Resource Planning) 영역으로 구성되며, 제품 개발 프로세스 축은 PLM 영역으로 이루어진다. 다시 말하면 제품개발 과정에서 발생하는 모든 정보는 PLM에 담긴다고 할 수 있다.

자동차 개발을 예를 들어 보겠다. 차량을 디자인하거나 차체를 설계할 때 다양한 CAx 시스템을 사용해 제품 개발에 필요한 데이터를 만들어간다. 이때 만들어진 데이터는 내가 계속 사용하기도 하지만 다른 업무를 하는 동료들도 꼭 필요하다. 처음에는 자신의 컴퓨터에 보관했다가 동료들이 요청하면 데이터를 보내주는 방식에서 이것을 모든 직원들이 여러 지역에서 실시간으로 쉽게 검색하고 공유할 수 있도록 공용 서버에 보관해 사용할 수 있도록 진화했다. 이것이 PLM의 기본 사상이다. 이렇게 서버에 모인 데이터를 중구난방으로 사용할 수는 없으니까 회사의 관리 프로세스에 맞게 사용할 수 있도록 여러가지 관리 기능들이 추가가 된다. 이것이 도면 관리, 변경 관리 등과 같이 우리가 알고 있는 PLM의 다양한 기능이다. 이런 관점에서 보면 PLM을 구축했다고 해서 제품의 품질이나 원가가 좋아져 갑자기 제품 판매가 늘어나는 것은 아니라 그 제품이나 제품과 관련된 모든 정보를 효율적으로 컨트롤할 수 있는 환경이 제공되어 PLM을 통해 업무 생산성이 향상되어 품질이나 원가 관리 등을 더 편리하고 효과적으로 할 수 있어 제품 판매에 기여한다는 의미이다. 그리고 PLM은 신제품 개발 영역에서 폭넓게 사용되고 있지만 제품 라이프 사이클 후반부인 제조나 판매, 유지보수, 폐기 등의 분야에서는 상대적으로 완성도가 높지 않아 아직 성숙되지 못한 것도 고려해야 할 사항이다.

필자가 복잡하고 다양한 역할을 하는 PLM을 너무 단순화시킨 것 같지만 PLM의 핵심은 연결이다. 따라서 PLM 프로젝트는 글로벌 거점에 있는 직원들이 언제든지 편리하고 안전하게 사용하고 공유할 수 있도록 해 주는 것이 중요하다.

그런데 최근 제품의 전자화로 인해 종류가 다양해지고 복잡성이 증가하면서 이전에 볼 수 없는 다양한 종류의 데이터가 쏟아져 나오고, 제품의 출시 시간이 짧아지면서 신속한 제품 개발의 압박을 받고 있다. 뿐만 아니라 글로벌화로 인해 개발이나 생산 거점이 분산되고 외부로부터 기업의 지적재산권을 보호하기 위한 보안 요구사항도 증가함에 따라 신속하면서도 안전한 업무 환경이 중요해지고 있다. 또한 각종 글로벌 규제나 법규 강화로 인한 컴플라이언스 대응이 어려워지고 있을 뿐 아니라 IoT와 AI, 디지털 트윈(Digital Twin) 등으로 대표되는 신기술의 등장과 확산으로 인해 이것들을 쫓

PART 3

아가기도 바쁘다. 이러한 요구사항을 수용하고 PLM의 본질인 연결을 더 강화하기 위한 노력이 계속되고 있으며 그것의 하나가 디지털 전환이라 할 수 있다.

국내 상황을 살펴보면 아직 DX의 초기 단계인데다 일부 대기업 중심이고 새로운 사업기회 발굴이나 조직문화 개선보다는 생산성 향상에 초점을 맞추고 있는 것이 현실이다. 그러다 보니 아직 가시적인 성과가 드러나지 않은 것도 사실이다. DX를 추진하기 위해서 애자일(Agile)한 업무 방식과 실패를 용인하는 조직문화가 중요하지만 현재 PLM을 사용하는 대부분의 기업은 제조업 중심이다 보니 실패를 하게 되면 제품 생산이나 기업 활동이 어려워질 수도 있기 때문에 디지털 전환을 망설일 수밖에 없다. 또한 디지털 전환을 하더라도 새로운 사업기회 발굴이나 조직문화 개선과 같은 본질적인 혁신보다 생산성 향상과 같이 약간 소극적인 행보를 보이는 경향이 있다. 이런 이유 때문에 디지털 전환을 위해 기존 업무 환경과 디지털 환경을 유지하면서 균형감이 있게 대응하는 것이 쉽지 않기 때문에 어렵다고 느끼게 된다.

전략수립과 구축방법론

그러면 PLM을 통해 어떻게 새로운 혁신을 만들어 나가야 할까? 디지털 전환의 압박을 받다 보면 어떻게 하면 성공적으로 업무를 변화시킬 수 있을까 고민하게 되고 이것을 체계적으로 수행하기 위해 전략 수립이나 시스템 개발 방법에 대한 지식과 경험이 필요로 하게 된다. 이것을 이해하기 쉽게 하나의 틀에 맞춰 제시한 것이 전략 수립이나 개발 방법론이 된다.

일반적으로 전략이란 목표달성을 위한 실제 계획일 뿐만 아니라 목표 그 자체이기 때문에 전략이나 구축 계획을 서로 혼용해서 사용하는 경우가 많다. 그러나 분명한 것은 전략은 기업의 비전과 비즈니스 가치를 강조하며 PLM의 목표와 방향을 다루는데 반해, 구축 계획은 PLM 시스템의 구체적인 기능, 일정, 리소스 할당, 예산 등과 같은 세부적인 사항을 다루기 때문에 전략 수립 이후에 작성된다. 그러나 너무 전략이나 계획이란 용어에 함몰되어 어떻게 구분해서 정리할 것인지 너무 고민할 필요는 없다. 간단하게 정리하면 PLM 전략은 PLM 시스템을 왜 구축해야 하는지와 어떤 비즈니스 목표를 기대하는지를 설명하며, PLM 구축 계획은 시스템을 어떻게 구현할 것인지, 어떤 단계로 진행할 것인지, 필요한 리소스와 예산을 어떻게 할 것인지를 다룬다고 하면 쉽게 이해가 될 것 같다. 그러나 PLM 계획서를 작성할 때 전략과 구축 방안을 명확히 구분해 설명하기 보다는 PLM 구축을 위해 함께 고려해야 된다고 보는 것이 좋을 것 같다.

그런데 이 부분에서 전략이 비즈니스 요구사항을 달성하는 것이 아니라 기능적인 엔지니어링 효율성이나 IT 시스템에 대한 논의로 흐를 수 있다는 것이다. 아서 디리틀(Arthur D. Little)에 따르면 PLM 투자의 70%가 경영진의 기대를 충족시키지 못한다고 한다.[2] 그 이유는 기업들이 특정 기능에서 개선된 엔지니어링 효율성을 수치화해 PLM 투자를 정당화하는 경우가 많기 때문에 실제로는 기대했던 비즈니스 분야의 효과로 이어지지 않기 때문이다. 따라서 PLM을 대규모 투자의 엔지니어링 도구가 아니라 전체 라이프사이클에서 제품 및 제품관련 데이터를 관리하는 비즈니스 접근방식으로 이해해야 한다.

이런 문제가 발생하는 가장 큰 이유는 대부분의 회사들이 전략 수립이나 프로세스 혁신없이 바로 PLM 시스템을 구축하기 때문이다. 즉 IT 프로젝트처럼 PLM 과제를 수행한 회사들은 대부분 실패한 경우가 많다고

한다. 그래서 아서디리틀은 전체적으로 시스템 구축하는데 소요되는 시간 중에서 적어도 30%는 전략을 수립하는데 반드시 투자를 해야 한다고 강조하고 있다. 이 과정을 통해 전사적인 비즈니스 혁신과제가 도출이 되고 이것들이 경영 전략이나 비전과 일치하는 그런 PLM 구축 계획이 만들어지게 되기 때문이다.

PLM의 프레임워크

먼저 PLM 구축을 성공적으로 수행하기 위해서는 PLM 추진에 필요한 전체 요소를 살펴볼 필요가 있다. 이것을 프레임워크라고 한다. 이 프레임워크는 PLM을 추진하는데 필요한 구성 요소를 말하는데 누가, 무엇을, 어떻게, 왜 등과 같은 6하원칙(5W1H)과 개념적으로 유사하다. 이 PLM 추진 프레임워크는 〈그림1〉과 같은 6개의 요소로 구성되어 있다. 프레임워크를 잘 살펴보면 PLM 구축에 필요한 전반적인 사항을 파악하는데 도움이 된다.

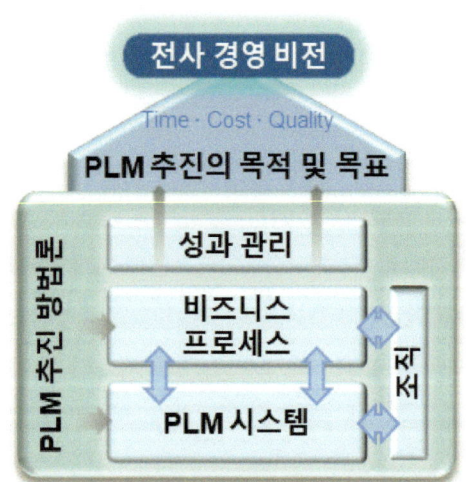

그림 1. PLM의 프레임워크[3]

1) 회사의 경영 비전이나 목표와 연관된 PLM의 구축 목표 및 목적
2) 상품기획에서 단종까지의 PLM 업무 프로세스의 최적화
3) PLM 프로세스에 대응하는 조직 체계 및 PLM 운영 지원 조직
4) 업무 프로세스의 최적화를 지원하는 PLM 애플리케이션 시스템
5) 업무 프로세스 혁신 및 IT 시스템 구축에 대한 체계적인 추진 방법론
6) PLM 적용에 따른 성과 분석 및 지속적인 성과 관리

이 프레임워크에서 다섯 번째 구성요소인 프로세스 혁신 및 IT 시스템 구축 방법론이 전략 수립과 개발 방법론에 관한 것이라 할 수 있다.

PLM의 추진 단계

전략 수립은 경영 전략을 기반으로 업무 프로세스, IT 솔루션을 분석해 구축 계획을 수립하는 것을 말하며 보통 PI/ISP(Process Innovation/Information Strategic Planning) 단계라고 하기도 한다. 구축방법론은 전략 수립 단계에서 만들어진 성과물을 기반으로 PLM 시스템을 구축하는 절차를 말한다.

PLM의 추진 단계는 크게 세 가지 단계로 나눌 수 있다. 첫 번째는 혁신 과제와 구축 계획을 만드는 단계인데 이것은 전략 수립단계에 해당된다. 두 번째는 첫 번째 단계에서 만들어진 구축 계획을 기반으로 개발하는 단계, 세 번째는 시스템 오픈후 어떻게 유지보수하고 앞으로 어떻게 확산해 나갈지에 대한 시나리오를 만드는 단계를 말하며, 두 번째와 세 번째 단계를 보통 개발 방법론이라고 한다.

첫 번째 전략 수립 단계는 현재 업무를 분석하고 앞으로 PLM 시스템을 어떻게 구축할 것인지 그 시나리오를 만들고 이것을 구현하기 위한 마스터 플랜을 만드는 과정인데 이 단계에서는 그 기업의 경영 목표나 비

PART 3

전을 달성하기 위한 혁신과제들을 찾아야 한다.

두 번째인 구축 단계는 그 혁신 과제들을 어떻게 구축할 것인지 상세하게 스펙을 만들고 개발과 테스트를 통해서 시스템을 만들어 나가는 과정이다.

마지막으로 운영/확산 단계는 오픈하고 난 뒤에 운영하고 그 다음에 업무 범위를 확대해 나가는 과정인데 보통 전략수립 단계에서 작성된 혁신 과제는 한 번에 하기가 상당히 어렵고 또 비용도 많이 들고 시간도 많이 걸리기 때문에 단계적으로 구축하는 것이 일반적이다.

이제 이런 세 가지 단계에 대해 하나씩 그 추진 방법론에 대해서 설명을 드리도록 하겠다.

전략수립 단계

이 단계는 회사의 경영 목표를 기반으로 업무 프로세서와 정보시스템(IT Solution) 등을 분석해 구축 전략을 수립하는 것이다. 결국 이 전략에는 미래 비전, 현재 우리가 처한 상황에 대한 평가, 현재와 비전과의 갭을 해소할 실행 계획, 계획을 수행하기 위해 필요한 역량과 투자 계획 등이 포함되어 있다. 여기서 중요한 것은 PLM 구축이 목표가 아니라, PLM은 기업의 경영 목표를 달성하기 위한 수단이라는 것을 명확히 해야 한다.

전략수립 단계는 〈그림 2〉와 같이 착수부터 분석, 정의 단계를 거쳐 최종적으로 플랜 단계까지 크게 4가지 단계로 되어 있다. 그런데 PI/ISP 단계를 수행하는데 표준화된 절차나 방법론은 회사나 컨설팅 업체마다 조금씩 차이가 있지만 기본적으로 컨셉은 유사하다.

첫 번째 단계는 프로젝트 착수이다. 그 프로젝트 팀을 구성해 방법론을 활용해서 구체적인 세부계획을 수립하고 킥오프를 통해서 시작한다. 이때 중요하게 생각해야 될 부분은 경영진과 인터뷰이다. 여기서 기업이 어떤 고민을 하고 있고 앞으로 달성하고자 하는 비전들은 경영층 인터뷰를 통해서 확인하고 핵심 성공 요인(Key Success Factor)를 도출하게 된다. 이런 단계를 거쳐서 프로젝트 수행 계획서가 만들어지게 된다.

두 번째는 분석 단계인데 AS-IS 분석을 통해 프로세스를 분석해 어떤 이슈가 있는지 데이터는 지금 어떻게 관리가 되고 있는지 그걸 처리하는 조직은 어떻게 되어 있는지 조사를 한 다음 현업의 설문이나 인터뷰를 통해서 결과를 도출해서 핵심 이슈를 분석하는 단계를 말한다.

세 번째 단계는 정의 단계인데 여기에는 회사의 경영진들이 원하는 경영 목표를 달성하기 위해서 우리가 어떤 혁신을 해야 되고 그 혁신을 하기 위해서 수행할 과제는 무엇인지 정의하는 단계이다. 혁신 과제를 도출하고 여기에서 베스트 프랙티스 사례를 수집해 지금 우리가 하려고 하는 부분과 어떤 차이가 있는지 분석을 하고 TO-BE 프로세스를 정리해서 최종적으로 시스템 구축 계획서를 작성하게 된다. 그리고 IT 솔루션은 어떤 식으로 구현할 것인지에 대한 계획도 포함된다.

마지막으로 계획 단계는 TO-BE 과제를 작성하게 되면 어떤 걸 우선적으로 할 건지, 단계별로 어떻게 해나갈지 과제별 수행 순서와 구축 계획들을 정리하고, 그 다음에 구축을 위해 어떤 아키텍처를 만들고, 레거시(Legacy)와 같이 기존에 쓰던 것은 어떤 식으로 PLM으로 전환할 건지 계획을 수립해야 한다. 그리고 이것을 수행하기 위한 추진 조직은 어떻게 구성을 할 건지 이런 상세 마스터 플랜 수립을 통해 소요되는 비용 산정을 거쳐 최종적으로 PLM 추진 계획서를 완성해 나가는 단계이다.

그림 2. 전략 수립 단계[4]

구축 단계

이제는 전략 수립 과정을 통해 만들어진 산출물을 가지고 PLM을 구축하는 단계이다. 구축은 크게 요구사항 분석(Requirement), 설계(Design), 코딩(Coding), 테스트(Test), 적용(Deploy)와 같이 5단계로 나눌 수 있는데, 시스템 엔지니어링의 V curve와 비슷한 형태를 갖고 있다.

첫 번째는 Requirement 단계인데, PI/ISP단계에서 만들어진 산출물을 기반으로 해서 현장에 있는 직원들의 요구사항들을 찾아내는 것이다. 그래서 인터뷰나 공청회, 워크샵 등과 같은 여러 가지 방법들을 통해서 수집한 자료를 분석하고 이것을 기반으로 작업 시나리오를 작성해서 최종적으로 디자인 단계로 넘긴다. 여기서 중요한 부분은 Requirement를 말로 설명하는 것보다는 작업 시나리오별로 어떤 프로세스를 거쳐서 업무가 이루어진다는 것을 그림이나 표로 그려서 설명하는 것이 효과적이고 이것이 사용자와 소통하는데 많은 도움이 된다.

두 번째는 디자인 단계인데, PLM 시스템의 스키마(Schema)를 설계하고 개발 상세 스펙을 만들어 가는 단계이다. 여기에서 가장 중요한 부분은 화면 정의서이다. 화면 정의서는 사용자들이 어떤 방식으로 일을 한다는 걸 보여주는 장표가 되기 때문에 이것을 관련된 사용자와 소통하면서 시스템 구축을 위한 사용자들의 요구사항들을 완성시켜 나가는 것이다. 그런데 OOTB(Out of the box)나 해외 글로벌한 기업들의 업무 화면을 보면 심플하고 그렇게 복잡하지 않다. 그런데 우리나라 기업들이 구축한 시스템을 보면 화면이 굉장히 복잡하고 한 화면에서 보여주는 정보들이 무척 많다. 우리나라 기업의 많은 사용자들은 대체적으로 하나의 화면에 원하는 모든 정보를 보여주길 원하기 때문에 화면을 보면 프로세스의 개발난이도나 업무 정의가 어떻게 되어 있는지를 대략적으로 파악할 수 있을 정도이다. 그래서 화면 정의서를 보면 얼마나 커스터마이제이션(Customization)을 많이 했는지 바로 알 수 있기 때문에 이것을 줄이는 것이 쉽지 않다. Design이 끝나게 되면 이것을 관련된 사용자에게 설명을 하게 되는데, 중요한 것은 아까 말한 대로 작업 시나리오와 화면 정의서를 갖고 소통을 하기 때문에 정확하게 작성해서 커뮤니케이션 하는 것이 매우 중요하다.

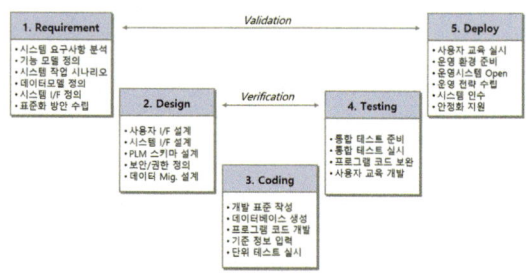

그림 3. 구축 단계[4]

세 번째인 Coding은 개발표준을 준수하면서 코드를 개발해 나가는 단계이다. 그리고 개발 과정에서 단위 테스트를 하면서 프로그램의 완성도를 높여 나가는데, 이 테스트는 프로그램 단위별로 하는 테스트를 말한다. 이 단계가 끝나게 되면 이제 통합 테스트로 넘어가게 된다. 이 통합 테스트는 그 시스템별 기능 테스트뿐만 아니라 인터페이스 성능과 같은 것까지 종합적으로 다 보기 때문에 테스트 데이터를 미리 준비를 해서 전체적인 시나리오대로 처음부터 끝까지 흘려보는 테스트이다. 보통 이런 테스트를 사용자 승인 테스트 UAT(User Acceptance Test)라고 부르며, 여기에서 통과가 되지 않으면 시스템 오픈을 할 수가 없기 때문에 매우 중요한 단계이다. 이 테스트는 각 단계에서 여러 가지 리스크들이 발생할 수 있기 때문에 개발 Requirement 단계부터 Design 단계까지 사용자와

소통을 하면서 개발 스펙을 명확하게 해서 구축하고 테스트할 필요가 있다.

마지막으로 Deploy 단계는 사용자 교육, 운영 환경 준비, 오픈후의 운영 전략 등과 같은 준비를 하면서 시스템을 오픈하는 단계이다. 이 단계를 통해 시스템 오픈이 되면 그 다음에 시스템이 안정적으로 운영될 수 있게 지원을 한다. 이 작업을 통해 시스템이 정상적으로 가동 단계로 넘어가면 개발팀은 시스템 유지보수 하는 팀에게 인수인계를 하고 개발자가 철수하게 되면 PLM 구축 단계가 마무리된다.

여기서 이제 중요한 콘셉은 Requirement 단계와 Deploy 단계는 반드시 Validation이 필요하다는 것이다. 이 Validation은 우리말로 번역하면 검사라고 하는데, Validation이나 Verification은 사전을 찾아보면 검사, 검증이란 의미로 거의 구분없이 사용된다. 그러나 여기서 Validation은 사용자의 입장에서 이미 개발된 소프트웨어가 고객의 요구사항에 맞게 구현이 됐는지 확인하는 것으로, 사용자의 관점에서 보는 것을 말한다. 그 다음에 디자인과 테스트 관계는 Verification이라고 하는데 이것은 개발자 입장에서 개발한 소프트웨어가 개발 요건에 맞게 만들어졌는지를 점검하는 것을 말한다.

유지보수 단계

이제 오픈 단계에서 보면 가장 중요한 것은 교육이다. 처음 오픈하게 되면 먼저 특정 프로젝트를 대상으로 제한적으로 사용하다가 점차 확산이 되면 사용자가 늘어나기 때문에 추가 교육이 필요하고, 또 기능이 추가되거나 업데이트 되는 상황이 생기면 보수 교육도 필요하게 된다. 그 다음에는 사용자가 시스템을 사용하는 과정에 발생하는 문의 사항을 지원하기 위한 헬프 데스크가 필요하다. 이를 위해 온라인을 통해 원격지원은 물론이고 게시판, FAQ(Frequently asked questions), 매뉴얼 등을 사용할 수 있는 환경이 구축되어야 한다. 필요에 따라서는 현장에서 직접 지원할 수 있는 체계가 마련되면 좋은데 이런 경우에는 비용이 많이 들기 때문에 초기에 일시적으로 유지하다가 점차로 온라인으로 대체하는 것이 일반적이다.

시스템이 전사적으로 확산되게 되면 사용자가 수가 급속히 늘어나기 때문에 조직과 업무체계에 맞는 최적화된 권한 관리가 필요하게 된다. 그리고 시스템이 가동되면 추가적인 개발 요청사항이나 프로그램과 데이터의 오류가 발생하기 때문에 기능 추가나 업그레이드 방안도 고려해 지속적으로 시스템의 완성도를 높여가는 유지보수 체계가 반드시 필요하다. 또한 성능 최적화나 튜닝, 인프라 증설을 통해 안정적인 응답시간을 유지해 시스템을 안정적으로 운영하는 것도 중요하다.

주요 관리사항

프로젝트 수행시 고려해야 할 관리 사항은 인력관리, 의사소통, 보안관리, 변화 관리 등이 있다.

인력관리 부분에서 중요한 부분은 현업에서 업무에 대한 선분가가 참여하고 우수한 개발자를 확보해서 두입할 수 있도록 하는 것이다. 실제로 프로젝트 수행해 보면 개발 능력이 뛰어난 사람들은 두 세 사람 몫을 충분히 하기 때문에 우수한 개발자 확보하는 것이 매우 중요하다.

다음은 의사소통인데 의사결정 체계를 잘 지켜서 정보공유가 잘 되도록 하기 위해 기본적으로 PM과 경영층 중심의 의사결정 체제가 필요하다. 첫 번째는 PM을 중심으로 프로젝트 멤버들이 주기적으로 참여하는 미팅을 통해 이슈나 문제를 해결해 나가는 것이 가장 중요

하다. 두 번째로 프로젝트 진행 과정들을 경영층에 보고하는 스티어링 커미티(Steering Committee)를 통해 이슈가 생겼을 때 신속하게 의사결정을 해서 프로젝트가 미궁에 빠지지 않도록 해주는 것이 필요하다.

그리고 요즘 보안 이슈들이 굉장히 많이 발생하기 때문에 외부에서 개발 업체 직원들이 들어와서 프로젝트를 하고 가면 본의 아니게 회사의 중요한 정보들을 알게 되는 경우가 많이 있는데 프로젝트 참가자들에게 철저하게 교육을 시켜 자료나 데이터가 유출되지 않도록 보안관리가 필요하다.

또한 원활한 커뮤니케이션을 통해 PLM 프로젝트 목표, 구축 과정 등을 관련 부분과 잘 공유하고 경영층에게 보고해 프로젝트 진행에 힘을 실어줄 수 있도록 하는 것이 필요하다. 실제로 프로젝트를 해보면 가장 그 방해되는 사람은 관리자들이다. 그래서 이 관리자들과 소통을 잘 하는 것은 매우 어려운 문제이기 때문에 이것을 위해 경영층의 스폰서십이 중요하다. 왜냐하면 관리자들은 경영층의 지시에 따라서 움직이게 되어 있기 때문이다.

이제 프로젝트 주요 사항을 공유할 때 관심을 갖고 관리해야 하는 두 부류의 사람이 있다. 첫 번째는 빅마우스(Big Mouth)이고, 두 번째는 사내 전문가 또는 키맨(keyman)이다. 빅마우스는 회사 내부의 사정을 잘 알고 있지만 문제만 제기하고 해결책에는 별 관심이 없는 사람인데 이런 부류의 사람이 돌아다니면서 분위기를 흐려 놓는 경우가 많기 때문에 주의가 필요하다. 이 빅마우스와 대비되는 사람을 키맨이라고 하는데 현장에서 묵묵히 자기 일을 잘 하면서 더 효율적으로 할 수 있는 방안을 찾기 위해서 노력하는 사람으로, 이런 사람들의 조언을 적극적으로 수용하고 오피니언 리더로써 활동할 수 있도록 지원이 필요하다. 그리고 최종 사용자를 대상으로 프로젝트 워크샵, 공청회 등을 통해 주요 결정 사항을 설명하고 피드백을 받는게 필요하고, 뉴스레터나 이벤트 등을 통해 진행사항을 공유하고 관심을 갖도록 하는 것이 좋다.

향후 과제

전략 수립 단계과정에서 보면 최근 PLM의 요구사항들이 점점 진화하고 있다. PLM이라고 했지만 이제 그 관점이 제품 정보 관리 단계에서 제품 수명주기관점으로 크게 확장되어 엔지니어링 중심에서 벗어나 전사적인 관점에서 보는 것이 중요해졌다. 그리고 이제는 제품 선행 단계뿐만 아니라 후속 공정 단계까지 전체적인 관점에서 각 부분 간의 협업이 가능하고 전사 프로세스 기반 하에서 다양한 기준 정보를 통합 관리할 수 있는 체계가 만들어져야 한다. 그리고 최근에 제품이 다양화 지고 복잡성이 증가해지면서 종전의 기구 설계 중심에서 벗어나 전기 전자 부분이나 소프트웨어까지 커버할 수 있는 다중 도메인 시스템에 대한 개발 프로세스도 수용할 수 있어야 한다. 그리고 글로벌한 환경에 대응할 수 있도록 보안은 물론이고 국내뿐만 아니라 해외 사이트들 간의 업무 절차와 데이터 동기화 같은 이런 부분들 고려해야 하고, 또한 글로벌 협력업체와 협업을 위해서 어떤 식으로 정보를 공유할 것인지에 대한 요구들이 점점 늘어나고 있기 때문에 전략 수립하는 과정에서 다양한 현장의 의견을 고려해야 한다.

그런데 최근 관심을 끌 수 있는 디지털 전환 과제 중에 디지털 트윈이 있다. 디지털 트윈에 대해 여기서는 자세히 언급하지 않겠지만, PLM에서 다루는 3D CAD 모델이나 디지털 목업이 디지털 트윈으로 발전하기 위해서는 3D CAD 모델의 활용, 센서 및 IoT 통합, 데이터 수집 및 분석, 모델링과 시뮬레이션, 상호 연결성 구축, 예측 및 의사 결정, 보안 등이 뒷받침되어야

PART 3

한다. 여기서 PLM은 제품의 디지털 트윈을 구축하는 데 필요한 데이터와 모델을 제공하고, 센서 및 IOT를 통해 데이터를 수집하고 디지털트윈과 통합해 현실세계와 가상세계간의 연결을 지원할 수 있다. 그러나 PLM은 제품 정보의 관리와 협업을 중심으로 하지만 디지털트윈은 실제 제품의 모니터링, 분석, 예측이 중요하므로, PLM만으로 디지털트윈을 완전히 지원하기는 어렵다고 할 수 있다. 그래서 주로 제품의 운영, 유지 보수, 품질 관리와 같은 라이프사이클 후반 단계에서 사용할 수 있는 특화된 개념으로 디지털쓰레드(Digital Thread)라는 시스템이 등장한다. PLM과 디지털스레드는 디지털트윈의 데이터 소스로 사용될 수 있으며, 디지털 트윈을 효과적으로 구축하고 활용하기 위해 필요한 데이터를 제공할 수 있다. 그러나 PLM 시스템에는 일부 디지털스레드의 기능이 포함될 수 있지만, 아직까지 PLM의 역할에 디지털스레드를 포함시키기에는 목표와 용도가 다르기 때문에 별도로 구축하는 것이 효율적일 수도 있다. 따라서 PLM과 디지털 스레드는 상호 보완적인 역할을 하며, 디지털 전환을 위한 전략의 일부로 고려해야 하는 중요한 구성 요소임에는 틀림없다.

끝으로 PLM을 추진하기 위해 반드시 고려해야 할 사항은 첫 번째가 CxO 참여가 필수이고, 핵심성과지표(KPI: Key Performance Indicator) 설정을 통해서 성과를 추적할 수 있어야 한다. 두 번째는 전사적인 관점에서 비즈니스 목표가 명확하지 않으면 프로젝트를 시작하지 않는 것이 좋다. PLM 구축 효과가 미흡하고 의심이 되면 파일럿 프로젝트(PoC:Proof of Concept)를 통해 사전 검증하는 것도 필요한데 사실은 중소기업 업체가 PLM 추진할 때 이런 것까지 하는 것은 현실적으로 좀 어려움이 있기 때문에 가능하면 내부적으로 확실히 목표를 설정하고 추진하는 것이 좋을 것이다.

디지털 전환은 시스템 구축이 끝이 아니라 앞으로 전개가 더 중요하다. 이를 위해서는 제조업의 경우 PLM을 중심으로 프로세스를 유연하게 변화시켜 나갈 수 있도록 조직과 IT 시스템의 연계를 고려해 신속한 업무 처리가 이루어지도록 해야 한다. 따라서 자사의 핵심역량이 아닌 프로세스에 대해서는 소프트웨어를 서비스로 구입하여 그 소프트웨어가 제공하는 프로세스나 기능에 맞게 업무를 수행하고, 경쟁력이 있는 자사 고유의 프로세스만을 개별적으로 개발하는 것이 고려할 필요가 있다.

끝으로 마지막으로 강조하고 싶은 내용은 PLM 프로젝트는 추진팀 혼자만 일하는게 아니라 관련부문의 직원들과 협력해서 함께 일하고 그 성과를 같이 공유하게 되면 성공적인 PLM 구축이 가능해질 것이다.

참고문헌

1. 三河 進, "圖解 DX時代の PLM/BOM 프로세스改善 入門", 日本能率協會マネヅメントセンター-, 2022
2. Anders Johansson, Sohrab Kazemahvazi, Björn Henriksson, Mikael Johnsson, "Why product lifecycle management should be on every executive's agenda!", PRISM, pp56-69, 2013
3. 서효원, 변인호, "PLM 추진 프레임", KAIST PLM ACADEMY 교재, 2014
4. 홍상락, "PLM 구축 방법론", PLM Best Practice Conference, 2013

강한수 대표
에이치에스정보기술
hanskang@hs-it.kr

PLM 전략과 구축 가이드

실무 관리자를 위한 스마트팩토리 디지털 트윈 도입 실행 전략

Prologue

필자는 지난 2005년 〈PLM가이드북〉에 'RTE(Real-Time Enterprise) 실현을 위한 PLM 전략'이라는 글을 개제하였다. 여러 페이지의 짧지 않은 글이었는데, 지금 다시 보니 너무 이론적으로만 접근한 것 같아 아쉬움이 남는다. 거의 20여년의 시간이 지난 글이지만 내용은 현재에도 진행형이다. 대부분의 글로벌 유통 플랫폼 기업과 제조의 선도기업 몇몇만이 RTE를 실현하고 있고, 다수의 제조기업들은 아직도 RTE에 다다르지 못하고 있기 때문이다. 그래서 이번에는 가능한 실행의 관점에서, 구체적으로는 국내 솔루션 공급 기업을 중심으로 현업 실무 관리자 및 관리 기획자의 관점에서 직접적인 도움이 될 수 있는 글을 쓰고자 하였다. 2005년 제조기업이 나아갈 방향에 대한 이론적 전략 목표를 소개했다면 이번 글에서는 제조기업이 스마트팩토리를 통한 실무적 디지털 트윈(Digital Twin)의 적용 방안에 대하여 구체적 방향을 이야기 하고자 한다.

Smart Factory

제조 기업이 스마트팩토리로 진화하는 통합적 지능화 디지털 트윈 모델은 〈그림 1〉과 같다.

디지털화

스마트팩토리를 구성하는 IT 솔루션 기본 요소는 다

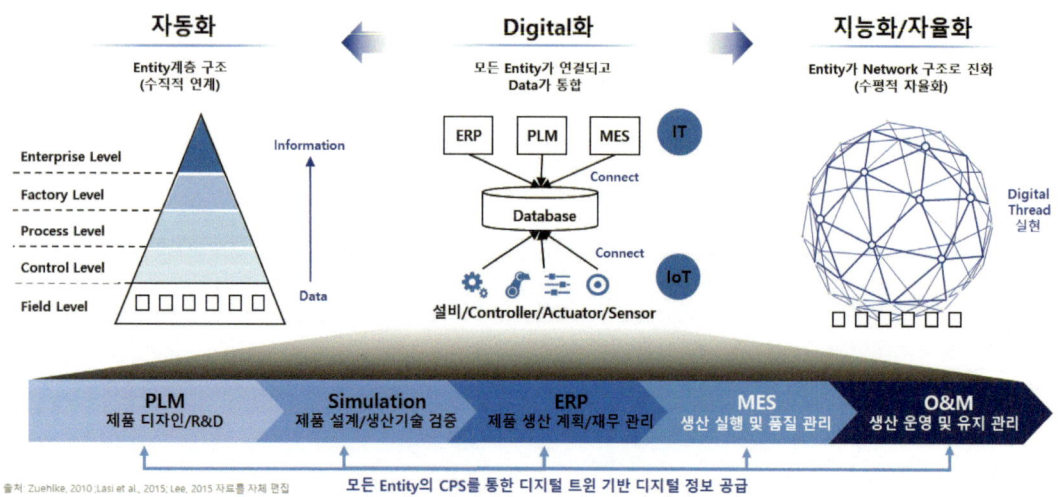

PART 3

음과 같다.

> ■ 제품을 기획하고 연구/개발 정보를 관리하는 PLM과 이를 검증/시험하는 Simulation 솔루션
> ■ 제품의 생산계획과 기업의 모든 자원(재무, 인력, 자재, 인프라 등) 관리하는 ERP, 공정 프로세스를 관리하고 생산을 실행, 제품의 품질 향상에 기여하는 MES 플랫폼
> ■ 생산설비를 운영 유지보수하는 기능과 시스템으로 구성된다.

각 기업에서 어떤 솔루션을 먼저 도입 해야하는지는, 기업이 처한 상황(무엇을 가장먼저 해결해야하는지)과 목적, 투자의 경제적 가치 우선순위에 따라 달라질 수 있다. 위의 시스템들은 각각 독립적으로 구축되어 운영되지만, 서로 실시간 데이터 정보를 주고받으며 마치 유기체와 같이 끊임없이 내/외부의 변화에 반응하고 적용하며 운영되어야 한다.

그리고 스마트팩토리를 구성하는, 또 하나의 중요한 필수 요소가 데이터 레이크(Data Lake) 기반의 DB(데이터베이스) 정의 정책이다, 다른 말로 DB 거버넌스(Governance)라고 할 수 있겠으나, 이 글에서는 이해하기 편하게 DB 정의 정책이라고 하겠다. 기업(혹은 팩토리)의 모든 정보는 DB로만은 표현되지 않는 비정형 데이터와 정형 데이터가 혼재되어 있다. 이들 효과적으로 저장 관리할 수 있는 저장소가 데이터 레이크이기 때문이다. 데이터 레이크는 구조화되지 않은 대량의 데이터를 저장, 처리하기 위한 중앙 집중 저장소를 의미한다. 향후 디지털 트윈을 적용하기 위해서는 다양한 센서의 정보와 영상, 사전에 규정할 수 없는 정보의 처리를 위한 분석이 필요하기 때문이다. 이러한 다양한 형태의 데이터 소스는 조직간 데이터 사일로를 방지하고, 기업의 의사결정에 다양한 관점의 정보를 활용할 수 있도록 돕는다.

자동화

몇 년 전, 당사 임원의 세미나 발표에서 스마트팩토리를 주제로 "고객의 Factory에 모든 전등을 꺼드리는 것이 우리의 목표입니다"라는 표현을 듣고 매우 신선한 감흥을 느낀 적이 있었다. 전등을 끈다는 의미는 무인 공장을 의미하는 표현이었다. 스마트팩토리와 자동화의 공통된 목적은 Factory 내 공정 처리의 무인화이다. 과거의 자동화가 제조과정 자체를 무인화 하는 목적이었다면, 스마트팩토리는 제조과정과 연계된 자원의 공급, 출하, 불량 예방 제어 등 예지 보전을 가능하게 하는 무인화로 진화하였다.

일반적인 Flow Shop에서는 업무 시나리오로 표현되는 설비의 구성과 배치가 자동화의 대상이 된다. 현장의 데이터는 자체적인 자동화 이슈 뿐만 아니라 DX를 위한 OT와 IT간 연계를 위해서도 그 중요성이 나날이 증가하고 있다. 여기에서 말하는 데이터는 설비의 신호를 의미한다.

스마트팩토리의 근간을 구축하기 위해서는 OT데이터를 IT데이터로 전송하여 구축된 기업의 애플리케이션에서 이를 데이터로서 활용할 수 있어야 한다. 설비의 신호를 사람이 이해할 수 있는 정보로 변환하고, 데이터의 품실이 보상되어야 이들 잘 활용할 수 있다. 설비와 IT의 연계는 궁극적으로 이를 활용한 QCD(Quality, Cost, Delivery)의 향상에 기여한다.

그러나 현장의 설비 인터페이스는 정형화되어 있지 않은 경우가 대부분이거나, TCP/IP 등 국제표준이 아닌 사실 표준에 의존적인 상황이 현장 설비의 데이터를 수집하는 장애 요인으로 작용한다. 이는 설비 메이커의 다양성과 노후화 장비에 기인한다고 볼 수 있다.

설비 관련 데이터는 시스템, 작업자, 설비 자체(운전 on/off, 운전 시간 정보 등), 자재/재공이 대상이 된

다, 이는 일반적으로 4M(Men, Machine, Material, Method)을 의미한다. 이러한 대상에 대한 전사적 관점의 데이터 활용 목적과 수준의 선제적 정의는 매우 중요한 요소 중 하나다.

여기에 도입 실무자의 입장으로 부연하면 다음과 같다. 스마트팩토리를 목적으로 하는 현장의 설비와 IT간 통신 가부 확인은 필수적인 요소이다. TCP/IP로의 전환 확인 및 개조 가능성, 불가능한 경우 사람의 기입(TAG 작업) 가능성까지 타진할 필요가 있다. TAG와 LOT 정보 연계 등 현장에서 작동중인 노후화된 설비는 현장 경험자의 노하우 적용이 가장 중요(설비의 개조 및 연계 여부 판단)한 현장의 조건이 될 수 있기 때문이다. 그러므로 신축되는 Factory의 경우에는 설비의 도입부터 DX를 기반한 연계를 도입 조건으로 명확하게 명시하여야 하며, 범용 표준으로 표준화와 장비공급 업체로부터의 표준 독립성 등 사전 확보가 필요하다. 그러므로 설비와 IT간 인터페이스는 데이터의 관점으로 정의하여야 한다.

지능화/자율화

디지털화와 자동화는 지능화와 자율화를 위한 과정이며 목적을 이루기 위한 전제조건으로 준비되어 실행되어야 한다. 이제부터 언급되는 기술들이 요즘 한참 부각되는 IT기술 이슈가 될 것이다. 수많은 IT기업과 소프트웨어 플랫폼 기업들, 솔루션 공급사들이 말하는 그것, 인공지능(AI), 빅데이터분석, 물류 자율주행, 협력 로봇, IoT 플랫폼, 디지털 트윈, XR, 메타버스 등이 그것이다. 이러한 이슈들은 다양한 IT기반기술과 인프라가 마련된 후 적용이 가능하다. 설비 관제 및 운영을 위한 디지털 트윈을 적용한다 하더라도 실시간 통신 기술(5G 등), IoT 기술, 3D 가시화 기술, XR 적용 플랫폼, 데이터 동기화 기술 등이 필요하다. 이들 기술들을 팩토리 환경에 적용하기 위한 준비 작업을 데이터 분석 프로세스로 대입하여 비교해 보면 다음과 같다.

일반적인 데이터 분석 프로세스는 목적 설계 → 수집 → 저장 → 변환(전처리) → 분석(시각화)으로 진행된다, 데이터분석의 목적 모델을 정의하고, 데이터의 수집 대상, 방법을 정의한다. 수집된 데이터를 체계적으로 저장하고 적용이 가능한 형태로 데이터를 변환하여 분석을 수행한다. 분석된 데이터를 이해하기 쉽게 시각화하여 보고한다. 이러한 과정을 스마트팩토리 적용에 대입하면, 목적 설계는 스마트팩토리의 최종 달성 목표가 될 것이고, 수집은 각 설비의 IT연계 체계, 저장은 데이터 레이크 기반 플랫폼, 변환은 IT와 OT를 연계하는 인프라, 분석은 MES의 생산 효율 향상이나 디지털 트윈의 현장 자율 운영 가시화 등 기업이 요구하는 서비스가 될 것이다. 최신 IT기술을 활용한 인공지능 및 자율화 서비스들은 위에서 언급되는 데이터분석과 같은 절차와 인프라의 사전 준비과정을 거쳐서 완성된다. 많은 시간과 다양한 자원이 필요하고 검증된 IT기술 전문가의 가이드와 경험 많은 현장의 숙련가도 필요하다.

앞에서 언급한 공장의 전등을 끄기위해서는 각 설비와 설비 간 운송이나 제어 통제가 자율적으로 이루어지는 환경이 구축되어야 하며, 이를 위한 인프라가 앞서 언급한 디지털화와 자동화라 할 수 있다. 그래서 스마트팩토리의 구현에 있어서 핵심적인 인프라의 근간이 될 수 있는 애플리케이션 서비스가 플랫폼으로서의 MES 전략이다, 지능화 서비스를 위하여 MES 플랫폼을 근간으로 모든 스마트팩토리 객체가 수평적으로 자율 연동되는 Digital Thread를 실현함으로 가능하다, 디지털 스레드는 '디지털 트윈을 완성하기 위한 데이터 통신 연결 기술이며 관리의 개념'으로 인식되고 있으나

PART 3

필자는 본고에서 이를 기반 기술로 정의하려 한다. 즉 팩토리(현실)의 IT-OT 정보와 사이버 공간(3D 구현 가상 공간)을 연결하는 기술 플랫폼이며 인프라인 것이다. 이는 우리가 생각하는 유무선의 네트워크에, 시계열 데이터 품질(설비의 연속된 동작 정보를 시간의 흐름 순서로 보정)을 보장할 수 있는 양방향(혹은 단방향) 통신 기술을 의미한다.

플랫폼으로서의 MES

Industry 4.0이 산업발전의 핵심 프레임이 되면서, 스마트팩토리의 기반 시스템으로 MES가 부각되고 그 중요성과 기능에도 많은 관심이 집중되어 도입이 확대되고 있다.

스마트팩토리의 플랫폼으로서 MES를 추구하는 미라콤아이앤씨의 솔루션 구성은 다음과 같다.

미라콤의 MES 'Nexplant MESplus'는 고객 구축형 제품인 'SE(Smart Edition)'와 클라우드 제품인 'CE(Cloud Edition)'로 솔루션 Line-Up이 구성되어 있다. 미라콤의 MES는 제조 실행을 위한 MES Core 영역 외, 고객 Needs에 부합한 확장 모듈을 보유하고 있으며, 미라콤 EAI솔루션인 'Highway101'을 기반으로 서드파티(3rd Party) 솔루션의 연계를 지원한다.

확장 가능한 기능은 다음과 같다. 품질 분석(QMS, Quality management System)은 실시간 데이터 분석에 기반한 제조 공정에 대한 품질 관리 기능이며, 설비 최적화(EES, Equipment Engineering System)는 설비의 스트리밍 데이터를 수집/처리/관리/진단하여 최상의 공정 조건을 유지시킬 수 있다. 모니터링(FMB, Flexible Monitoring Board)은 제조 현황과 설비 가동 현황 등을 실시간 시각화하여 모니터링 정보를 제공하는 대시보드 역할을 하며, 또한 MES와 연계를 위한 기능으로는 설비 인터페이스와 제어를 담당하는 설비 연계(MC, Machine Control)와

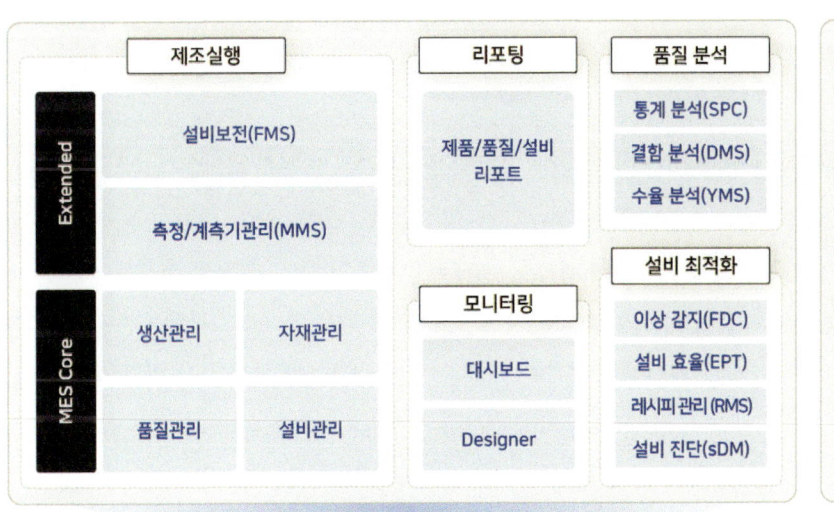
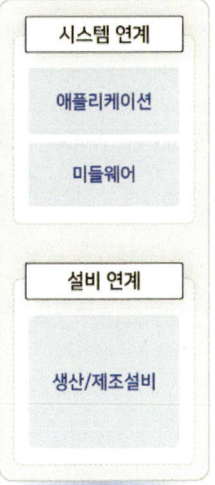

EAI(Enterprise application Integration) 시스템으로 기업의 다양한 애플리케이션을 연결하는 시스템 연계(Highway101) 솔루션이 있다. 이외에도 다양한 원천기술을 보유한 국내 파트너들과 서드파티 솔루션을 연계하여 3D 관제 등의 업무에 디지털 트윈을 구현할 수 있도록 하는 기획 작업도 추진하고 있다.

미라콤은 제조 기업 업무의 디지털화/자동화 처리 정도에 따라 각 공장의 자동화 레벨을 측정하는 컨설팅 서비스를 제공하여 스마트팩토리의 달성 수준을 진단 평가한다. 스마트팩토리 진단 도구와 현장 실사 작업을 통하여 5단계의 수준을 평가하고 수준별 스마트팩토리 달성 목표를 책정한다. 목표 수준에 따른 DX 스케줄을 제시하고 실행하는 기업의 스마트팩토리 수준 향상에 이바지하려 노력하는 국산 MES 솔루션 플랫폼 기업이다.

PLM

스마트팩토리를 제품(Product)과 프로세스의 관점에서 본다면 PLM은 좀더 제품에 집중되어 있고, MES는 제품 생산의 측면에서 PLM에서 완성된 제품을 제조의 프로세스에 실행하여 완제품으로 만들어가는 과정의 솔루션이라 할 수 있겠다. PLM 역시 제품의 R&D 프로세스를 담고 있지만 (제품의 생산 프로세스보다 더 오랜 시간의 프로세스를 담는 제품도 있지만) 제품 제조 전체의 프로세스 상에서 보면 제품의 기획과 개발 단계에 좀더 집중되어 있는 것도 사실이다.

디지털 트윈이 원래 제품의 기획단계에서 가상의 공간에 디지털 복제품을 통하여 제품의 최적화와 설계/구현 오류를 사전에 검증, 개선하는 기간과 비용을 단축하는 하나의 기술집약적 노력에서 출발하였다면, 스마트팩토리의 관점에서는 물리적인 공장과 생산 설비들을 디지털로 복제하여 현장과 가상의 공간을 실시간으로 연결하고 제어하며 가상의 프로세스들을 검증하고 개선하여 실제 공장에 다시 적용하는 개념이 될 것이다.

그래서 스마트팩토리에서의 PLM은, PMS를 활용한 R&D 제품의 양산화 일정 반영, 제품 사양 정보공유 및 제조 라인 상태 준비, 기획된 제품 특성의 생산 기술 반영과 설비 상태 레시피 최적화, 엔지니어링-BOM 정보의 연계 활용, 유지보수를 반영한 3D 매뉴얼의 작성 지원, 제품 PLM DB와 디지털 트윈 구현 DB의 데이터 동기화 연동, M-BOM 생성을 위한 정보 공유, 제고/제공 관리를 위한 부품 마스터 정보의 공유 등이 그 역할이 될 것이다.

국내의 IT환경에서는 PLM은 설계/검증, MES는 생산 실행의 개념이 굳어져 왔기 때문에 이를 연계하는 디지털 트윈의 적용에 어려움이 많았다. 이 글에서는 스마트팩토리를 중심으로 디지털 트윈의 적용 관점을 이야기하려 한다. 팩토리를 근간으로 기업의 입장에서는 PLM과 MES가 서로 다른 부서와 인력들로 구성되어 서로 통합되는 개념이나 업무 연계가 쉽지 않았다. 그러나 디지털 트윈은 PLM의 검증과 MES의 운영 업무 모두를 동시에 대응할 수 있는 개념으로 자리 잡아가고 있다.

디지털 트윈

이 글에서는 앞서 다양한 관점에서 제조 기업의 디지털 트윈에 대하여 설명하였으므로, 별도로 디지털 트윈을 정의하거나 규정하지는 않으려 한다. 제조 기업이 디지털 트윈을 도입하고 적용하는데 필요한 기술과 현실적인 문제가 무엇인지 이야기하고, 최종적으로 당사의 입장에서 디지털 트윈 솔루션의 동반자로서 필자가 경험한 파트너사의 솔루션을 소개하고자 한다.

PART 3

제조기업에서 디지털 트윈을 적용하려는 실무자나 관리자의 입장에서 다양한 관점의 기술적 업무적 접근이 필요하다. 어떤 업무에 적용될 수 있는지, 어느 정도의 비용으로 구축이 가능한지, 어느 정도의 기반 지식이 필요한지, 어떠한 인프라가 사전에 준비되어야 하는지 난감한 경우가 많을 것이다.

대표적인 디지털 트윈 적용사례가 엔비디아(NVIDIA)의 옴니버스(Omniverse) 플랫폼을 활용한 BMW의 가상 공장 디지털 트윈일 것이다. BMW는 다양한 3D 구현 솔루션과 엔비디아의 그래픽 가속 기술, AI, 클라우드 포인팅(Cloud Pointing)기술, 인체공학 적용 슈트 등을 활용하여, 디지털 트윈 공장을 구축하고, 해외의 신규 공장 계획 기간을 2년에서 1년으로 단축하는 목표를 추진하고 있다. 그러나 이러한 사례에서 BMW가 엔비디아와 얼마의 기간 동안 얼마의 비용으로 어느 정도의 인력이 투입되어 이를 달성했는지 구체적으로 알려지지 않았다. 아마도 일반적인 제조 기업이 상상하기 힘든 규모의 시간과 인프라, 비용이 투입되었을 것이다. 그럼에도 불구하고 이러한 시도가 대규모로 이루어질 수 있는 것은 그러한 노력을 투입하고도 그 이상의 효과를 기대하기 때문이고, 업계의 개척자로서 선도에 자리잡을 수 있기 때문이다. 이러한 이유로 기업의 의사결정자가 디지털 트윈을 주도하는 것이 가장 적극적인 성공요인 일 수 있다.

■ **적용 대상 업무 시나리오** : 디지털 트윈은 앞에서도 여러 번 언급했지만, 다양한 기술과 인프라가 요구된다. 한번에 기업의 전체 업무에 적용하기에는 도입 초기 리스크가 크다. 그러므로 빠르게 적용하여 즉시 효과를 도출할 수 있는 업무부터 우선순위를 두고 적용해야 한다. 우리가 알고 있는 컨설팅 기법인 "Think Big, Small Start Scale Fast"가 적용되어야 한다. 교육/훈련의 목적으로 위험 및 고가 설비에 대한 디지털 트윈을 적용한다면, 마치 실제 운영되는 환경과 같은 설비와의 인터페이스 환경과 장비의 움직임이 상황에 따라 준비되어야 한다. 휴먼 에러의 사례와 기기의 작동 메커니즘도, 사전에 경우의 시나리오로 준비되어야 하며 이는 마치 온라인 게임을 구현하는것과 유사하게 진행된다. 현장에서 발생할 수 있는 모든 문제 상황과 해결 절차를 사전에 경우의 수만큼 준비하여 실제 작업자가 대응 할 수 있도록 해야 한다. 이는 설비를 운전하는 경우에도 동일하게 작용된다.

■ **3D 변환 기술과 플랫폼** : 일반적인 3D CAD 파일에는 제품의 설계 이력 정보와 구조 정보 등을 담고 있기 때문에 고용량의 인프라 자원을 요구한다. 그래서 물리적인 물체를 가상의 공간에 3차원으로 표현하는 데이터 압축 기술은 디지털 트윈을 구축하는 핵심 기술 중의 하나이다. 사용자의 시각에서 가상공간의 트윈이 현실과 큰 차이없이 디스플레이되어야 한다. 디스플레이중 렉 걸림 현상 등이 없는 하드웨어 장비의 인프라와 통신 설비에 부하를 최소화하는 기술이 중요하다. 최소의 사양으로 최석의 효과를 내는 기술의 적용이 향후 사내 디지털 트윈의 확대 적용에 유리하다.

업종별로 특화된 CAD와 구현 기술들이 있다. 조선산업이나 대형 엔지니어링 산업에 특화된 제품 구성은 일반 기계 기구 설계 구조와 매우 다르게 적용된다. 특정 산업의 구조적 특성을 이해하는 업체를 선택하는 것이 중요한 이유이다. 그리고 다양한 CAD 벤더의 독자적 파일 포맷이 존재하고 그 구조적 특성도 다양하다. 구축 기업은 멀티 CAD 플랫폼과 정보공유를 위한 공유 파일 포맷의 표준화 정의가 필요하고, CAD 플랫폼

에 독립적인 기술 환경과 관리 정책이 수립되어야 한다.

■ **IoT 플랫폼** : 디지털 트윈에서 IoT 플랫폼의 궁극적인 최종 목적은 '디지털 스레드'이다. 가상 공간의 설비와 실제 공장의 설비가 동기화되는 것이다. 그러나 아직은 기술적으로나 인프라 측면에서 갈 길이 멀다. 기술적으로 많은 발전이 있긴 하지만, 그만큼의 준비가 필요한 부분이다. 설비에서 나오는 데이터는 대부분 비정형 데이터이다. 활용될 수 있도록 변환이 필요하다. 또한 설비의 동작과 시계열적으로 동기화 되는지 검증과 확인도 필요하다. 기존 설비와의 인터페이스 등 각 도입 기업의 상황과 특수성(표준화 되기 어려운 설비 환경)으로, 시장에는 업종별 메이커별 특성에 따른 다양한 플랫폼이 존재한다. 유무선 네트워킹 안정성, 설비에 추가되는 센서의 종류, 공장의 환경 영향(소음, 진동, 온도, 조명 등) 등, 적용 공장의 상황에 따라 조건이 달라진다. 그래서 아직은 전문가가 개입되어 설비별 데이터의 신뢰도 향상을 위한 보정 작업이 필요하다.

■ **데이터** : 설비를 모사하는 3D데이터와 설비의 입/출력 데이터가 필요하다. 스마트팩토리를 디지털 트윈으로 구현하기 위한 핵심 서비스는 데이터에서 기인한다. 사용자가 원하는 모든 서비스는 데이터의 축적과 분석을 통하여 가능하기 때문이다. 공장의 설비나 센서에서 나오는 날 데이터(비정형 Raw Data)를 추출하고 이를 분석하여 예측이 가능한 모델을 만드는 것이 디지털 트윈의 목적이기 때문에 설비의 입/출력 데이터는 그 기업의 경쟁우위를 점할 수 있는 고유한 차별화 요소가 될 수 있다.(설비 운영의 노하우이기 때문에) 대부분의 기업은 자체 생산 제품의 3D모델은 보유하고 있으나 생산 설비를 3D 데이터로 확보하고 있는 경우는 매우 드물다. 설비 전체를 3D로 보유하기 보다는 설비의 중요 형상이나 부품, 동작 부위를 중점적으로 모델링하거나 전문업체를 활용하여 시간과 비용을 절감할 필요가 있다. 디지털 트윈을 도입한 기업의 경우, 3D 데이터 확보와 설비 데이터의 품질 제고를 위한 별도의 조직을 두기도 한다.

■ **AI** : 디지털 트윈의 마지막 단계, 궁극적인 목적은 현장의 결과 데이터를 분석하여 가상공간에서 개선 방향을 시뮬레이션하고 이 결과를 다시 현장에 개선 적용하는 것이 '자율형 트윈'이다. 향상된 머신러닝 모델을 기반으로 다년간 축적된 문제의 패턴이 포함된 데이터를 활용하여 자체 강화 학습을 끊임없이 반복해야 한다. 현실적으로 많은 시간과 시행 착오를 수반한다. AI 전문가와 현장의 숙련가의 협업이 절대적으로 필요하다. 아직은 제조 기업의 여러 영역을 충분히 경험한 전문가가 부족한 상황이므로 충분한 검증과 다양한 타 산업 분야의 경험을 참고하는 것도 필요하다. 반복적 개선 과정을 거쳐 최종 단계에서 머신러닝에 기반한 분석 예측 알고리즘을 도출할 수 있으며, 이는 최종적으로 사람의 개입이 없는 분석이 가능하도록 하여야 한다.

■ **보안과 품질** : IT기술의 대부분이 이 두가지 주제에 민감할 것이다. 디지털 트윈은 본질적으로 현실과 분리되어 있지만, 궁극적으로 현실세계와 가상세계를 연결한다. 그래서 보안적인 취약점이 그 연결부분이 될 수 있다. 더군다나 요즘은 클라우드 시스템이 일반화되는 과정에 있기 때문에 사전에 취약점을 사전 차단하거나 완전히 분리하는 정책도 필요하다. 많은 검토가 필요 하겠으나, 3D 데이터의 경우 다양한 작성 기술과 데이터 공유가 이루어질 수 있다. 그러나 운영 데이터는

PART 3

기업의 자산이고 분석의 기초가 되므로 좀더 세심한 관리가 필요하다.

잘못된 데이터는 잘못된 예측을 제공한다. 디지털 트윈은 현실의 데이터를 직접 수집하기도 하지만, 그렇지 않은 경우에 데이터의 편향이 발생할 수 있다. 그러한 관점에서 수집된 데이터의 교차 검증이나 현장의 확인은 필수 요소이다.

Epilogue

RTE(실시간 기업)의 Enterprise(기업)는 스마트팩토리에서 Factory(공장)로 점점 되었다. 운영의 범위가 축소되었다고 보기 보다는 그 목적 대상이 구체화 되었다고 본다. 20여년전의 RTE(실시간 기업)가 전사적 이벤트의 일괄처리 개념이었다면, 현재에 이르러 스마트팩토리는 고도로 정보화 되고 지능화된 제조기업의 가시적 발전 방향으로 축약되었다.

스마트팩토리에 디지털 트윈을 적용하는 것은, 기업이 공장에 대한 현재와 미래의 상태 변화를 확인하고 체험하려는 노력은 아닐까? 해외 또는 지방에 새롭게 공장을 짓는 경우, 새로운 설비를 실험적으로 배치하는 경우, 완성된 설비를 운영하거나 유지보수하기 위한 사진 체험(교육과 훈련을 포함하여)이 필요한 경우 등 과거의 행위가 미래를 어떻게 변화시키는지를 확인하려는 기업의 욕구에서 비롯된 예측 기술의 한 가지일 것이다. 이러한 상태의 변화를 어떻게 묘사하여 시각화할 수 있을까 하는 고민에서 등장한 것이 디지털 트윈일 것이다.

시각화란 무엇인가? 위 글의 그림을 한번에 보고 느끼는 것과 그 그림을 설명하기 위해 작성된 윗글을 보면 그 차이를 여실히 느낄 수 있을 것이다. 그러나 시각화 하는 기술도 아직은 한계가 있어 보인다. 특히 3D 모델을 압축하여 시각화하는 경우 설계 변경 사항을 즉각 디지털 트윈에 반영하기는 어렵다. 현재는 주로 트윈의 현실감과 마케팅 활용을 위하여 게임용 3D 플랫폼을 활용하기 때문인데, 이는 3D CAD 플랫폼의 다양성과 기술 표준의 차이, 3차원 기준 원점의 차이 등에서 기인한다. 대부분의 변경의 적용은 사람의 개입이 필요하다.

아직 디지털 트윈은 완성 단계의 기술이 아니다, 그래서 역설적으로 더 많은 성공과 발전 요소가 존재하는 기회의 분야이다, 20여년전의 RTE가 그러했듯 스마트팩토리도, 디지털 트윈도 발전의 진화 과정에 있는 기술이며 개념들이다, 미래의 디지털 트윈은, 공장의 설비 또한 제작 기업의 제품이므로, 트윈을 도입하는 기업은 자사의 프로세스에 맞도록 설비 트윈을 레고 블록처럼 배치만 하면 완성되는 시대가 오지는 않을까?

현실적으로 국내의 IT환경에서 디지털 트윈을 도입하려는 기업은 많은 조력자와 전문가가 필요하고, 기업의 업종을 이해하는 경험 많은 파트너를 필요로 한다.(타 업종의 사례 참고도 중요하다)

아직까지는 한두 가지의 제공 솔루션으로 디지털 트윈을 완성하기에는 무리가 있다, 그래서 소개하는 아래의 두 기업은 국내 디지털 트윈 기반 구현 기술을 가진 전문가이면서 가이드로서 함께할 수 있는 파트너로 소개하며 이 글을 마무리 한다.

소프트힐스

100% 순수 국내 개발로 원천 기술을 보유한 소프트힐스의 가시화 솔루션(VIZCore3D 등)은 국내 R&D 기술 기반의 대용량 3D 모델 시각화 엔진으로, 개발 초기부터 조선, 플랜트와 같은 대형프로젝트 산업을 타겟으로 개발되어, 차별화된 대용량 3D 모델 고속 가시화

와 다양한 산업군에 적합한 응용 API를 제공하고 있다. 3D 모델 경량화 기술은 다양한 CAD, 디자인 모델의 특징을 분석하여 최적의 경량화 기법이 적용되고 있으며, 이 과정을 모두 자동화함으로써 설계 및 구조 변경이 빈번한 자동차, 전자, 반도체 등 공장생산라인 등 O&M 관리에 필요한 산업현장 뿐만 아니라 스마트 시티 환경에서의 도시 인프라 변화에 대한 실시간 대응까지 가능하도록 했다.

A중공업그룹 조선 계열사 4사는 소프트힐스의 플랫폼을 근간으로, 디지털 지도 위에 선박을 클릭하면 건조 현황과 온실가스 배출량 등을 시각적인 정보로 제공하고, 크레인과 지게차를 비롯한 동력장비까지 모니터링하는 가상 조선소(Digital Twin)인 '트윈 FOS(Future of Shipyard)'을 적용하고 고도화 하고 있다. 조선해양분야에서 지난 10여년간 안정된 구축 결과를 토대로 최근 EPC, 건설, 하이테크 분야로 적용범위가 점점 확대되고 있으며, 특히 외산 소프트웨어와 차별되는 국내 개발 소프트웨어의 장점인 안정되고 신속한 고객 대응/지원으로, 조선해양, EPC 분야에서 도입 기업 자체의 표준 시각화 엔진으로 채택이 확대되고 있으며, 업종 사례 또한 반도체 공장, 소비재 인테리어 분야까지 영역을 확장하고 있다.

와이엠엑스(YMX)

활발한 영업을 펼치는 와이엠엑스는 게임에 사용된 기술들을 적극적으로 디지털 트윈에 활용하고 있다. 확장현실(XR) 기반 산업용 메타버스 플랫폼 전문 기업이다. 디지털 트윈 기술을 활용한 교육(제조 공정) 시뮬레이터, XR 기술을 적용한 설계·조달·시공(EPC) '원격 검수·관리' 솔루션 등을 보유하고 있다.

B사에 적용한 2차 전지 공정 '교육(제조 공정) 시뮬레이터'는 가상공간에 현장 설비를 똑같이 구현하였다. 현장의 기계 소리 등 미세한 부분까지 동일하게 구현해 신규 작업자들이 보다 현실감 있게 제조 공정을 익힐 수 있다. 현장의 잦은 인력 변동으로 작업자 교육에 많은 시간과 비용이 소요된 반면, 해당 솔루션을 통해 인력 양성 기간을 70% 이상 단축하고, 작업자들의 잦은 실수로 인한 비용도 연간 50% 이상 절감하는 효과를 내고 있다. 'EPC 원격 검수 솔루션'의 경우 공사 현장에서 시간 낭비 없이 '시공 하자(오류) 검수'가 원스톱으로 가능한 솔루션이다. XR 기술이 적용된 태블릿 하나로 수만 장에 달하는 설계도가 현장에 제대로 반영되었는지를 즉시 검수할 수 있다. 솔루션 적용 분야를 제조 뿐만이 아닌 전 산업에 걸쳐 확대시키겠다는 목표를 가지고 있기도 하다.

와이엠엑스 솔루션들이 자사 메타버스 플랫폼인 'MXspace'와 연동될 경우 해외는 물론 다자간 원격 협업도 가능해진다. 이 같은 기술을 기반으로 와이엠엑스는 국내 굴지의 대기업들과 100여 건에 달하는 디지털 트윈 기반 프로젝트를 진행하며 풍부한 현장 경험을 쌓았다.

임명진 수석컨설턴트
미라콤아이앤씨 솔루션사업그룹
정보관리기술사
myungjin.im@miracom-inc.com

PART 3

중소제조기업에서 PLM 시스템 도입시 몇 가지 고려할 점들

PLM 시스템을 도입함에 있어서, 오로지 중소기업만을 위한 특별한 도입 방법론이 존재할까? 딱히 그럴 것 같지는 않다. 다만 대기업과 비교했을 때 중소기업은 상대적으로 투입할 인력과 예산이 넉넉하지 않고, 시스템 구축 경험이 적은 경우가 많으며, 아무래도 '시스템' 보다는 '사람'에 좌우지되는 측면이 많은 것도 사실이다. 이 글에서는 이러한 전제하에, 중소제조기업의 PLM 시스템 도입 담당자의 입장에서 고려해 볼만한 몇 가지 포인트들을 정리해 보았다.

솔루션 선택 : 만능 솔루션은 없다

요즘에는 중소기업이라 할지라도 ERP 정도는 운영하고 있는 회사가 흔해졌고, 회사에 아직 ERP가 없다 하여도 도입 담당자쯤 되면 전 직장에서 써본 경험이라도 가지고 있는 경우도 많아졌다.

그런데 ERP가 상대적으로 더 익숙하다보니, PLM 시스템에서 ERP의 기능을 원하거나, 또는 ERP 시스템에서 PLM 기능 구현방법을 찾고 있는 경우가 종종 발생한다. 예를 들면, PLM 시스템을 도입하면서 구매발주기능까지 탑재해 주길 원한다거나, 또는 ERP 시스템에 가끔 붙어있는 간단한 도면관리기능을 보고 PLM 영역의 업무를 대략 커버할수 있다고 생각하고 있는 고객을 가끔식 접하곤 한다.

만능 통합 솔루션은 없다

물론 "우리회사는 대기업처럼 PLM, ERP, MES, SCM, CRM 등등의 전문적인 솔루션들을 따로따로 구축할 여유가 없고, 각각의 솔루션별로 제공하는 방대한 기능도 필요가 없는 작은 회사이니, 맥가이버 칼과 같이 꼭 필요한 기능만 모아놓은 다기능 통합 솔루션이 있으면 얼마나 좋을까…" 라는 생각이 드는 것은 너무나도 자연스러운 일이긴 하다.

하지만, 이들 각각의 솔루션들은 데이터와 프로세스를 보는 관점의 본질적인 차이로 인해 PLM이니, ERP이니 하는 꼬리표를 달게 되었다는 것을 이해해야 한다. 예를 들어 PLM은 제품정보중심(Product Centric)의 관점에서 설계된 시스템이고, 도면이나 E-BOM과 같은 '제품관련 정보의 축적 및 공유와 그 변경이력 관리'가 주된 관심사이다. 반면에 ERP는 리소스 중심(Resource Centric)으로 설계된 시스템이고, 주 관심사는 자금, 자재, 인력 등 주로 '현재 시점에 투입되고 있는 자원의 현황 관리'이다. 관점이 다르고 철학이 다르고 설계가 다르다. 그래서 PLM은 PLM이고, ERP는 ERP이다.

차라리 자체 개발하면 어떨까?

모든 것이 통합된 만능 패키지 솔루션을 찾기 어렵다면… PLM, ERP, MES, SCM, CRM의 각 영역에서

우리 회사에서 꼭 필요한 기능들을 뽑아서 자체개발이나 외주개발을 하면 어떨까. 마치 예전에 동네 양복점에 가서 맞춤 양복을 주문하듯이… 그러나, 이것은 필요한 기능을 하나부터 열까지 완전히 새로 개발해야 하기 때문에 중소기업 입장에서는 그 비용 및 리스크가 절대 만만치 않다. (비용을 떠나 관리적인 차원에서도, 인력을 자체 확보하건 업체를 아웃소싱 하건 둘 다 쉬운 일이 아니다)

맥가이버 칼로 임시로 나뭇가지를 자를 수는 있지만, 통나무를 매일 잘라야 한다면 결국 제대로 된 톱을 장만해야 할 것이다. 업무영역별로 적절한 IT솔루션을 찾아 최대한 콤팩트하게 구축하고, 이들 시스템들 간의 가장 최적화된 연동요건을 도출하여 통합해 나가는 것이 결국 돌아가는 것 같아도 사실은 가장 가까운 지름길이라고 말씀드리고 싶다.

시스템 구축 : 가급적 간결하게
패키지 솔루션은 기성복

비유하자면, 상용 PLM 패키지 솔루션은 일종의 기성복이다. 수영을 하고 싶으면 수영복이 필요하고, 달리기를 하고 싶으면 런닝복이 필요하다. 수영복이 처음부터 수영에 적합한 재질로 되어 있듯이, PLM 패키지 솔루션들은 PLM에 필요한 전형적인 기능들을 이미 구현해 놓고 있다. 보통 이러한 기능들은 다년간 다수의 고객에게 납품되는 과정에서 검증받으며 개선 및 강화되어 온 것이므로, 시스템 구축을 보다 신뢰성 있고 신속하게 수행할 수 있게 해준다.

커스터마이징과 하드코딩

기성복을 사도 바지 밑단 길이는 수선이 필요하듯이, 모든 패키지 솔루션은 사용자의 요구에 맞는 설정작업이 필요하다. (예를 들어 파트정보를 등록한다고 하자. DB화할 정보 속성값은 회사마다 다를 것이므로, 정보 등록에 필요한 폼(화면)의 구성도 달라질 것이다) 이렇게 고객사의 업무에 맞게끔 PLM 패키지 솔루션의 기능을 설정/변경/추가하는 작업을 커스터마이징(customizing, 고유화 작업)이라고 한다. 이러한 커스터마이징은 PLM 패키지 솔루션이 제공하는 도구를 활용해서 코딩 없이 이루어지기도 하지만, Java, C# 등을 이용하여 하드코딩(현장 용어로는 '날 코딩') 하여 수행될 수도 있다.

웬만하면 하드코딩을 최대한 배제한다

가급적이면 솔루션 패키지가 제공하는 커스터마이징 도구를 십분 활용하여 시스템 고유화 작업을 수행하는 것이 좋다. 또한 하드코딩이 반드시 필요한 경우에라도 최대한 간결함을 추구해야 한다. 즉, 웬만하면 하드코딩을 피하거나, 최소화하는 것이 좋다. 코딩이라는 작업은 본래 버그와의 싸움이며, 프로그램 개발 공수의 상당부분은 디버깅으로 소모된다. 자동차로 치면, 차량이 제공하는 순정 부품을 사용하지 않고, 커스텀 된 사제 부품을 집어넣는 것과 비슷하다.

물론 구축업체의 가열찬 노력으로 프로젝트 종료시점까지 기능개발은 완료될 것이다. 그러나 후일 업무가 변경되거나 확장되어 시스템의 기능 변경이 필요한 시점이 되면 이러한 하드코딩된 로직들은 예상치 못했던 문제를 일으키기 쉬우며, 시스템 변경을 위한 추가 개발을 야기한다. 본래 소스코드라는 것은 작성한 본인이 아니면 파악하기도 어렵고, 수정하기도 어려운데, 전통적으로 IT 개발자의 평균 재직연수는 짧으며, 요즘은 더욱 짧아져가고 있다. 물론 유지보수계약의 갱신을 위해서라도 구축업체는 나름대로 여러 가지 대책을 강구

PART 3

해 놓고 있겠지만, 작업 난이도가 증가하는 것은 어쩔 수 없는 사실이다.

IT프로젝트의 성패는 사용자 요구사항 조율

PLM 구축 프로젝트의 진행은 대략 다음과 같은 순서로 이루어지게 된다.

> ① 구축업체와 고객사(발주사. 즉 사용자)가 구축 TFT를 구성
> ② 구축 TFT에서 고객사의 현행업무를 분석하고(As-Is분석), 시스템의 To-Be 설계안을 도출한다.
> ③ 도출된 To-Be 설계안을 바탕으로 PLM 솔루션을 커스터마이징하고, 필요한 부분은 추가로 개발하여 탑재한다.
> ④ 개발된 시스템에 시범데이터를 올려 테스트하고(시가동) 테스트 결과를 바탕으로 시스템을 보완한 뒤 일반 사용자 교육을 거쳐 시스템을 가동한다.(본가동)

위의 ② 단계에서 To-Be 설계안을 도출하려면 사용자의 업무 요건과 현재 채택한 PLM 솔루션의 기본 제공기능 사이에 Fit & Gap을 분석해야 한다. Fit은 솔루션의 기본기능 또는 간단한 커스터마이징으로 대응 가능한 영역이고, Gap은 아예 추가적인 개발이 필요한 영역이다. 당연히 Gap의 대부분은 '사용자 요구사항'에서 발생하므로 이를 둘러싼 구축업체와 고객사의 줄다리기는 구축 프로젝트 전 기간에 걸쳐 발생한다. 구축업체 입장에서, 능력 있는 PM이란 바로 '고객의 요구사항'을 능수능란하게 조율 (통제?) 해내는 사람이다.

그러나 줄다리기의 반대입장에 있는 고객사 TFT의 PM에게 가장 핵심적으로 필요한 능력 역시 자신의 (그리고 현업의) 요구사항을 조율하고 통제하는 능력이다. 사용자의 이런저런 요구사항에 대해 구축업체 PM이 자꾸 이런저런 이유로 난색을 표명한다면, 그게 단순히 고객(사용자)의 요구를 무시하는 불성실한 행태인지, 아니면 해당 요구사항이 현재는 물론 나중을 고려할 때 좋은 선택이 아니기 때문에 만류하고 있는 것인지를 잘 분별할 필요가 있다. 중요한 것은 "얼마나 내가 지금 원하는 대로 만들 것인가"가 아니고, "얼마나 내가 앞으로 잘 쓸 수 있게 만들 것인가"이다.

파레토 법칙(80:20 법칙)을 적용하자

여기서 그 유명한 파레토 법칙을 적용함으로써 고객사와 구축업체 쌍방이 활로를 찾을 수 있다. 즉 "80%의 효과를 담당하는 20%의 요건에 집중하라."

예를 들어 PLM의 핵심 기능의 하나는 '파일' 관리이다. 사용자의 PC에 흩어져 있는 각종 도면과 기술문서 파일들을 PLM 서버에 한 곳에 모아두기만 해도 1차적으로 성공이다. 이를 PLM 용어로 file vaulting(파일을 전자금고에 넣기)이라고 부르며, PLM에 추구하는 여러 가지 복잡한 주제 중에서 가장 단순하고 기본적인 주제임에도 불구하고 그 효과와 파급력이 크다. 일단 파일을 잘 정리해서 한군데로 모아두면 검색이 되며, 공유가 되고, 지식의 축적이 일어난다. 매우 간단해 보이는 일 같지만, 실제로 구축 프로젝트 종료 후 전사에 흩어져 있는 자료들을 웬만큼 PLM에 집어넣는 데만 몇 년씩 걸리는 경우도 많다. (그래서 PLM 시스템은 구축이 끝나면 그때부터 시작이다) 그러니, 핵심적인 기능구현에 집중하고, 다른 많은 사소한(?) 것들은 무시하자.

자동으로 해주세요

비싼 돈을 주고 시스템을 도입했으니 내가 하던 일을 자동으로 해결해 주길 바란다. 사용자 요구사항에는 '자동'이라는 단어가 너무도 쉽게 난무한다. 요즘에는 AI가 판치는 세상이 되었으니, 이러한 기대는 더더욱 높아져만 간다. 물론 여기에도 80:20법칙을 적용해서, 적은 노력으로 매우 큰 효과를 볼수 있는 기능이라면

자동화를 신중히 검토할 수도 있겠다. 그러나 로직이 고도로 자동화되면 될수록 그것을 구현하는데 들어가는 시간과 노력은 둘째 치더라도, 이런 로직들은 나중에 업무가 조금만 변해도 작동에 문제를 일으키는 경향이 있다.

이 글에서 내내 강조하겠지만, PLM 시스템의 가장 중요한 구성 요소는 사람이다. 인간과 시스템 사이의 상호작용을 살짝만 적절히 가미해도 전체적인 시스템이 훨씬 간결하면서도 신뢰성 있게 동작하며, 유지보수에 강한 시스템을 얻을 수 있는 경우가 많다

달나라도 가는 세상에 안되는 게 어디 있나?

맞는 말이긴 하지만, 달에 가려면 너무나 많은 비용이 든다. 우리 회사가 S전자만큼 돈이 많다면 달나라 여행을 노려볼만도 하다. 그러나 이 글은 어디까지나 예산과 인력이 S전자보다 상대적으로 열악하다고 생각되는 '대한민국 중소 제조기업'을 대상으로 작성되었다. 시스템 전체적으로 20% 정도의 영향밖에 주지 못하는 자질구레한 기능구현에 80%의 노력을 쏟는 것은 효율적이지 않다. 그런 것들은 따로 적어 두었다가, 시스템이 1차적으로 정착한 후에 2차 고도화 단계로서 추진하는 것이 훨씬 현명하며, 아마 지금 고민하는 상당수의 기능들은 그때가면 대부분 필요 없는 것일지도 모른다.

Think Big, Start Small

심플한 것이 복잡함을 이긴다. 중소기업이라고 해서 PLM의 최신 트렌드와 이런저런 미래의 비전을 포기하자는 것은 아니다. 다만, 궁극적으로는 창대한 목표를 지향하되, 처음에는 작은 첫걸음을 착실하게 다져나가자는 말씀이다. 즉 회사의 상황에 맞게 처음엔 최대한 단순하게 구축하고, 점차 고도화해 나가는 식으로 구축하는 것이 여러 가지 측면에서 절대적으로 유리하다, 많은 연구사례에 의하면 "IT프로젝트 규모가 클수록 실패확률은 커지는 경향이 있다."

큰 것은 근사하지만 작은 것은 아름답다.

시스템 통합: 가급적 느슨하게

만능 통합 솔루션이 없다 하여 '통합적인 업무수행'을 포기할 수는 없다. 전문적인 상용 PLM 솔루션을 이용하여 PLM 시스템을 구축했으니, 이제 전사 업무를 통합하려면 타 시스템(예를 들면 ERP)과의 '연동'이 필요하게 된다.

ERP 연동해주세요

최근 스마트팩토리 보급사업과 같은 정부지원사업을 통해 PLM을 구축하는 경우, 사업계획서상 '시스템 간의 연동'이 필수적으로 요구되는 경우가 많다 보니, 고객사와 구축업체 사이에 다음과 같은 웃지 못할(?) 장면도 종종 등장한다.

> "ERP 연동도 제안해 주시고 견적도 주세요"
> "네… ERP는 어떤 것을 쓰시는데요?"
> "곧 도입할 예정입니다."
> "…"

강둑에 다리를 놓으려면 일단 '건너편 강둑'이 있어야

무엇을 연동하고, 그 개발비용이 얼마나 될지 정확히 따져보려면 당연히 고객사와 PLM 구축업체와 ERP 구축업체의 3자가 머리를 맞대고 논의해야 한다. 그러나 심지어 연동 대상이 될 ERP는 아직 존재하기도 전이다. (물론 사업계획서 접수는 내일모레까지이니 이해는 간다)

그래서 보통은 일단 고객사에 ERP가 곧 도입될 것

PART 3

을 '가정'하고, 다음과 같은 PLM → ERP로의 순방향 연동 모델(가장 일반적임)을 상정하여 사업계획서와 견적서를 작성하게 된다. (물론 당연히 초안이다)

> ① PLM에 구축된 파트마스터를 ERP 쪽을 전송
> ② PLM에서 작성된 설계 BOM 정보를 ERP 쪽으로 전송

사실 PLM-ERP 연동 모델은 이것만 있는 것이 아니다. 예를 들면 PLM의 파트마스터에 ERP에 존재하는 구매원가 정보를 연동시킴으로써 설계 BOM 작성 시 대략의 개발원가를 추산하고 싶을 수도 있고,(쉽지 않은 일이다) ERP에 등록된 품목을 조회하거나 발주할 때 PLM에 저장된 해당 품번의 도면을 열람하거나 다운로드 받는 기능(보통은 pdf로 변환하여 활용)이 필요할 수도 있다.

즉 'ERP 연동' 다섯 글자로 퉁치기에는 그 안에 포함될 내용이 너무나도 다양한 함의를 가질 수 있음에도, '연동'이라는 단어는 제대로 된 정의도 없이 너무나도 쉽게 대화 사이를 날아다닌다. ERP 연동이건, MES 연동이건, 그룹웨어 연동이건, "연동이 필요하다"라고 말하기 전에 일단 "어떤 정보가 어떤 방식으로 연동되어야 하는지"의 구체적인 정의가 쌍방 간에 공유되어야 한다.

결합도는 느슨하게, 응집도는 높게

시스템간 통합을 위한 연동 기능의 개발은 대부분 필수적으로 하드코딩이 수반되는 추가적인 개발 작업이다. 더군다나 기본적으로 2개의 (혹은 그 이상) 공급업체와 1개의 고객사가 개입된다. 수행주체가 여럿이므로 본질적으로 난이도가 높은 SI(System Integration) 작업이다. (업계에서는 흔히 시쳇말로 "SI 프로젝트는 똔똔치면 다행"이라는 말이 있다)

이러한 상황에서 고객과 구축업체가 윈윈할 수 있는 원칙은 '시스템 간의 결합도를 느슨하게' 하자는 것이다. 즉 시스템 사이를 오가는 데이터는 최소화하고 그 프로세스도 최대한 단순하게 하라는 것인데, 이 원칙을 어기는 경우(즉 쓸데없이 복잡하게 설계할 경우) 구현도 힘들고 유지보수도 어려워져서 고객사든 공급업체들이건 가면 갈수록 여러 가지 부담을 안게 된다. 예를 들어 위와 같은 매우 단순한 연동모델에 있어서도, 설계 BOM이 ERP로 넘어가는 과정에서 오류라도 생기면 자칫 대형사고로 번질 수 있으며, 서로 얼굴을 붉히는 책임 소재 공방으로 비화될 수도 있다.

시스템 운영 : 시스템은 기계와 사람으로 구성된다.
대한민국 중소제조기업의 PLM은 마이크로소프트가 담당하고 있다?

PLM 시스템이 구축되어 있지 않은 회사라도 당연히 PLM 업무 프로세스는 (즉 제품 정보를 관리하기 위한 제반 업무들) 돌아가고 있다. 예를 들어 PLM의 핵심 데이터는 도면정보와 BOM 정보인데, PLM 시스템이 없는 회사의 경우 도면정보는 CAD 파일에, 설계 BOM 정보는 엑셀에서(혹은 CAD 파일 안에서) 관리된다. 설계변경통보와 같은 업무는 아웃룩을 이용하여 이메일로 수행된다. PLM의 중요 기능인 데이터의 축적과 공유는 MS 윈도우(Windows)의 공유폴더 기능을 사용한다.

사실상 PLM 시스템이 없는 중소제조기업의 PLM은 대략 마이크로소프트사가 책임지고 있는 것이다. PLM은 본질적으로 디지털 지적자산, 즉 파일관리가 중요한데, 윈도우라는 O/S의 근본은 파일관리 시스템이기 때문이다. (그래서 필자는 마이크로소프트야 말로 중소기업 PLM 시장의 숨은 강자라고 생각한다)

PLM 전략과 구축 가이드

작은 회사에서, PLM 시스템은 쉽게 우회 가능하다

물론 이들 MS의 오피스웨어들은 DB 기반이 아니라는 한계를 가지고 있으므로, 조직과 사업규모가 커지면 결국 전사 기간시스템으로서의 PLM 시스템 도입이 필요해지게 된다. (예를 들어 전사적인 파트마스터를 구축하려면 당연히 DB화가 필수이다) 그러나 솔루션 없이도 십수 년간 잘 일해왔던 현업 담당자들의 입장에서, 시스템 도입초기에 피치 못하게 수반되는 불편함을 적극적으로 감수하고 변화를 받아들이기는 쉽지 않다. (뭐든지 새로 도입되면 일단 깝깝해진다)

이 부분을 이해하는 것은 중요하다. 왜냐하면 특히 PLM 시스템의 경우는 기존 방식으로 비교적 쉽게 우회가 가능하고, 실제로 PLM 시스템 운영 초기에 일부 업무는 우회할 수밖에 없기 때문이다.

ERP 시스템의 경우, 시스템이 본가동하는 당일 시스템에 문제가 생기면 (예를 들어 회계나 자재수불에 문제가 생긴다고 하자) 업무가 마비되거나 돈계산이 안 맞아서 난리가 날 수도 있다. 그러나 PLM 시스템의 경우, 특히 작은 규모의 회사에서는 시스템이 본가동하는 날 이런저런 문제가 생겨도 의외로 조용히(?) 넘어가는 경우도 많다.(특히 PLM-ERP 연동이 없는 경우)

왜냐하면 수십년 쌓아왔던 도면 데이터를 시스템에 채워 넣으려면 앞으로 몇 달에서 심지어 몇 년이 걸리는 경우도 있으며, 따라서 시스템 가동 초기에는 보통 일부 데이터만 (예를 들면 신규 개발 건) PLM 시스템을 통해 이루어지기 때문에 기존 방식과 병행 사용을 할 수밖에 없다. 즉 시스템에 문제가 생겨도 업무는 비교적 쉽게 우회되어 돌아갈 동기와 여건이 충분하다.

조직내 구성원들의 이해관계 조율이 중요

사람은 개인별 이해관계(Personal Interest)를 가지고 있으며, 그래서 '이해당사자(stakeholder)'는 IT 프로젝트 용어이기도 하다. 시스템 도입에 따라 필연적으로 업무가 늘어나는 사람도, 줄어드는 사람이 존재하게 된다. 업무가 늘어나거나 불편해지는데 좋아할 사람은 없다.

만일 PLM 시스템이 계속 삐끗거린다면, 이런 분들은 기다렸다는듯이 시스템 사용의 불편함과 업무의 시급함을 내세워 PLM 시스템을 슬슬 우회하기 시작할 수 있다. 이러한 일이 반복되다 보면 많은 돈을 들여 구축한 PLM 시스템 자체가 결국 사장되는 경우도 적지 않다.

특히 중소제조기업의 경우, 시스템보다는 사람에 의존하는 경우가 많기 때문에 이러한 '시스템 우회'는 더욱 자연스럽게 이루어질 수 있다. 따라서 적어도 각 부서의 핵심 인력들 사이에서는 PLM 시스템이 회사의 혁신역량을 한 단계 높일 것이라는 확실한 공감대를 공유할 필요가 있다. 그러기 위해서는 현재 각각의 개인이 안고 있는 업무의 문제점들을 PLM으로 해결함에 있어서 이들이 서로 상충되지 않도록, 서로 간의 이해관계를 원활히 조율해 나가는 것이 무엇보다도 중요하다.

PLM 시스템은 '시스템'이며, 시스템은 기계와 사람으로 이루어진다. PLM은 본질적으로 정보계 시스템으로서, ROI를 계산하기 어려운 시스템이다. 그러나 확실한 것은, 사용하지 않는 시스템의 ROI는 0이다. PLM 시스템 도입의 성공은 사람에게 달려 있으며, 어쨌거나 대한민국 중소제조기업에 있어서는 사람만이 유일한 희망이요, 돌파구이다.

홍상훈 대표이사
싱글톤소프트 대표이사
shhong@singleton.co.kr
www.singleton.co.kr
www.plm.co.kr

PART 3

디지털 전환 시대의 성공적인 반도체 PLM 구축 전략

디지털 전환 프로젝트의 성공에 대한 관점 변화

본격적인 이야기 전에, 필자는 SI 사업자인 SK C&C 소속으로 일을 해오고 있으며 그 전에는 삼성 SDS에서 PLM SI 사업을 주로 해 오던 경력을 가지고 있다. 쭉 일해온 배경이 이렇다 보니, 이 글 역시 SI 사업자 관점에서 PLM 사업을 바라보고, 이야기를 하고 있다. 즉, 이 글의 초점은 '어떻게 하면 SI 사업자가 보다 더 성공적으로 PLM 사업을 수행할 수 있을까?'에 맞춰져 있다.

우선 한 가지 질문을 먼저 하고 싶다. 최근 주변에서 SI/디지털 전환 사업, 조금 더 좁게는 PLM 사업이 성공적으로 끝났다는 이야기를 들어본 적이 있는지? 나름 이 업계에 적게 있지는 않았는데, 실패했다는 이야기는 종종 들어봤어도 어디가 성공했다는 이야기는 참 듣기가 어려운 것 같다. 그런 반면에 최근 발사된 누리호의 경우에는 꼬마 위성이 미아가 되었음에도 불구하고 다들 성공했다며 칭찬과 격려가 쏟아지고 있다. 이쪽 바닥이 칭찬과 성공에 인색한 것일까? 왜 이렇게 우리에게만 뭔가 야박하게 성공의 잣대를 두고 있는 것 같다는 섭섭한 마음이 들까?

이 부분을 곰곰이 생각하다가 '고객'의 입장에서 한 번 생각해 보게 되었다. 프로젝트 단위로 생각하면 목표한 일정, 범위, 원가를 지켜 프로젝트를 마쳤다면 성공한 것이지만, 실상에서는 이렇게 평가하고 있지 않다. 왜일까? 그 이유는 이 프로젝트를 바라보는 관점이 고객과 SI 사업자 사이에 다른 점에서 기인한다고 생각한다. 고객은 이 프로젝트를 통해 회사의 어떤 '문제'를 해결하기 위한 것이었고, SI 사업자는 이 프로젝트를 잘 마치는 것에 시선이 가 있다. 그러다 보니, 고객은 이 프로젝트가 끝난 이후에 이 프로젝트를 통해 회사의 문제가 해결되어야 비로소 '성공'이라는 단어를 입에 올릴 수 있게 된다는 것을 알게 되었다. 즉, 서로가 바라보는 관점이 다르고 그 다른 관점 때문에 상호 간 합의되는 성공을 이루기에는 어려움이 있다는 점을 알게 되었다.

그런데 이런 흐름이 디지털 전환 시대가 되어 더욱 강화가 되었다. 이 '디지털 전환'이라는 말의 정의 자체가 '디지털 기술을 활용하여 회사의 타깃이 되는 문제를 해결하기 위해 크게는 비즈니스 모델부터 작게는 일하는 모습까지 여러 모습을 전환해 나가는 것'이라고 한다면, 앞에서 말한 고객의 관점이 더욱 강화되었다는 것을 알 수 있다. 이런 흐름이다 보니, 보다 이 SI 프로젝트가 비즈니스와 밀접하게 연결되었고, 고객의 참여도가 프로젝트의 성공에 더욱 큰 영향을 미치게 된 것이다. 왜냐하면 이 '전환'이란 것이 프로젝트를 마쳐서 달성하는 것이 아니라, 프로젝트를 마친 이후 지속적인

비즈니스 방향성에 맞게 변화 관리를 해 나가야 하는 것이고 이것의 주요 역할이 '고객'에게 있기 때문이다. 즉, 이 SI 프로젝트는 변화를 위한 '콘텐츠'를 제공하는 것일 뿐이고 그것을 성공으로 만들어 가는 주된 원동력은 고객의 변화, 전환을 위한 지속적인 의지가 그 핵심이 되는 것이다.

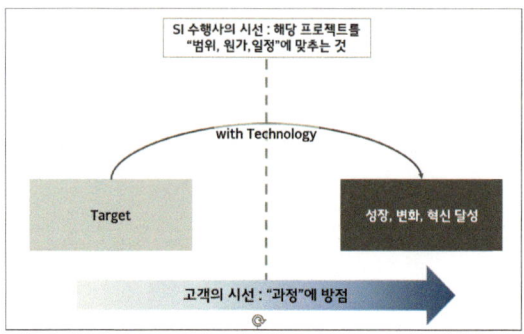

그림 1. 프로젝트를 바라보는 고객과 SI 수행사간 관점의 차이

하지만, 고객도 정말 이렇게 하고 싶기는 하지만 한계가 있다. 본인들은 그쪽 업에 대해서는 전문 지식을 가지고 있지만, IT/디지털 전환 지식에 있어서는 전문가가 아니기 때문이다. 그래서 성공적인 디지털 전환을 이루어 가기 위해서는 이전의 고객과 SI 사업자간 관계가 한 단계 더 나아가야 한다고 생각한다. 여기서 제안하는 것은 바로 'Business Driven Development & Maintenance'이다. 이전의 계약 관계로 용병 입장인 SI 사업자가 한 발 더 나아가 고객의 비즈니스를 깊이 이해하고, 파트너로서 초기 과제 기획부터 운영까지 함께 관여하는 것이다. 마치 같은 회사 내의 다른 부서처럼 말이다.

또 이를 위하여 고객은 SI 사업자를 계약에 기반한 갑을 관계로 보지 않고, 동반자로서 함께 협업해야 한다. 그리고 무엇보다 이 성공의 핵심은 '고객' 자신에게 있음을 명심하고, 각 프로젝트 단계마다 적극적으로 참여해 디지털 전환을 위하여 한 단계씩 나아가야 할 것이다.

반도체 산업에 맞는 PLM의 특성

이런 변화의 모습 속에서 SK C&C가 진행하고 있는 노력을 간단히 소개하고자 한다. 그 전에 반도체 PLM의 특성에 대하여 간략히 말씀드리고 넘어가야 할 거 같다.

우선 반도체라는 비즈니스의 특성이 디지털 전환을 가속화하는 촉매제 역할을 한다는 것이다. 반도체라는 제품의 특성 상, 보다 높은 세대의 기술력을 가진 반도체가 나올 수록 우리가 상상하던 미래를 현실화하게 해주는 역할을 한다. 그런데, 또 반대로 그런 디지털 전환의 가속화로 인하여 반도체 산업 자체도 조금씩 변화하고 있다. 특히 우리나라가 강점을 가지고 있는 메모리 반도체의 경우 인공지능(AI), 빅데이터, 자율주행 등 여러 산업에 대응하기 위하여 제품이 분기하고 있다. 전형적인 소품종 대량생산의 메모리 반도체 산업도 점차 다양한 품종과 특화 품종을 커버해야 하는 산업으로 바뀌고 있는 상황이다.

그런데 이 PLM이란 것의 특성은 어떨까? PLM은 많이들 알다시피 제품 개발 프로세스를 시스템화한 것이다. 그런데 그 제품 개발 프로세스는 어디서 나온 것일까? 바로 그 회사의 제품 판매 전략, 제품 개발 전략에 따라 제품 개발 프로세스가 상세화되는 것이다. 그리고 제품 판매 전략, 제품 개발 전략은 그 회사의 경영 전략 아래에서 나오고 있다. 즉, PLM이란 시스템은 톱다운(top-down)의 성격을 가지고 있는 시스템이라는 것이다. 회사의 경영 전략, 제품 개발 전략, 판매 전략이 바뀌면 PLM도 바뀌어야만 하는 태생적 운명을 가지고 있다. 실제로 PLM이 변화해 온 역사를 보면 CAD부터 현재의 PLM까지 비즈니스의 변곡점에 따라 함께 변화되어 왔음을 볼 수 있다.

그런데, 지금은 디지털 전환 시대라고 하면서 디지털

PART 3

기술을 가지고 비즈니스 모델을 변화시켜 보려는 노력을 많이 하고 있다. 바로 지금이 이 변곡점인 시대에 있는 것이고 이에 따라 PLM이 변화해야 하는 시대적인 운명을 맞이하고 있다. 하지만, 이런 톱다운적인 성격을 가진 PLM을 실제 개발 현장에서는 엔지니어의 VOC를 수집하여 요건을 정리하고 개발하는 보텀업(bottom-up)적인 개발 방식으로 구축하고 있다. 이렇게 되면 회사의 미래 제품 방향성과 개발 전략이 담기기보다는 현재의 불편함을 해결하기 위한 '사용성' 관점의 요건으로 정리될 수밖에 없다.

시대적으로 회사의 제품 개발 전략이 바뀌고 있어 더더욱 톱다운적인 관점이 필요한 시점에서 보텀업적인 관점으로 구축을 위한 요구사항을 수집하니, 막상 PLM이 다 개발된 후에 오픈하고 나면 회사의 방향성과 맞지 않는 또는 시대에 맞지 않는 시스템이 되어 버리는 상황에 처하게 되는 것이다. 보텀업 관점의 시스템 구축이 잘못됐다는 것이 아니라, 지금의 시기는 변화의 시기이기에 그 시기에 걸맞게 PLM 본연의 특성이 잘 들어가기 위한 관점이 추가되어야 하는 시기라는 것이다.

그러면 이런 특성이 반도체 PLM에는 어떻게 접목되었을까? 반도체 PLM의 가장 큰 특징은 '칩 설계'와 '공정 개발' 데이터의 유기적인 연계라고 할 수 있다. 그런데 여기에 최근의 트렌드와 제품 개발 방향성의 변화를 담기 위해서 한 가지 추가해야 하는 것이 생겼다. 세트(set) 제품의 '파생 제품' 관리를 위한 각종 기법이 반도체 PLM에도 일정 부분 추가되어야 현재의 제품 분기 및 단품과 복합품의 연계 등 반도체 비즈니스가 당면한 각종 제품 개발 단계의 이슈를 제대로 처리할 수 있다.

이러한 관점의 요건은 반도체 비즈니스만 경험해 본 분들이 생각하기에는 한계가 있다. 기존의 반도체 PLM 안에서 현재의 문제를 어떻게 풀지 고민하게 되기 때문이다. 또 반대로 세트 사업만 경험해 본 분들은 반도체 비즈니스만의 특성을 이해하는데 한계를 가지고 있다. 그래서 여러 비즈니스 도메인과 시스템에 경험이 있는 SI 사업자와 협업하고, 톱다운적인 비즈니스 요건을 만들어 가는 것이 지금의 이 전환기에 있어 필수적인 요소이다.

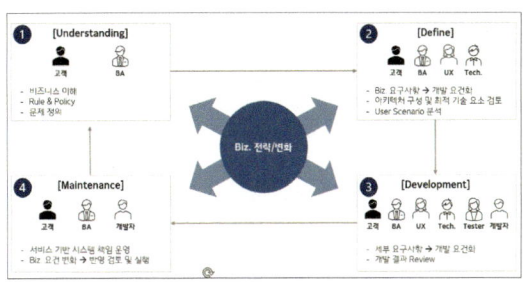

그림 2. Business Driven Development & Maintenance

반도체 산업 PLM의 구축 단계

이제부터는 어떤 관점으로 고객사의 PLM을 구축하였는지 소개하고자 한다.

우선 첫 번째 단계인 'Understanding' 단계에서 SK C&C는 고객사 PLM을 위하여 큰 투자를 결정하게 되었다. 그것은 반도체 전문가와 PLM 전문 인력을 외부에서 영입하는 것이다. 사실, PLM을 구축하는 데 있어 PLM 전문 인력까지는 몰라도 현업 전문가를 SI 사업에 정규직으로 투입하는 경우는 많지 않을 것이다. 하지만, 현재의 변화하는 SI 사업에 발맞추어 고객의 비즈니스를 보다 잘 이해하고, 이것에 맞는 PLM을 구축하기 위하여 설계, 공정 및 PLM 시스템까지 경험을 가진 현업 전문가를 영입하였고, 또 실제 반도체 산업에서 PLM을 가지고 전체 각 업무를 진행한 전문가를 영입하여 PLM 사업에 함께 들어가게 되었다. 이들과 함께 SK C&C는 'PI PMO' 역할을 맡았고, 컨설팅

사에서 PI 업무를 맡아 함께 협업하게 되었다. 이 과정을 통하여 고객사만이 가지고 있는 문화적인 특성을 어떻게 반도체 비즈니스 본연의 성격에 맞게, 그리고 앞으로 변화할 반도체의 제품 개발 특성에 맞출 것인가를 고객사, 컨설팅사, SI사가 함께 한 팀이 되어 고민하고 요건을 정리해 나갔다.

다음으로는 'Define' 단계로 이러한 요건을 충족하기 위해 실제로 어떤 기술을 활용할지, 어떤 요건을 먼저 개발할지 등을 정의하는 기간을 거쳤다. 이 과정에서 SK C&C가 집중한 부분은 마이크로 서비스 아키텍처(Micro Service Architecture : MSA)를 적용할 것인지 말 것인지에 대한 부분이었다. PLM에서 MSA를 적용한다는 것이 상당히 도전적인 과제였는데, 향후 고객사의 비즈니스 확장성과 연계성 등을 고려해 보았을 때 꼭 필요한 것이라고 판단하여 다소 부담이 되지만 MSA를 적용하기로 하였고, 이와 함께 고객사가 가지고 있는 프라이빗 클라우드에 PLM을 올리기로 하여 프라이빗 클라우드에 추가되는 각종 서비스와의 연계성을 통해 플랫폼 효과를 누려 보기로 결정을 하고 본격적인 개발 준비 단계를 마쳤다.

세 번째로는 'Development' 단계이다. 이것은 일반적인 구축 단계로서 고객과의 접점을 보다 늘리기 위하여 애자일(agile) 방법론을 도입하였고, 파일럿 오픈을 통하여 파워 유저들이 사용해 보는 기간 등을 거쳐서 최대한 고객과 접점을 늘려가기 위하여 노력했다.

마지막으로 'Maintenance' 단계이다. 이 부분의 방향성을 소개하자면, 그간의 유지보수 계약은 기능 포인트(function point) 기반의 MM 계약으로 이루어져 왔는데, 이제는 그 계약의 방식을 서비스 계약으로 바꿔서 SI 사업자가 보다 적극적으로 고객과 협업할 수 있는 구도를 만드는 것이다. 여기서 핵심이 되는 부분은 '비즈니스 서비스 매니저(business service manager)이다. 이 역할은 고객과 밀접하게 붙어서 고객의 변화의 방향에 발맞춰 현재의 시스템이 변화해야 할 부분을 체크하고 제안한다. 그간 고객의 요청에 의하여 시스템을 변화시켜 나갔다면, 이제는 고객이 이렇게 바뀌어 가고 있기에 우리 시스템이 변화해야 할 부분을 역으로 우선 제안하는 역할이라 할 수 있겠다.

맺음말

디지털 전환 시대에 고객은 디지털 기술을 기반으로 문제를 해결하고 변화하기 위하여 애쓰고 있다. 과거에도 그랬지만, 이제는 더더욱 이것이 생존의 문제가 되어가고 있다. 이런 상황 속에서 SI 사업자의 역할과 관점이 고객의 시선에 발맞추어 조금은 변화해야 하는 것이 아닌가 생각한다. 특히나 톱다운 성격이 강한 시스템인 PLM은 더더욱 그러한 경향성이 크다고 생각한다. 이렇게 고객과 SI 사업자간 상호간 역할의 변화와 협업이 유기적으로 이루어진다면, 앞서 언급한 '성공'에 대한 이야기가 업계의 여러 곳에서 꽃피우게 되지 않을까 하는 상상을 해 본다.

전성호 매니저
SK C&C
tjdgh0318@naver.com

PART 3

데이터의 지속적 활용을 가능하게 하는 디지털 스레드 전략

디지털 트랜스포메이션의 궁극적인 목표는 기업 전반의 디지털 의사결정 환경을 구현하는 것이다. 기업 내 핵심 조직의 업무 성과를 디지털 데이터로 나타내고 연결하여 유의미한 목표를 디지털로 표현할 수 있어야 한다. 그러나 이를 위해 IT 자산 투자에 우선순위를 부여하기가 어려울 만큼 제조기업의 조직과 프로세스는 복잡하다. 제조기업이 디지털 제조기업으로 거듭나기 위한 현명한 IT 투자는 디지털 트윈을 목표로 기반환경을 구축하는 것이 가장 이상적이다.

디지털 트윈을 구축하기 위한 필수 전제 조건은 다양한 형태의 상호 연관된 데이터 세트를 통합하는 것이며, 이를 디지털 스레드(Digital Thread)라고 정의한다.

디지털 스레드의 초기 개념은 엔지니어링 작업과 제조 작업 간의 사일로(Silo)된 순환 고리를 완성하는 데 중점을 두며 발전되어 왔다. 이러한 과정을 거쳐 이제는 IoT를 통해 현장에서 스마트 커넥티드(Connected) 제품에 대한 데이터를 수집하고, 증강현실을 통해 일선 근로자의 업무도 디지털화된 환경에서 작업할 수 있게 되었다. 또한 디지털 스레드는 제품과 사람까지도 연결할 수 있도록 확장되었으며, 클라우드 컴퓨팅 및 SaaS 솔루션을 통해 더 많은 사람들이 물리적 거리의 환경을 극복하고 부서 및 기업 간의 협업이 가능하도록 환경을 제공해준다.

사일로 시스템의 보편적인 문제점

사일로 정보 시스템과 해당 아키텍처로 인해 발생하는 프로세스는 더 이상 품질 및 효율성에 대한 혁신이나 기대치에 보조를 맞출 수 없다. 사일로 구조의 시스템과 이를 포괄하는 프로세스는 본질적으로 제품수명주기의 거의 모든 단계에서 중복된 작업, 다양한 정보 소스, 데이터 접근 불가능으로 인해 마찰과 품질 문제를 야기한다.

■ **중복된 작업** : 부서 간에 그리고 시스템 간에 정보를 수동으로 전송하면 시간이 많이 걸리고 오류가 발생하기 쉽다. 또한 여러 부서에 걸쳐 이루어지는 정보 프로세스가 복잡해지기 때문에 각 시스템을 최신 상태로 유지하기 위해서는 수시로 데이터를 수동으로 **복제해야** 하는 상황이 발생한다. 이러한 작업으로 인해 직원들이 본연의 업무에 집중하지 못하고 엄청난 시간을 낭비하는 것은 물론 데이터의 무결성이 위태로워질 수도 있다.

■ **여러 정보 소스** : 사일로 시스템 간에 데이터를 복제해야 하는 경우, 여러 개의 정보 소스가 발생하여 부서 및 조직 전반에 걸쳐 목표 및 활동이 올바르게 수행하지 못할 수 있다. 이러한 '정보 소스'는 특정 시점에서 정보의 스냅샷을 나타내는 역할밖에 하지 않지만 정

보는 끊임없이 변한다. BOM, 도면, 고객의 요구사항, 서비스 절차 등이 바뀌기 때문이다. 시스템 전반에 걸쳐 일관성을 보장하는 디지털 프로세스가 없다면 많은 '정보 소스' 중 하나에 접근하는 모든 활동이 오래된 정보나 완전히 잘못된 정보를 기반으로 이루어질 위험이 있다.

■ **데이터 접근 불가능** : 사일로 시스템은 의사결정을 개선하고 가속화할 수 있는 데이터에 대한 적시 접근을 방해한다. 어떤 경우에는 특정 역할이나 기능에 대한 데이터 접근을 제한하는 보안 프로토콜에 막히기도 한다. 이러한 접근 방식 때문에 제품 수명 주기 내 기능에서 정보 병목 현상이 발생하거나 관리자가 데이터 거버넌스를 제대로 운영하지 못할 수 있다.

사일로 시스템의 문제점은 제조 조직 내 거의 모든 기능에서 어떤 형태로든 나타난다. 구매 관리자가 엔지니어링과 긴밀하게 협력하지 않으면 최적의 공급업체 대신 여러 공급업체로부터 부품을 주문함으로써 물량을 효율적으로 확보하지 못하고 재고 처리에 어려움을 겪게 된다. 공급망 관리자가 서비스 및 제조의 지원을 받지 못하면 잘못된 재고 결정을 내려 부품 재사용률이 낮아지고 재고 수준이 높아진다. 공장 기획자가 신제품 개발 팀과 긴밀하게 협업하지 않으면 제품 설계 변화에 즉각적인 대응이 어렵기 때문에 결국 출시 날짜를 맞추지 못할 수 있다. 이러한 유형의 문제들은 실제로 만연하고 빈번하며 기업 전체의 활동 품질과 효율성에 막대한 영향을 미친다.

디지털 트윈 구현의 핵심이 되는 디지털 스레드

디지털 스레드는 제품, 사람, 프로세스 및 장소를 최적화하기 위해 디지털 세상과 물리적 세상 사이에 순환 고리를 완성한다. 디지털 스레드를 구성하는 디지털 소스 데이터는 단순히 컴퓨터 언어의 표현 이상의 의미를 갖는다. 객관적으로 의사결정을 내릴 수 있는 모든 근거를 디지털화 하여 기록으로 남기는 것이다. 제품을 만드는 제조기업의 경우 엔지니어링에서부터 디지털 스레드가 시작된다.

시스템, 요구 사항, 모델, 기계, 전기, 소프트웨어 및

그림 1. PTC가 제안하는 디지털 스레드 환경 및 효과

PART 3

제품 구성에 대한 디지털 정의가 엔지니어링에서 생성된다. 파생모델 관리, 설계 검증, 실시간 시뮬레이션, 프로토타입 제작 등의 디지털 데이터를 가지고 제조, 운영, 마케팅 등 유관 부서에서는 생산 및 판매를 위한 다양한 활동에 대해 미리 준비하고 의사결정을 내린다. 또한 유관부서의 개별 활동을 통해서도 디지털 데이터가 생성되며 이때 생성된 데이터들은 엔지니어링 부서 데이터를 기반으로 서로 연결되는 의미를 갖게 된다.

예를 들어 제품 개발에서 설계부서가 만들어낸 3D CAD 데이터와 BOM 정보는 구매 부서의 부품 구매 및 생산 부서의 생산 기준정보로 활용되고 부품 구매정보와 생산정보는 다시 디지털화 되어 기록으로 남는다. 이때 모든 부서에서 발생하는 제품관련 디지털 데이터를 서로 연결하면 가상의 디지털 제품정보로 구성할 수 있다. 설계부서 데이터, 구매 데이터, 생산 데이터를 디지털 데이터로 연결할 수 있다면 우리는 설계부터 생산까지의 모든 절차가 진행되는 동안 나타날 수 있는 손익에 대해서 빠르게 예측하고 대응할 수 있다.

제품과 프로세스의 엔드-투-엔드 흐름

제품의 수명 주기에서 활용되는 디지털 툴과 프로세스가 연결되면 한 활동에서 얻은 지식을 업스트림과 다운스트림으로 공유하여 다른 활동에 참조할 수 있다. 이를 'closed loop(순환 고리)'라고 정의한다. Closed loop 형태의 디지털 스레드는 메가트렌드로 떠오르고 있는 ▲애자일 소프트웨어 혁신 ▲모듈러 플랫폼 ▲커넥티드 매뉴팩처링 ▲커넥티드 서비스 ▲지속가능성 향상을 가능하게 한다. 부서 간 데이터 연속성과 기능 간 협업이 가능해져 제품, 물리적 프로세스가 개선되며 모든 단계에 관련된 사람들의 경쟁력을 강화할 수 있다.

제품 및 프로세스 정보의 이러한 엔드 투 엔드 흐름을 달성하는 조직은 모든 수준의 직원에게 적절한 시간과 장소에서 쉽게 사용할 수 있는 방식으로 실행 가능한 인텔리전스를 제공한다.

이 비전을 실현하기 위해서는 다음 세 단계를 진행해야 한다.

> 1. 먼저 가치 사슬 전반에 걸쳐 제품 정보의 기존 사일로를 데이터에 대한 가시성을 확보하는 방식으로 구성한다. 구체적으로 공장과 현장의 자산을 연결하고 엔지니어링 분야에서 강력한 디지털 기반을 구축하여 이질적인 툴, 방법 및 프로세스를 통합하고 거버넌스 및 추적성과 함께 제품 정의의 SSOT(Single Source of Truth)를 설정한다.
>
> 2. 업무와 부서 간의 교차점을 연결하여 기존 경계를 넘어 정보를 전파하고 협업을 촉진한다. 예를 들어 엔지니어링 팀과 제조 팀, 서비스 팀 간의 연결을 설정하여 운영자와 기술자가 항상 최신 작업 지침을 받을 수 있도록 하는 방식이다. 이는 운영자를 위한 작업 지시 데이터 또는 기술자를 위한 서비스 기록 등 다른 관련 데이터와 함께 제공된다. 교차점이 연결되면 사일로 시스템의 일상적인 문제를 해결할 수 있다.
>
> 3. 순환 고리를 완성하고, 물리적 세상을 디지털에 다시 연결하고, 전통적으로 이질적인 그룹 간에 지속적인 피드백이 필요한 새 프로세스를 도입힌다. 서로 다른 기능과 부서 간에 순환하는 피드백이 가능해지면, 유지보수가 불가능하거나 엄청난 비용이 소요되는 것을 막을 수 있다. 기업에서는 보다 고객 중심적인 제품을 만들고 제품 품질을 개선하며 새로운 비즈니스 모델을 실현할 수 있는 기회를 얻을 수 있다.

디지털 트윈을 이해할 때 3D CAD 데이터와 같은 형상을 쉽게 떠 올린다. 디지털 트윈 엔지니어링 부서의 3D CAD 데이터 외 디지털로 표현되는 모든 것을 포함한다. BOM으로 표현되는 제품 구성관계, 고객선호도를 수치로 표현한 객관적인 자료, 생산 품질의 지

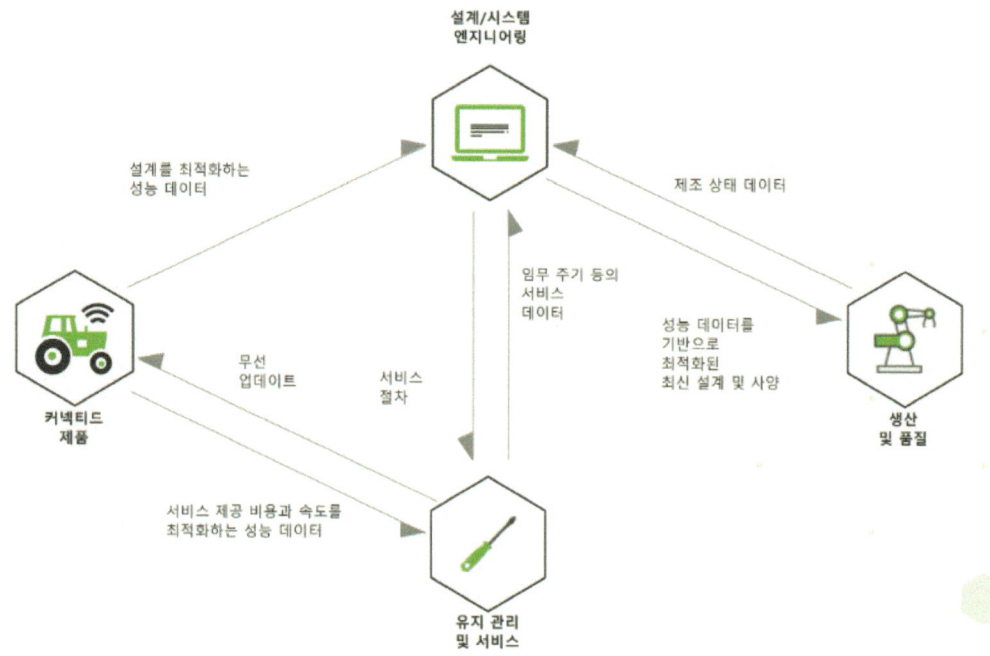

표 등 다양한 디지털 데이터가 있어야 보다 완벽한 디지털 트윈이 만들어진다. 엔지니어링 부서를 기준으로 출발한 디지털 데이터는 다양한 이해관계 부서가 이를 활용하고 추가적인 디지털 데이터를 발생시키며 발생된 모든 데이터의 추적성과 재사용성을 부여하여 기업 내 조직에서 활용한다면 보다 객관적이고 공정한 의사결정이 가능해진다.

디지털 스레드의 기반이 되는 엔지니어 부서의 프로세스는 매우 다양하고 복잡하다. 엔지니어링 부서의 모든 활동을 개별 도구로 디지털 전환하려면 상당히 많은 비용이 소요되며 데이터 상호간의 연결이 매우 어려워 결국 디지털 전환에 실패하는 경우가 많다. 엔지니어링 단계에서 주로 활용되는 디지털 도구들은 3D CAD, 소프트웨어 개발도구, 시스템 모델링 도구 등 다양하며 설계변경 프로세스를 중심으로 이러한 도구들을 활용하게 된다. 엔지니어링 환경에서 사용되고 발생되는 다양한 디지털 데이터는 PLM을 중심으로 엮을 수 있다.

PTC의 윈칠(Windchill)과 같은 싱글 소스 기반 PLM은 산업표준의 다양한 기능과 프로세스를 담고 있어서 엔지니어링 환경의 데이터 통합 및 연결을 보다 신속하고 효율적으로 구현할 수 있다.

엔지니어링 데이터 중심의 PLM을 코어 또는 익스텐디드(Extended) PLM이라고 본다면 여기에 저장된 데이터들은 유관부서 시스템에 저장된 디지털 데이터와 연결이 되어야 한다. 유관부서 시스템의 데이터와 상호 연동이 되어 기초 데이터로 재사용이 가능하도록 하는 것이 커넥티드 PLM의 역할이며, 디지털 스레드 구현의 핵심 기반이 된다.

디지털 스레드 기반의 디지털 제품 모형

커넥티드 PLM은 단순히 시스템 인터페이스의 범주로 구현되는 것이 아니다. 예를 들어 설계 프로세스가 시작될 때, 영업이나 마케팅을 통해 시장 조사에서 취득한 요구 사항들이 스펙 사양에 반영된다. 이러한 내

용을 표현할 수 있는 대표적인 방법이 엑셀, 워드 등의 도구인데, 이러한 문서화 데이터는 디지털 트랜스포메이션의 여정에서 디지털 도구의 산출물로 활용하기 어렵다. 재사용성 및 가공성이 부족하고 다른 사람들이 이해하기도 쉽지 않기 때문이다.

이러한 정보를 체계화하기 위해 요구사항을 수집하는 단계에서 요구사항 관리 시스템을 도입하고, 요구사항 데이터에 맞추어 3D 설계와 같은 설계 업무를 진행한다. 이때 사용되는 3D CAD는 물리적인 목업(mockup) 대신 디지털 프로토타입을 생성함으로써 개발 비용을 상당 부분 절감하고, 디지털로 저장된 요구사항과 3D CAD 부품의 상세한 부분까지 상호 연동이 되어 개발과정 중에 발생되는 문제로 인해 영향을 받는 설계활동을 신속하게 찾아내도록 해준다. 만약 요구사항이 워드 문서로 작성되어 있다면 어떤 설계가 해당 요구사항과 관련 있는지를 찾기 위해 상당히 많은 시간을 할애해야 한다.

CTQ(Critical to Quality)는 CAD부터 제조공장까지 연결되는 디지털 스레드의 대표적인 사례이다. 3D CAD와 E-BOM/M-BOM, 공정 BOM 및 설계변경 프로세스를 단일 PLM 시스템에 담으면 3D CAD에 적용한 품질핵심기준은 디지털 데이터화 되어 생산 공정계획까지 신속하게 연결되어 전달된다. 시스템화 되어 있지 않는 CTQ 프로세스는 많은 운영비용과 오류를 초래하며 이는 결국 품질 비용으로 나타난다. 그러나 디지털 스레드로 구현된 CTQ 환경은 공정상 나타날 수 있는 품질 문제를 사전에 제거하고 모든 조직 참여자가 공동의 품질 의사결정을 할 수 있도록 해줄 수 있다. 가상의 디지털 CTQ와 같은 디지털 스레드로 엮은 디지털 데이터 모형이 결국 디지털 트윈의 모습이라고 이해할 수 있다.

디지털 모형은 단순히 시스템을 연결하는 인터페이스 기술만으로는 만들기 어렵다. 디지털 모형을 제작하기 위해서는 다양한 디지털 데이터의 수집기술과 가공기술이 필요하다. 디지털 트윈은 원천데이터의 모음이 아니라 원천데이터를 통해 의미 있는 연결고리를 만들고 이를 통해 최종적으로 원하는 정보의 형태로 가공이 되어야 한다. 커넥티드 PLM은 이러한 데이터 모형 가공기술을 포함하고 있으며 PTC는 윈칠(Windchill) PLM과 더불어 씽웍스(Thingworx) 플랫폼을 이용하여 데이터 모델 가공기술도 함께 제공하고 있다.

엔터프라이즈 기반 디지털 스레드의 구현

볼보(Volvo)는 이러한 엔터프라이즈 기반의 디지털 스레드 전략을 성공적으로 구현한 기업 중 하나이다. 다양한 유형의 차종을 개발하고 판매하는 제조업체인 볼보는 방대한 옵션들에 대한 사양을 관리하는 효율적인 방법을 고민해왔다. 사양 조합에 따라 다양한 BOM이 생성되고, 여기에 맞춰 생산 준비를 하고, 제품을 만들어야 고객이 원하는 사양의 제품 출시로 이어지기 때문이다.

첫 번째로 착수한 작업은 다양한 차종 별 제품 개발 정보에 대한 프로세스 데이터 저장 및 관리의 연결을 위해 싱글 소스 기반의 PLM 솔루션 윈칠(Windchill)

로 디지털 스레드 환경을 구현한 것이다. 이를 통해 데이터 인터페이스 개발 리스크를 최소화했을 뿐만 아니라 신기술 접목, 제조, 품질 영역 확대 등 데이터 활용성을 극대화했다.

이후 여기에서 나오는 데이터들을 기준으로 디지털 작업지시서를 생성하여 현장에 작업자가 실제로 현장에 업무가 익숙해질 때까지 가장 효과적인 방법으로 교육하기 위해 증강현실 기술을 활용했다. PLM에서 나오는 제품 데이터 중 조립품질과 관련된 데이터를 증강현실을 통해 업무 담당자에게 제공하는 것이다. 볼보가 가지고 있는 다양한 제품의 조립품질을 맞추기 위해서는 수많은 품질 전문가의 현장교육이 필요하며 이는 기업경영의 리스크로 반영되기도 한다. 볼보는 원칙을 통해 저장 연결된 디지털 기준데이터를 생산 현장에서 조립한 실물 제품에 증강하여 품질 담당자에게 제공함으로써 품질 전문가 양성에 필요한 교육 시간을 기존 5주에서 2주로 대폭 단축하였다.

그리고 이러한 과정을 KPI 측면에서 관리하고, 데이터를 가공하여 다시 경영에 활용할 수 있도록 사용자 역할 기반 앱을 사용했다. 복잡하고 다양한 제품 정보로 구성된 디지털 트윈 환경에서 관리자가 원하는 데이터만 손쉽게 필터링하는 것인데, 이를 위해서는 싱글소스 기반에서 제품 기준 데이터를 연결하고 디지털 모형으로 모델링을 수행하는 커넥티드 PLM이 효과적인 역할을 했다.

제조혁신을 위한 플랫폼 접근법

제조 혁신을 위한 디지털 스레드 구축은 단일 솔루션이나 툴을 사용하는 대신 플랫폼 형태의 접근방식이 유리하다. 배달 사업을 비유로 들자면, 자영업자들 스스로 모바일 주문을 접수하고, 자동으로 결제 처리하는 등의 새로운 IT 시스템을 구축하려면 많은 시간과 비용이 들지만, 배달 플랫폼과의 계약을 통해 이런 어려움을 쉽게 해결할 수 있다. 제조업체들을 위한 IT 파트너인 PTC는 그동안 공급해온 제품들을 플랫폼 개념으로 전환하여 고객들을 지원하고 있다. 단순히 설계를 CAD 툴, 혹은 BOM 관리를 위한 PLM이 아니라 데이터를 모아 디지털 트윈 환경을 구축하고, 이에 따른 역량들을 앱으로 제공하며, 여기에 연동되는 증강현실 기술 또한 플랫폼으로 공급하고 있다.

기업 디지털 트윈 모델을 기반으로 한 정교한 데이터 서비스와 이를 위한 합리적인 IT 투자로의 플랫폼 활용은 IT 자산 운영의 유연성을 높이고 유지보수, 관리의 측면의 부담을 덜 수 있다. 자체적으로 IT 시스템 구축 운영이 가능한 기업도 디지털 트윈을 기반으로 한 디지털 데이터 서비스를 운영하려면 플랫폼을 활용하는 것이 더 합리적일 수 있다.

PTC와 같은 디지털 스레드 구축경험이 풍부한 플랫폼 제공업체와의 협력은 기업내 IT 자산가치를 더 높이고 성공적인 디지털 트렌스포메이션 전략 수립을 위한 안정적인 선택이 될 것이다. 뉴-노멀과 함께 미래에 대한 불확실성이 더 커진 지금, 지속적으로 공존할 수 있는 합리적인 디지털 환경 전환과 투자로 올바른 기업생존의 통찰력을 확보할 때이다.

이봉기 상무
PTC코리아
bonlee@ptc.com

PART 3

PLM 구축시 선택 기준과 유형별 비교

PLM 구축 시 선택의 기준은 무엇일까?

PLM을 구축할 때 선택의 기준은 기업마다 산업마다 다양한 경향을 띤다. 하지만 주요 의사결정의 큰 요소는 기능, 가격, 신뢰도(구축경험)이다.

> 세부적으로 보면 첫째, 비즈니스 목표를 수립하여 PLM 도입하려는 목표를 명확히 해야 한다. 제품 개발 속도 향상, 품질 향상, 비용 절감, 제품 혁신 등과 같은 비즈니스 목표가 중요한 선택 기준이 된다.
> 둘째, 기능과 기능 확장성이다. PLM 소프트웨어가 제공하는 기능과 그 기능들이 어떻게 확장 가능한지 고려해야 한다. 회사의 현재 요구사항과 장기적인 필요성을 고려하여 선택한다.
> 셋째, 사용자 요구사항이다. 이 부분은 요구사항을 개발할 것이 아니라 먼저 요구사항의 목적을 정확히 이해하는 것이 중요하다. 절차 즉 프로세스를 분석하고 PLM 솔루션이 가지고 있는 베스트 프랙티스를 기반으로 우선 스토리보드를 만들고 Use case를 만든다. 어떤 부분은 사용자를 설득이 필요할 수도 있다. 그래서 원하는 목적에 부합하도록 뭐가 필요한지 세세하게 알아보는 것이 중요하다.
> 넷째, 통합성이다. 가급적 솔루션에서 제시하는 베스트 프랙티스를 따라가는 것도 좋은 방법이다. 향후 업그레이드와 지속성, 최신성을 유지하기 위해서이다.
> 다섯째, 비용과 ROI(투자대비효과)이다. PLM 구축과 유지 관리 비용을 고려하고, 이를 투자 대비 효과와 비교하여 경제적 가치를 확인한다.
> 여섯째, 신뢰성과 지원이다. 솔루션 제공업체의 신뢰성, 기술 지원 및 교육 서비스도 고려되어야 한다.
> 일곱째, 보안과 규정 준수 요구사항에 대한 충족 여부이다.

> 마지막으로 확장성과 미래에 대한 대비이다. 기업의 성장과 미래 요구사항에 대응할 수 있는지 고려해야 한다.

PLM 구축 유형별 비교

PLM 구축 유형을 네 가지로 분류해 보았다. 신규 도입, 스타트업용, 업그레이드, 재구축(마이그레이션)으로 각각의 특징과 고려사항을 11가지 비교 요소를 기반으로 비교 분석해 보았다.

〈표 1〉은 챗GPT(ChatGPT)의 도움을 받아서 정교한 질문을 활용하여 정리해 보았다. 참고로 챗GPT에 '비서6. PLM 전문가'라는 인스턴스를 활용하여 PLM 관련된 내용을 내가 원하는 방향과 내용으로 답변이 이루어지도록 지속해서 업데이트하고 학습시키는 중이다. 이러한 부분을 보면 챗GPT가 기존에는 없는 커다란 혁명을 가지고 왔다고 볼 수 있다.

신규 도입

PLM을 신규로 도입할 때 고려해야 할 주요 사항은 다음과 같다.

클라우드 기반, ERP 연계 및 산업별 고려사항도 함께 고려한다. 클라우드 기반 PLM 고려사항은 첫째, 비용 효율성으로 클라우드 기반 PLM은 초기 투자 비용을 낮출 수 있다. 둘째, 확장성 측면에서는 클라우드 PLM은 필요에 따라 확장 가능하므로 미래의 성장을

지원한다. 셋째, 접근성 측면에서는 언제 어디서나 접근 가능하여 원격 작업 및 협업을 강화한다.

ERP 연계 고려사항은 첫째, 통합 측면에서, PLM과 기업의 ERP 시스템을 통합하여 제품 데이터의 일관성을 유지하고 제품 개발 및 생산 프로세스를 효율화한다. 둘째, 데이터 일치 측면에는 PLM 및 ERP 간 데이터 일치 및 동기화를 보장하여 오류를 방지하고 생산성을 높인다.

산업별 주요 고려사항으로 자동차 산업은 제품 디자인, 공학 및 제조 프로세스를 통합하여 빠른 개발과 고품질 제품을 만들 수 있도록 PLM을 활용한다.

항공우주 산업분야에서는 엄격한 규정 준수 및 제조 품질 관리가 중요하므로 PLM이 품질 및 규정 준수를 강화하는 데 도움이 된다.

의료기기 산업분야에서는 PLM을 사용하여 제품 생명주기를 관리하고 의료 규정을 준수하는 데 중점을 둔다. 전자 제품 산업분야에서는 PLM을 사용하여 짧은 제품 라이프사이클을 단축하고 혁신을 촉진한다. 비즈니스 목표와 요구 사항 측면에서는 PLM 도입의 목적을 정의하고 비즈니스 요구 사항을 명확히 파악해야 한다. 또한, 보안과 규정 준수 측면에서는 데이터 보안 및 관련 규정 준수를 고려하여 PLM 솔루션을 선택해야 한다. 사용자 교육은 OOTB 기반 PLM 시스템을 사용하는 사용자들에게 교육과 훈련을 제공하여 시스템을 효과적으로 활용할 수 있도록 한다. 이러한 요소를 고려하여 PLM을 도입하면, 제품 개발과 생산 프로세스

표 1. PLM 구축 유형별 비교 (feat. ChatPGT)

NO	비교 요소	신규 도입	스타트업	업그레이드	재구축(migration)
1	데이터 마이그레이션	기초 데이터 입력 필요	초기 데이터 입력 필요	적용 및 검증 필요	전체 데이터 마이그레이션 필요
2	비즈니스 프로세스 재설계	주요 프로세스를 설계함	초기 설계 및 구체화 필요	프로세스 개선 및 적용	기존 프로세스 전체 재구축
3	시스템 선택	전체 시스템 선택	적절한 시스템 선택 필요	현재 시스템 유지 또는 변경	새로운 시스템 선택
4	사용자 교육	기초 교육 및 교육 계획	초기 교육 및 지속적 교육	변경점 위주의 교육	전체 시스템에 대한 교육
5	보안 및 규정 준수	기본 설정 및 정책 적용	기본 정책 및 보안 적용	보안 규정 업데이트 필요	보안 및 규정 재적용 필요
6	테스트	전체 시스템 테스트	전체 시스템 테스트 필요	업데이트된 부분 테스트	새로운 시스템 전체 테스트
7	연속적인 모니터링	모니터링 계획 구축	초기 모니터링 필요	지속적인 모니터링 필요	지속적인 모니터링 및 점검
8	버전 관리	최신 버전 도입	초기 버전 도입 및 관리	업데이트 및 최신화 필요	새로운 버전 관리 필요
9	비즈니스 연속성	작업 중단 최소화 계획	초기 환경 설정 중단 최소화	시스템 전환 시 중단 최소화	전환 중 서비스 중단 관리
10	변경 관리	변동사항 계획 및 대응	초기 설정 변경 관리	변경사항 반영 및 통보	시스템 전환 후 변경 관리
11	ERP 연계	연계 아키텍처 및 계획	초기 연계 구축 및 테스트	연계 부분 검토 및 개선	새로운 연계 아키텍처 설계

PART 3

를 효율화하고 경쟁력을 향상할 수 있다.

스타트업

스타트업 회사의 주요 특성은 다음과 같이 요약할 수 있다.

첫째, 창의성과 혁신으로 스타트업은 새로운 아이디어와 혁신을 추구하며, 기존 시장에서 새로운 접근 방식을 모색한다.

둘째, 자원 부족으로 스타트업은 자금, 인력, 기술 및 인프라 측면에서 자원이 제한되어 있다.

셋째, 고속 성장의 기회로 많은 스타트업은 짧은 시간 내에 빠른 성장을 경험하고 시장에서 경쟁력을 확보하려고 노력한다.

넷째, 위험과 불확실성으로 스타트업은 미래가 불확실하며 실패 가능성이 높기 때문에 경영적인 위험을 감수해야 한다.

다섯째, 비용 효율성 측면에서 자금 부족으로 비용을 최소화하면서 효과적으로 운영해야 한다.

여섯째, 시장 적응력으로 스타트업은 시장 변화에 민첩하게 대응하고 고객 요구에 신속하게 조정할 수 있어야 한다.

일곱째, 비즈니스 모델 검증으로 초기에는 비즈니스 모델을 실험하고 수정하는 과정이 필요하며, 시장 수용성을 확인해야 한다.

여덟째, 팀 협력으로 작은 팀이 협력하여 다양한 역할을 수행하고 회사의 성공을 위해 힘을 합친다.

아홉째, 자기 주도성으로 스타트업의 창업자와 팀은 자신들의 목표와 비전을 추구하며 자기 주도적으로 일한다.

열째, 자금 조달과 투자 유치를 통해 성장과 확장을 위한 자본을 확보한다.

이러한 특성들은 스타트업이 독특한 환경에서 경쟁하고 성공하기 위해 고려해야 할 중요한 요소로서, 이를 기반으로 스타트업에서 PLM 도입 시 고려해야 할 주요 사항은 다음과 같다.

첫째, 비용 효율성으로 예산이 제한적일 수 있으므로 비용 효율적인 PLM 솔루션을 선택해야 한다. 클라우드 기반 PLM 시스템은 초기 비용을 낮추고 유지 보수 비용을 최소화하는 데 도움이 될 수 있다.

둘째, 빠른 설치와 적용으로 제품을 빠르게 시장에 내놓아야 할 때가 많다. 빠른 설치와 적용이 가능한 PLM 솔루션을 선택하여 제품 개발과 출시를 가속화한다.

셋째, 클라우드 기반 PLM은 하드웨어 관리 부담을 줄여주고 언제 어디서나 접근할 수 있어 원격 작업과 협업을 강화한다. 또한 빠른 배포가 가능하다.

넷째, PLM 솔루션의 버전 관리 및 업그레이드가 용이해야 한다. 최신 기능과 보안 패치를 쉽게 적용할 수 있어야 한다.

다섯째, 확장성으로 선택한 PLM 시스템이 스타트업의 성장을 지원할 수 있도록 확장 가능해야 한다.

여섯째, 베스트 프랙티스 적용으로 PLM 도입 시 업계 내 베스트 프랙티스를 고려하고 적용한다. 이는 효율성을 높이고 오류를 최소화하는 데 도움이 된다.

일곱째, 사용자 편의성과 교육 측면으로 사용자들이 PLM 시스템을 쉽게 사용할 수 있도록 사용자 인터페이스와 교육 자료를 고려한다.

여덟째, 비즈니스 요구 사항으로 스타트업의 비즈니스 목표와 요구 사항을 명확히 이해하고 PLM 시스템을 그에 맞게 구성해야 한다. 이러한 고려사항을 고려하여 PLM을 도입하면, 제품 개발 및 관리 프로세스를 효율화하고 경쟁력을 확보하는 데 도움이 될 것이다.

업그레이드

2010년대 구축한 회사 중에는 상당수가 많은 개발을 한 경우가 많다. 그 당시에는 개발이 일반화되고, 사용자 요구사항을 수렴해서 시스템 구축을 하던 시절이

라 프로젝트마다 개발 건수가 많았다. 이런 상태에서는 업그레이드가 쉽지 않았고, 시스템 구축 후 거의 8년~10년 정도 유지하면서 차세대 PLM을 고려하는 경우가 많다. 이럴 경우, PLM 시스템을 업그레이드할 때 고려해야 할 주요 사항은 다음과 같다.

첫째, 비즈니스 목표와 요구 사항 측면에서는 업그레이드 목표를 명확히 정의하고 비즈니스 요구 사항을 파악해야 한다. 어떤 기능을 향상시키고 어떤 문제를 해결하려는 지를 명확하게 이해한다.

둘째, 시스템 호환성 측면으로 현재 사용 중인 PLM 시스템과 업그레이드할 시스템 간의 호환성을 확인한다. 데이터 및 사용자 계정의 이전이 원활하게 진행될 수 있도록 한다.

셋째, 데이터 이전 및 백업 측면에서는 업그레이드 전에 모든 중요한 데이터를 안전하게 백업해야 한다. 또한 데이터의 원활한 이전을 위한 계획을 수립한다.

넷째, 사용자 교육측면에서는 새로운 기능 및 변경 사항에 대한 사용자 교육을 제공해야 한다. 업그레이드 후에도 시스템을 효과적으로 사용할 수 있도록 한다.

다섯째, 테스트 측면에서는 업그레이드 전에 시스템을 테스트하고 버그 및 문제를 식별하고 수정한다. 실제 운영 환경에서 문제가 발생하지 않도록 한다.

여섯째, 보안 고려 사항으로는 업그레이드 시 보안을 강화해야 한다. 최신 보안 패치를 적용하고 데이터 보호를 강화한다.

일곱째, 비즈니스 연속성 측면으로는 업그레이드 작업 중에도 비즈니스 연속성을 유지해야 한다. 업그레이드 작업이 사용자나 프로세스에 미치는 영향을 최소화한다.

여덟째, 베스트 프랙티스 적용 측면에는 업그레이드 시 업계 내 베스트 프랙티스를 따른다. 이는 시스템 효율성을 높이고 오류를 최소화하는 데 도움이 된다.

아홉째, 업그레이드 계획은 업그레이드 작업에 대한 명확한 일정 및 계획을 수립한다. 업그레이드가 비즈니스 영향을 최소화하고 원활하게 진행될 수 있도록 한다.

열째, 솔루션사 지원 측면으로 업그레이드 작업을 위해 PLM 소프트웨어 솔루션사의 지원을 활용한다. 기술 지원 및 업그레이드 서비스를 받을 수 있도록 한다.

이상과 같이 PLM 시스템의 업그레이드는 기업의 제품 개발 및 관리 프로세스를 향상시키는 데 중요한 단계이다. 이러한 고려사항을 고려하여 업그레이드를 신중하게 계획하고 실행하면 효과적일 것이다.

재구축(migration)

타사 PLM 솔루션을 다른 솔루션으로 대체하는 PLM 시스템 재구축(마이그레이션) 시 고려해야 할 주요 사항은 다음과 같다.

첫째, 데이터 마이그레이션 측면으로 기존 PLM 시스템에서 사용 중인 모든 데이터를 새로운 시스템으로 안전하게 이전해야 한다. 또한, 데이터의 정확성, 무결성 및 일관성을 보장하며 중요한 정보의 손실을 방지해야 한다.

둘째, 비즈니스 프로세스 재설계 측면으로 새로운 PLM 시스템을 도입함에 따라 비즈니스 프로세스를 재설계할 기회를 활용한다. 기존 프로세스를 최적화하고 새로운 시스템의 장점을 활용하여 효율성을 높일 수 있는 기회가 있다.

셋째, 시스템 선택은 대체할 PLM 솔루션을 신중하게 선택해야 한다. 현재 및 미래의 비즈니스 요구 사항을 고려하여 가장 적합한 솔루션을 결정하고 선택한다. 변화관리를 스스로 감당해야 하고, 고객이 리딩하지 못하면 위험한 상황을 초래할 수 있다. 구축사를 탓하기 보다 고객 스스로 감당이 되는지 되돌아봐야 한다. 구축하는 회사는 해 달라고 하는 범위 내에서 같이 고민해주고 실행하는 파트너이다. 예상치 못한 상황은 고객도 사전에 인지해야 한다.

넷째, 사용자 교육 측면은 새로운 PLM 시스템을 사용하는 사용자들에게 교육 및 훈련을 제공하여 이용자의 순조로운 전환을 지원해야 한다. 교육이 제일 어렵다. 기존의 하던 방식을 버리고 새로운 형태로 전환한다는 것은 생각보다 쉬운 일이 아니다. 기업에서 변화가 가장 어려운 것처럼 말이다. 고객 스스로 내재화해서 기업 내부 동료들을 설득하고 교육해서 변화시키는 각오를 해야 한다.

다섯째, 보안과 규정 준수 측면에서 새로운 시스템은 데이터 보안을 강화하고 관련 규정 및 규정 준수를 준수해야 한다.

여섯째, 테스트 측면으로 마이그레이션 전에 새로운 시스템을 철저히 테스트하고 문제를 식별하며 수정한다. 데이터 마이그레이션 및 기능 작동을 체계적으로 확실히 검증한다.

일곱째, 연속적인 모니터링 측면으로 재구축 후에도 시스템을 지속적으로 모니터링하고 문제를 예방하거나 신속하게 대응한다.

여덟째, 버전 관리 측면으로 새로운 시스템의 버전 관리를 철저히 수행하여 최신 기능과 보안 패치를 적용한다.

아홉째, 비즈니스 연속성 측면으로 재구축 작업 중에도 비즈니스 연속성을 유지하고 고객 서비스나 생산에 영향을 미치지 않도록 한다.

열째, 변경 관리 측면으로 시스템 재구축은 조직에 큰 변화를 가져올 수 있으므로 변경 관리 계획을 마련하고 관련 이해 관계자들과 소통한다. 신 구 시스템을 어떻게 원활하게 이관할 것인지 변화관리가 중요하다.

타사 PLM 솔루션의 재구축은 조직의 PLM 시스템을 향상시키고 최신화 하는 중요한 단계이다. 이러한 고려사항을 준수하면 재구축 프로젝트를 성공적으로 수행할 수 있을 것이다.

어떤 시스템이 효율적일까?

'거인의 리더십'(신수정 저)에 이런 내용이 있다. 100% 극단의 효율로 돌아가는 조직은 위험하다. 너무 빡빡하고 효율화되어 백업이나 버퍼가 없는 소식은 하나만 무너져도 도미노가 될 수 있고 위기나 위험 시 쓸 여유자원이 없어 대응하기 어렵다는 의미이다.

나는 내가 만나는 고객마다 고객 스스로 자신들이 하는 일을 모두 프로세스화 시키고, 자신있게 내부, 외부 사람들에게 말할 준비가 되어 있는가? 그래서 우리가 어떤 어려움이 있고 어떤 부분을 어떻게 하고 싶은지 그려 낼 수 있는가?라고 항상 여쭤 본다. 이것이 왜 중요한가 하면, 지금은 예전보다 시스템도, 프로세스도 정교하게 복잡해져서 외부 사람들이 자신의 지식으로 커버되는 시대는 훌쩍 지나버렸다는 것이다.

기업, 부서, 제품, 산업마다 특성이 있어서 외부에서 쉽게 간파해서 해결책을 제시하기 어려운 구조로 되어 간다. 그래서 내부에서 스스로 분석하고 개선하는 활동을 할 수 있도록 가이드 해 드리고 있다.

프로젝트를 하다보면 사용자 수용(User Acceptance)이 때론 정말 어렵게 느껴진다. 사용자 수용단계를 통과해서 고객의 사인이 들어가야지 프로젝트 비용 정산 등 완료 모드로 전환할 수 있다.

PLM 프로젝트의 성패여부는 프로젝트 시작 후 한달 이내에 있다. 고객 중에 PLM의 본질을 받아들이고자 하는 눈이 반짝반짝 거리는 MZ세대를 못 만난다면, 고객은 그저 명품 시스템을 하나 장만한 것밖에 없다. 스스로의 몸에 맞는 명품이 되어야 입고 다니면서 뽐낼 수 있다.

류용효 상무
디원에서 근무하고 있다. 페이스북 그룹 '컨셉맵연구소' 리더로 활동하고 있다.
Yonghyo.ryu@gmail.com
블로그 https://PLMIs.tistory.com

PLM 전략과 구축 가이드

PLM 시스템 구축을 위한 여정과 준비

PLM을 한번이라도 준비 해보신 분들은 아시겠지만, 초기 PLM기획 단계부터, 솔루션 선정, 업체 선정, PI&설계, 구축, 운영까지 하나의 단계도 쉽게 넘어가지 않는다. 관련자들의 무관심으로 시작해서 결과물이 도출될 때, 뒷북(?)까지 하나도 쉽게 넘어가는 단계가 없다. 이 글에서는 PLM 컨설팅 & 수행PM으로 경험했던 바를 중심으로 성공적인 PLM 구축을 위해 체득한 경험을 공유하고자 한다.

PLM 구축목표를 설정하라

모든 일의 성공을 위해서는 목적을 명확히 해야 한다. PLM 프로젝트 역시 마찬가지이다. 아이러니 하게 PLM 프로젝트를 하면서, PLM 구축의 목적이 구체화 되지 않은 상태에서 진행되는 경우를 많이 봤다. PLM 프로젝트를 통해서 구체적으로 얻고자 하는 바에 대해서, 구축담당자와 조직의 구성원들은 명확하게 목표를 인지하고 프로젝트를 진행해야만 성공할 수 있다.

PLM 시스템의 목적 확인

PLM 프로젝트를 진행하는 목적을 명확히 해야 한다. 예를 들어, 도면관리의 전산화를 목적으로 PLM을 구축한다고 하면, 최종 단계의 목표를 정확하게 세워놓고 PLM 프로젝트를 진행해야 한다. 단순 기능이 아닌, 시스템의 목표 - 예)조직 내/외부 인원의 자료의 공유 - 를 먼저 수립한 후 단위 기능으로 접근해야 한다.

구축 전 PLM 구축을 위한 PI를 진행하라

PLM프로젝트의 목적이 명확하게 세워진다면, 세부 계획을 수립해야 한다. 이때, 구축업체의 관계자들에게 도움을 많이 받는다. 유감스럽게 이 부분이 전체 PLM 프로젝트의 성공/실패에 영향을 가장 많이 준다고 생각한다. 구축업체의 명확한 니즈를 기반으로 프로젝트의 범위를 정의하고, 실제 구현할 프로젝트의 기능적인 범위까지 산정해야 하나 현실은 그렇지 못한 것이 사실이다. 또한 업체의 PLM 담당자가 많은 준비를 하나 PLM 전문가가 아닌 이상 세부적인 상황들에 대한 경험이 없는 상태에서는 쉽지 않은 일이다. 전체 PLM 구축 비용의 일부만이라도 PLM 구축을 위한 PI 등에 투자를 하는 것이 전체 PLM 프로젝트의 성공을 위해서는 효율적이라고 생각한다.

Total Business Solution으로서의 PLM을 구축하라

PLM은 더 이상 R&D의 기술자료 관리가 목적이 되어서는 안된다. PLM을 통한 조직의 경쟁력을 높일 수 있는 Total Business Solution으로서의 역할이 강화되어야 한다. 제품기획, 제품의 마케팅 계획 수립, R&D의 인재관리 등의 역할을 수행할 수 있는 시스템

PART 3

이 되어야 한다. PLM을 사용하는 사용자들에게 좀더 넓은 시각을 제공해줄 수 있는 시스템 즉, 경영적인 마인드를 - R&D의 인원도 설계만 해서는 기업의 경쟁력을 유지할 수 없다 - 할 수 있는 역할을 포함해야 함을 말하는 것이다. 앞으로 변화하는 시대상을 대응하기 위해서라도 반드시 필요하다고 생각한다.

PLM은 단기 프로젝트가 아니다

PLM 프로젝트는 단기간에 끝나지 않는다. 일반적인 경우, 1단계 데이터 축적, 2단계 기능 고도화, 3단계 PLM 확장의 단계로 지속적으로 프로젝트가 연속되는 것이 일반적이다. 각 단계별로 수행해야 할 구체화된 항목과 투자 비용, 관계자들의 설득(?) 등이 필요하다. 일관성 있게 지속적으로 추진해야 한다. 그러기 위해 PLM 구축담당자는 준비해야 할 항목이 많다. 그리고 담당자도 많은 에너지를 필요로 한다. (일이 늘 해피하게 진행되지는 않는다)

PLM 단계별 구축 세부계획 수립

단계별 PLM 프로젝트의 세부계획을 수립해야 한다. 이때, 각 단계별 구축 목표와 구현 항목에 대한 계획이 나와야 한다. 단계별 구현항목, 선성한 솔루션의 기능 범위, 업체에서 구현할 기능목록, 변경해야 할 프로세스 등에 대한 목록이 준비되어야 한다. 이런 항목을 비전문가인 PLM 구축 담당자가 준비하기에는 한계가 있다. 또한, 기능상의 차이 - 업체와의 생각 차이 - 를 조율해 줄 수 있는 지원조직도 필요하다. (수행을 위한 준비도 해야 한다)

PLM 시스템의 Architecture를 생각하라

PLM 시스템의 구성도도 준비해야 한다. PLM 업체에서도 시스템 아키텍처를 제공하지만, 그 정도를 넘는 범위를 준비해야 한다. 시스템간의 연계방안, 앞으로 확장 시 계획안이 담긴 시스템 아키텍처를 준비해야 한다. 여기에는 Cloud 환경으로의 변화에 대응할 수 있는 시스템 아키텍처까지도 준비되어야 한다. 그리고, 메인 스트림과 서브 스트림의 데이터 관리에 대한 관리 방안, Low/No Code 관리 방안 등도 고려되어야 하며, 데이터 보안, 공유 등에 대한 사항들도 준비가 되어야 한다.

PLM 구축 파트너를 찾아라

PLM 구축이라는 긴 여정을 함께할 수 있는 파트너를 찾아야 한다. PLM 프로젝트를 진행함에 있어, 늘 해피하게 일이 진행되지 않을 것이다. 그때, 고민을 같이 공유하고, 문제를 해결할 수 있는 믿을 수 있는 파트너가 있고 없는 것은 큰 차이가 날 것이다. 진솔하게 일을 함께 할 수 있는 파트너를 찾는 것도 프로젝트 수행에는 큰 힘이 될 것이다.

변화에 대한 준비

PLM 프로젝트를 통해서, R&D의 데이터 관리만 목적으로 하는 범위는 넘어신지 오래이다. 기존 업무 방식의 변화를 통한 조직의 경쟁력을 높일 수 있는 촉매제로서 PLM의 역할이 필요한 시기이다. 이 말은, 기존 방식의 업무에서의 변화와 혁신을 가져와야 함을 의미한다. 변화/혁신을 추진하면, 변화를 거부하는 이들의 저항을 접하게 된다. 오랜 시간 동안 익숙하고 최적화된 프로세스의 변화는 어느 누구도 반갑지 않을 것이다. 하지만, 그 변화를 통해 조직의 성장을 이루기 위해서는 반드시 변화/혁신을 해야 한다. 그래야만 조직이 지속적으로 발전할 수 있다.

PLM 비전을 제시하라

구축되는 PLM을 통해서 조직이 얻게 될 변화에 대한 비전을 조직의 구성원들에게 보여줘야 한다. 어떤 변화를 통해 조직이 변할 것이라는 점에 대한 구체화된 사항을 제공해야 한다. 막연하고 구체화 되지 않은 비전은 역효과를 얻게 된다. 단계별 프로젝트의 목표와 연계하여 그 단계별 프로젝트가 끝날 경우 얻게 될 구체적인 사항을 명시하고, 수치화 할 수 있다면 더 좋다.

변화에는 늘 저항이 생긴다

변화와 혁신에는 반드시 저항이 따른다. 현재의 프로세스는 오랜 기간 동안 조직의 구성원들의 공감대로 만들어진 프로세스이다. 그 프로세스의 변화를 가져오려면 기존 인원들의 저항은 필연적이다. 하지만, 변화가 없는 조직, 혁신이 없는 조직의 미래는 없다. 변화를 통해 개선되는 항목에 대해서, 조직 구성원들에게 설명하고, 그 과정을 통해서 최종 PLM의 구축 시 얻게 되는 변화/혁신된 모습을 지속적으로 공유해야 한다. 그리고 효율적인 변화관리를 이루기 위한 노력도 같이 진행되어야 한다. 조직 내 인플루언서 활용, 특정조직의 주도적 변화 추진, 동시/단계별 변화 등의 변화관리를 위한 방법론도 준비해야 한다.

조직 구성원들의 변화를 모색하라

PLM을 통해서 얻게 될 구체적인 목적은 조직의 경쟁력 강화이다. 단순한 기능의 확보가 아니다. 그러기 위해서는, 조직 구성원들의 마인드 변화를 가져와야 한다. 조직의 목적에 공감하는 조직 구성원들로 조직을 변화시켜야 한다. 변화하는 시장환경에 빠르고 적극적인 대응을 하기 위해서는 Agile Organization으로의 변화를 이룰 수 있어야 한다. PLM이 그 매개체로서의 역할을 할 수 있어야 한다.

맺음말

포스트 팬데믹 이후의 세계는 많은 변화가 있다. PLM 시스템도 변화가 일어나고 있다. 과거에 기능에 집중했다면, 이제는 제품기획, 마케팅, 인재관리, 서비스 영역의 확대 등, 점점 범위가 확대되고 있다. PLM을 통해서 이젠 조직의 경쟁력을 높일 수 있는 매개체로서의 역할까지 주문 받고 있다. 단기간에 이 모든 것이 다 변하진 않겠지만, 지속적으로 변화와 혁신은 진행될 것이다.

PLM 프로젝트는 긴 여정이다. 단기간에 끝낼 수도 없으며, 그렇게 성공할 수도 없다. 긴 안목으로 준비를 하고, PLM 전문가들의 도움을 받아서 좋은 파트너와 함께 프로젝트를 추진하기를 바란다.

김성희 대표
VCIS의 대표이자 PLM 컨설턴트이다. 다양한 PLM 솔루션 및 자동차/기계/반도체/CPG 등 산업군의 PLM 컨설팅을 수행했다.
pass829@naver.com

PART 3

PLM 시스템 활용도 향상을 위해 고려할 관리항목과 개선 방안

오늘날 PLM 시스템은 대기업에서 중소기업에까지 다양한 업종으로 확산되었으며, PLM 시스템 도입과 함께 PLM 시스템을 효과적으로 활용하는 것이 무엇보다 중요하다. 이에 PLM 시스템 활용도 향상을 위해 고려해야 할 관리항목의 중요도 관련 연구 결과를 요약 정리하여 제시하고자 한다.

PLM 시스템 활용도 향상을 위해 고려할 관리항목

PLM 시스템을 효과적으로 활용하기 위해 고려해야 할 관리항목은 무엇일까. PLM 시스템 활용도를 높이기 위한 관리항목은 정보 품질, 시스템 품질, 서비스 품질, 변화관리, 조직지원, 보안, 교육지원 관련 측면의 항목으로 분류해 볼 수 있다.

표 1. PLM 시스템 활용도 향상을 위해 고려해야 할 관리항목

구분	향상 방안
정보 품질	데이터 정합성 향상
시스템 품질	오류 최소화, 시스템 응답 속도 향상, H/W 성능 향상, 산출물 타 시스템 연계 기능, 사용자 인터페이스 개선, 메뉴 간소화, 기능 간소화, 자료 추출 기능 제공, 주기적인 프로그램 업데이트, 비교 분석 기능 제공, S/W 라이선스 용도별 적절한 배정, 다양한 접근 경로 제공
보안	적절한 권한 관리에 따른 보안
서비스 품질	문제해결 기간 단축
변화관리	사용자 인식 제고, 업무 프로세스 개선
조직지원	데이터 정합성 관리 전담 조직 구성, 경영진의 지속적인 지원 활동, 연관부서 협조, 적절한 제품 개발 기간의 확보, 운영 지원 강화, 평가지표 활용
교육지원	주기적인 사용자 교육, 최신 매뉴얼 제공

출처: 유종광, 임성택, 민대환(2022), 유종광(2022, 2017)의 내용을 재정리함

PLM 시스템 활용도 향상 관련 연구 결과

PLM 시스템 활용도 향상을 위해 고려해야 할 관리항목의 중요도에 대해 PLM 시스템 사용자를 대상으로 설문조사를 실시하고 이에 대해 분석해 보았다. 지면 관계상 연구 결과 내용 중 직무별 분석, 업체 규모별 분석, 업종별 분석 결과 등 연구 결과의 주요 내용에 대해 살펴보고자 하며 연구 관련 세부 사항은 생략하기로 한다.

PLM 시스템 활용도 향상 관련 관리항목의 중요도 분석

PLM 시스템 사용자 대상의 설문조사 결과 관리항목별 중요도는 '데이터 정합성 향상', '오류 최소화', '시스템 응답 속도 향상', '사용자 인식 제고', '업무 프로세스 개선', '정합성 관리 전담 조직 구성', '경영진의 지속적인 지원 활동', '연관부서 협조', 'H/W 성능 향상', '적절한 권한 관리에 따른 보안' 등의 순으로 중요도가 높게 나타났다.

분석결과를 정리하면 정보 품질 관련 항목은 중요도가 가장 높았고, 시스템 품질 관련 항목에서는 '오류 최소화', '시스템 응답 속도 향상', 'H/W 성능 향상' 등

항목의 중요도가 높게 나타났다.

변화관리 관련 항목에서는 '사용자 인식 제고', '업무 프로세스 개선' 항목의 중요도가 높았으며, 조직지원 관련 항목은 '정합성 관리 전담 조직 구성', '경영진의 지속적인 지원 활동', '연관부서 협조' 등 항목의 중요도가 높았다. 보안 관련해서는 '적절한 권한 관리에 따른 보안' 항목이 중요도가 높게 나타났으며, 교육지원 관련 '주기적인 사용자 교육', '최신 매뉴얼 제공' 등은 중요도가 낮게 나타났다.(표 2)

PLM 시스템 활용도 향상 관련 차이 분석 결과

직무 특성별 집단 간 차이 분석

PLM 시스템 사용자의 직무 특성별 집단 간 차이 분석은 제품개발(제품 도면 작성, 설계 변경 등 업무를 수행하는 PLM 시스템을 가장 많이 사용하는 유형), 일반(생산, 구매자재, 품질, 서비스, 영업, 기타 업무에 PLM 시스템의 자료를 조회하거나 활용하는 유형), 지원(PLM 운영팀과 IT팀 등 PLM 시스템을 지원하는 업무를 수행하는 유형)의 3개 집단으로 분류하여 분석하였다. 직무 특성별 집단 간 차이 분석결과 9개 관리항목에서 집단 간 유의한 차이가 발견되었다. 관리항목별 중요도는 '데이터 정합성 향상', '오류 최소화', '시스템 응답 속도 향상', '적절한 권한 관리에 따른 보안' 등 순으로 나타났고, 평가지표 활용 항목은 중요도가 가장 낮게 나타났다.(표 3)

업체 규모별 집단 간 차이 분석

PLM 시스템 사용자의 업체 규모별 집단 간 차이 분석은 대기업에 해당하는 1조원 이상, 3천억 이상~1조원 미만 중견 기업, 1천억 이상~3천억 미만의 중소기업과 중견기업, 1천억 미만의 중소기업으로 집단을 분류하여 분석하였다. 차이 분석 결과 8개 항목에서 집단 간 유의한 차이가 발견되었다.(표 4)

업종별 집단 간 차이 분석

PLM 시스템 사용자의 업종별 집단 간 차이 분석은 한국표준산업분류와 표본의 특성 등을 참고하여 자동차/운송장비 제조업, 전기/전자 관련 제조업, 기계장비 관련 제조업, 소비재(CPG)/기타 집단의 4개 집단으로 분류하여 분석하였다. 차이 분석 결과 8개 항목에서 집단 간 유의한 차이가 발견되었다.(표 5)

표 2. PLM 시스템 활용도 향상을 위한 관리항목별 중요도

구분	향상 방안	순위	평균
정보품질	데이터 정합성 향상	1	5.926
시스템 품질	오류 최소화	2	5.844
시스템 품질	시스템 응답 속도 향상	3	5.812
변화관리	사용자 인식 제고	4	5.761
변화관리	업무 프로세스 개선	5	5.724
조직지원	정합성 관리 전담 조직 구성	6	5.717
조직지원	경영진의 지속적인 지원 활동	7	5.683
조직지원	연관부서 협조	8	5.667
시스템 품질	H/W 성능 향상	9	5.661
보안	적절한 권한 관리에 따른 보안	9	5.661
시스템 품질	산출물 타 시스템 연계 기능	11	5.652
시스템 품질	사용자 인터페이스 개선	12	5.646
시스템 품질	메뉴 간소화	13	5.644
조직지원	제품 개발 기간의 확보	14	5.639
시스템 품질	기능 간소화	15	5.602
시스템 품질	자료 추출 기능 제공	16	5.497
시스템 품질	주기적인 프로그램 업데이트	17	5.492
교육지원	주기적인 사용자 교육	18	5.467
서비스 품질	문제해결 기간 단축	19	5.464
조직지원	운영 지원 강화	20	5.458
교육지원	최신 매뉴얼 제공	21	5.406
시스템 품질	분석 기능 제공	22	5.403
시스템 품질	S/W 라이선스 용도별 적절한 배정	23	5.354
시스템 품질	다양한 접근 경로 제공	24	5.254
조직지원	평가지표 활용	25	5.253

출처: 유종광, 임성택, 민대환(2022), 유종광(2022)의 내용을 정리함

PART 3

표 3. 직무 특성별 집단 간 차이 분석 결과

구분	향상 방안	전체 순위	전체 평균	지원 순위	지원 평균	제품개발 순위	제품개발 평균	일반 순위	일반 평균	사후검정결과
정보품질	데이터 정합성 향상	1	5.926	1	6.209	1	5.927	5	5.341	지원 > 일반
시스템 품질	오류 최소화	2	5.844	3	6.011	1	5.927	2	5.422	
시스템 품질	시스템 응답 속도 향상	3	5.812	2	6.064	6	5.786	9	5.311	지원 > 일반
변화관리	사용자 인식 제고	4	5.761	4	5.968	8	5.738	4	5.341	지원 > 일반
변화관리	업무 프로세스 개선	5	5.724	6	5.915	4	5.881	16	5.178	지원, 제품개발 > 일반
조직지원	정합성 관리 전담 조직 구성	6	5.717	5	5.935	3	5.905	22	5.089	지원, 제품개발 > 일반
조직지원	경영진의 지속적인 지원 활동	7	5.683	9	5.871	7	5.762	13	5.222	지원 > 일반
조직지원	연관부서 협조	8	5.667	10	5.830	11	5.690	11	5.295	
시스템 품질	H/W 성능 향상	9	5.661	7	5.883	23	5.476	3	5.364	지원 > 일반
보안	적절한 권한 관리에 따른 보안	9	5.661	13	5.763	5	5.786	7	5.333	
시스템 품질	산출물 타 시스템 연계 기능	11	5.652	8	5.872	10	5.738	20	5.111	지원, 제품개발 > 일반
시스템 품질	사용자 인터페이스 개선	12	5.646	11	5.804	17	5.643	8	5.318	
시스템 품질	메뉴 간소화	13	5.644	14	5.745	8	5.738	5	5.341	
조직지원	제품 개발 기간의 확보	14	5.639	12	5.787	15	5.659	10	5.311	
시스템 품질	기능 간소화	15	5.602	15	5.723	14	5.667	12	5.289	
시스템 품질	자료 추출 기능 제공	16	5.497	22	5.468	18	5.619	1	5.444	
시스템 품질	주기적인 프로그램 업데이트	17	5.492	17	5.606	20	5.571	17	5.178	
교육지원	주기적인 사용자 교육	18	5.467	19	5.564	16	5.643	21	5.091	
서비스 품질	문제해결 기간 단축	19	5.464	18	5.602	11	5.690	25	4.955	제품개발, 지원 > 일반
조직지원	운영 지원 강화	20	5.458	16	5.628	25	5.357	14	5.186	
교육지원	최신 매뉴얼 제공	21	5.406	20	5.511	19	5.610	23	5.000	
시스템 품질	분석 기능 제공	22	5.403	21	5.500	21	5.500	19	5.111	
시스템 품질	S/W 라이선스 용도별 적절한 배정	23	5.354	23	5.309	11	5.690	18	5.133	
시스템 품질	다양한 접근 경로 제공	24	5.254	25	5.213	24	5.429	15	5.178	
조직지원	평가지표 활용	25	5.253	24	5.269	22	5.488	23	5.000	

표 4. 업체 규모별 집단 간 차이 분석 결과

구분	향상 방안	전체 순위	전체 평균	1조원 이상 순위	1조원 이상 평균	3천억 이상~1조원 미만 순위	3천억 이상~1조원 미만 평균	1천억 이상~3천억 미만 순위	1천억 이상~3천억 미만 평균	1천억 미만 순위	1천억 미만 평균	사후검정결과
정보품질	데이터 정합성 향상	1	5.926	1	6.235	3	5.719	1	5.897	6	5.300	1조원 이상 > 1천억 미만
시스템 품질	오류 최소화	2	5.844	2	6.102	2	5.719	3	5.806	10	5.241	1조원 이상 > 1천억 미만
시스템 품질	시스템 응답 속도 향상	3	5.812	4	6.102	7	5.563	4	5.742	7	5.300	1조원 이상 > 1천억 미만
변화관리	사용자 인식 제고	4	5.761	6	5.943	8	5.531	2	5.839	2	5.379	
변화관리	업무 프로세스 개선	5	5.724	5	6.000	4	5.688	5	5.645	22	5.033	1조원 이상 > 1천억 미만
조직지원	정합성 관리 전담 조직 구성	6	5.717	2	6.114	11	5.469	16	5.452	18	5.069	1조원 이상 > 1조원 미만(3)
조직지원	경영진의 지속적인 지원 활동	7	5.683	7	5.943	10	5.500	9	5.613	12	5.200	
조직지원	연관부서 협조	8	5.667	12	5.852	5	5.613	11	5.548	7	5.300	
시스템 품질	H/W 성능 향상	9	5.661	10	5.864	15	5.452	10	5.581	3	5.367	
보안	적절한 권한 관리에 따른 보안	9	5.661	11	5.864	6	5.594	7	5.633	14	5.167	1조원 이상 > 1천억 미만
시스템 품질	산출물 타 시스템 연계 기능	11	5.652	8	5.932	13	5.469	6	5.645	21	5.033	1조원 이상 > 1천억 미만
시스템 품질	사용자 인터페이스 개선	12	5.646	9	5.931	1	5.742	24	5.267	16	5.100	1조원 이상 > 3천억 미만(2)
시스템 품질	메뉴 간소화	13	5.644	14	5.841	15	5.452	15	5.452	1	5.467	
조직지원	제품 개발 기간의 확보	14	5.639	13	5.852	8	5.531	14	5.500	9	5.267	
시스템 품질	기능 간소화	15	5.602	15	5.807	11	5.469	18	5.419	4	5.333	
시스템 품질	자료 추출 기능 제공	16	5.497	18	5.648	18	5.375	22	5.355	4	5.333	
시스템 품질	주기적인 프로그램 업데이트	17	5.492	17	5.659	18	5.375	18	5.419	12	5.200	
교육지원	주기적인 사용자 교육	18	5.467	19	5.621	17	5.375	12	5.516	20	5.067	
서비스 품질	문제해결 기간 단축	19	5.464	16	5.698	23	5.281	20	5.387	19	5.067	
조직지원	운영 지원 강화	20	5.458	20	5.568	21	5.323	12	5.516	11	5.207	
교육지원	최신 매뉴얼 제공	21	5.406	21	5.523	25	5.219	7	5.633	22	5.033	
시스템 품질	분석 기능 제공	22	5.403	22	5.523	13	5.469	17	5.452	25	4.933	
시스템 품질	S/W 라이선스 용도별 적절한 배정	23	5.354	23	5.443	22	5.313	20	5.387	17	5.100	
시스템 품질	다양한 접근 경로 제공	24	5.254	24	5.330	24	5.219	25	5.194	15	5.133	
조직지원	평가지표 활용	25	5.253	25	5.299	20	5.344	23	5.300	24	4.966	

표 5. 업종별 집단 간 차이 분석 결과

구분	향상 방안	전체 순위	전체 평균	기계장비 순위	기계장비 평균	전기/전자 순위	전기/전자 평균	자동차/운송장비 순위	자동차/운송장비 평균	소비재(CPG)/기타 순위	소비재(CPG)/기타 평균	사후검정결과
정보품질	데이터 정합성 향상	1	5.926	2	6.125	1	6.179	3	5.707	1	5.667	
시스템 품질	오류 최소화	2	5.844	6	6.061	3	6.018	2	5.763	4	5.452	
시스템 품질	시스템 응답 속도 향상	3	5.812	8	6.030	9	5.807	1	5.850	2	5.516	
변화관리	사용자 인식 제고	4	5.761	9	6.182	7	5.825	4	5.700	11	5.300	기계장비 > 소비재(CPG)/기타
변화관리	업무 프로세스 개선	5	5.724	8	6.030	4	5.877	5	5.700	21	5.161	기계장비, 전기/전자 > 소비재(CPG)/기타
조직지원	정합성 관리 전담 조직 구성	6	5.717	17	5.758	2	6.018	10	5.567	5	5.419	
조직지원	경영진의 지속적인 지원 활동	7	5.683	8	6.094	10	5.789	9	5.567	12	5.290	
조직지원	연관부서 협조	8	5.667	5	6.091	12	5.750	11	5.550	13	5.290	기계장비 > 소비재(CPG)/기타
시스템 품질	H/W 성능 향상	9	5.661	18	6.000	17	5.526	6	5.695	3	5.484	
보안	적절한 권한 관리에 따른 보안	9	5.661	3	6.094	4	5.877	16	5.500	22	5.129	기계장비, 전기/전자 > 소비재(CPG)/기타
시스템 품질	산출물 타 시스템 연계 기능	11	5.652	14	5.848	11	5.772	8	5.583	8	5.355	
시스템 품질	사용자 인터페이스 개선	12	5.646	18	5.750	6	5.857	12	5.525	6	5.387	
시스템 품질	메뉴 간소화	13	5.644	11	6.000	8	5.821	13	5.517	19	5.194	기계장비 > 소비재(CPG)/기타
조직지원	제품 개발 기간의 확보	14	5.639	10	6.030	15	5.684	7	5.593	17	5.226	기계장비 > 소비재(CPG)/기타
시스템 품질	기능 간소화	15	5.602	18	5.939	13	5.702	15	5.500	14	5.258	
시스템 품질	자료 추출 기능 제공	16	5.497	22	5.667	20	5.439	14	5.517	7	5.387	
시스템 품질	주기적인 프로그램 업데이트	17	5.492	6	6.061	19	5.474	19	5.350	20	5.194	기계장비 > 자동차/운송장비, 소비재(CPG)/기타
교육지원	주기적인 사용자 교육	18	5.467	16	5.788	16	5.614	23	5.271	16	5.226	
서비스 품질	문제해결 기간 단축	19	5.464	22	5.667	14	5.696	17	5.356	23	5.032	
조직지원	운영 지원 강화	20	5.458	15	5.818	22	5.429	18	5.350	9	5.333	
교육지원	최신 매뉴얼 제공	21	5.406	20	5.727	21	5.439	22	5.271	15	5.258	
시스템 품질	분석 기능 제공	22	5.403	24	5.606	18	5.491	21	5.317	18	5.194	
시스템 품질	S/W 라이선스 용도별 적절한 배정	23	5.354	21	5.697	23	5.368	19	5.350	24	4.968	
시스템 품질	다양한 접근 경로 제공	24	5.254	15	5.424	25	5.316	24	5.067	10	5.323	
조직지원	평가지표 활용	25	5.253	19	5.750	24	5.351	25	5.034	25	4.967	기계장비 > 자동차/운송장비, 소비재(CPG)/기타

출처: 유종광, 임성택, 민대환(2022), 유종광(2022)의 내용을 재정리함

PLM 시스템 활용도 향상을 위한 관리항목별 개선 방안

PLM 시스템 활용도를 높이기 위한 25개 관리항목별 개선 방안을 개선하는데 주도적인 역할을 수행할 개선 주체는 전사적 지원, PLM 운영팀, IT팀, PLM 솔루션업체 등으로 분류할 수 있다.(표 6)

전사적 지원은 정보 품질, 변화관리, 조직지원, 교육지원과 관련된 관리항목 등에 대한 지원이 필요하고, PLM 운영팀은 일반적인 PLM 시스템 운영, 교육지

표 6. 활용도 향상 관리항목별 개선 방안 및 실행 주체

구분	항목	개선 주체	개선 방안(예시-세부 실행방안 필요)	중요도 순위(직무) 전체	지원	개발	일반
정보 품질	데이터 정합성	전사적 지원	주기적 점검 및 개선 활동	1	1	1	5
시스템 품질	오류 최소화	PLM 솔루션업체, PLM 운영팀	오류 해결 지원, 프로그램 업데이트 등	2	3	1	2
	응답 속도	PLM 솔루션업체, IT팀	프로그램 기능 개선, H/W 및 S/W 업그레이드	3	2	6	9
	H/W(PC, 서버) 성능	IT팀	H/W 교체 및 업그레이드	9	7	23	3
	산출물 타 시스템 연계 기능	PLM 솔루션업체, IT팀	프로그램 기능 개선	11	8	10	20
	사용자 인터페이스 개선	PLM 솔루션업체, IT팀	프로그램 기능 개선	12	11	17	8
	메뉴 간소화	PLM 솔루션업체, IT팀	프로그램 기능 개선	13	14	8	5
	기능 간소화	PLM 솔루션업체, IT팀	프로그램 기능 개선	15	15	14	12
	자료 추출 기능 제공	PLM 솔루션업체, IT팀	프로그램 기능 개선	16	22	18	1
	주기적 업데이트	PLM 솔루션업체, IT팀	프로그램 기능 개선	17	17	20	17
	비교 분석 기능	PLM 솔루션업체, IT팀	프로그램 기능 개선	22	21	21	19
	S/W 라이선스 용도별 적절한 배정	PLM 운영팀	용도별 필요 기능 검토 및 라이선스 확보 배정	23	23	11	18
	다양한 접근 경로 제공	PLM 솔루션업체, IT팀	프로그램 기능 개선	24	25	24	15
보안	적절한 권한 관리	PLM 운영팀	적절한 권한 관리 및 보안 관리	9	13	5	7
서비스 품질	문제해결 기간 단축	PLM 솔루션업체, PLM 운영팀	문제해결 기간 단축 지원	19	18	11	25
변화관리	사용자의 인식 제고	전사적 지원	주기적인 변화관리 활동 지원	4	4	8	4
	업무 프로세스 개선	전사적 지원	주기적인 프로세스 점검 및 개선 활동	5	6	4	16
조직지원	데이터 정합성 전담 조직	전사적 지원	전담 조직을 통한 주기적 데이터 정합성 관리 지원	6	5	3	22
	경영진의 지속적인 지원	전사적 지원	경영진의 지속적 관심과 지원 활동	7	9	7	13
	연관부서 협조	전사적 지원	연관부서와 주기적인 회의체 운영 및 협조 지원	8	10	11	11
	적절한 제품 개발 기간의 확보	전사적 지원	제품 개발 기간 확보를 위한 조직 차원의 지원과 협조	14	12	15	10
	운영 지원	전사적 지원	운영 지원(인원, 예산) 강화	20	16	25	14
	평가지표(교육, 활용도) 활용	PLM 운영팀, 전사적 지원	주기적인 활용도 평가와 개선	25	24	22	23
교육지원	주기적인 사용자 교육	PLM 운영팀, 전사적 지원	직무별 주기적인 교육 실시	18	19	16	21
	최신 매뉴얼 제공	PLM 운영팀	접근이 용이한 게시판 등을 통한 자료 공유	21	20	19	23

출처: 유종광, 임성택, 민대환(2022), 유종광(2022, 2017)의 내용을 재정리함

원, 보안과 관련된 관리항목별 개선 방안 등을 검토하여 지원할 필요가 있다. PLM 솔루션 업체와 IT팀, PLM 시스템 운영팀은 시스템 품질, 서비스 품질과 관련된 프로그램 기능 개선 및 업데이트, 문제해결 기간 단축 등 관리항목에 대해서 구체적인 개선 방안을 검토하여 지원할 필요가 있다.

PLM 시스템 활용도 향상 관련 각 개선 주체는 중요도가 높은 관리항목을 우선 선정하고 시급성, 실행 가능성, 효과 등을 고려한 구체적인 개선 방안과 실행계획을 수립해 지원할 필요가 있다.

또한, 관리항목의 중요도가 높지는 않더라도 하드웨어나 소프트웨어 등 기본적인 시스템 인프라, 교육 등이 부족하면 PLM 시스템을 활용하는데 있어서 제약 요인이 될 수 있으므로 지속적인 지원과 관심이 필요하다.

결론

연구의 시사점

첫째, 직무 특성이나 사업 특성에 따라 PLM 시스템 활용도 향상 방안에 대한 사용자의 인식의 차이가 있으며, 해당 특성에 따른 중요도와 우선순위를 고려한 시스템 투자나 운영 관련 의사 결정에 도움이 될 수 있다는 점이다.

둘째, PLM 시스템 사용 업체의 운영팀이나 IT팀에서 활용도 향상을 위한 관리항목을 분석해보고 개선 방안을 검토하여 실무적으로 활용할 수 있는 분석의 틀을 제공한다.

셋째, PLM 시스템을 도입한 기업에서 각 개선 주체가 중요도와 우선 순위가 높은 관리항목을 파악하여 개선하는 노력을 기울이면 PLM 시스템 활용도 향상과 함께 궁극적으로는 기업의 성과 향상에도 도움이 될 수 있다.

연구의 한계와 향후 연구 방향

연구의 한계점으로는 표본수가 많지 않은 점과 PLM 컨퍼런스 참석자를 대상으로 설문조사를 진행하여 일반 현업 사용자의 비율이 낮은 점이 있고, 분석 시점에 따른 PLM 시스템 관련 환경 변화에 따른 사용자 인식의 차이가 발생할 수 있는 한계점 등이 있다. 향후 연구에서는 직무와 업종, 기업 규모 등의 특성을 충분히 반영할 수 있는 표본을 수집하여 분석할 필요가 있으며, PLM 시스템의 활용도 수준에 따른 차이 분석 연구도 활용도를 높이는데 도움을 줄 수 있는 연구가 될 것이다.

참고문헌

1. 유종광(2017). PLM 시스템 활용도 향상을 위한 연구-E사 중심으로. 고려대학교 석사학위 논문.
2. 유종광(2022). PLM 시스템 활용도 향상과 도입 효과에 관한 연구. 고려대학교 박사학위 논문.
3. 유종광, 임성택, 민대환(2022). PLM 시스템 활용도 향상 방안의 중요도에 관한 연구. 정보시스템연구, 31(1), pp. 239-269.

유종광

고려대학교에서 PLM 시스템 관련 연구로 석사와 박사 학위를 취득하였다. 전) 에버다임 정보관리팀장(부장)으로 재직하였고, PLM 시스템, ERP 시스템 구축 등 IT 관련 업무를 20년 이상 수행하였다. 주요 관심분야는 PLM 시스템, RPA, AI, 디지털경영 등이다.
rjkwangv@naver.com

PART 04
PLM/DX 사례

자동차부품 社 전사 PLM 시스템 구축 / 유영진

율림에어소프트 – PLM 단계적 도입으로 이룬 납기 단축 및 품질 개선 / 코너스톤

PART 4

이차전지 설비 및 기계부품 제작 업체, 율림에어샤프트

PLM 단계적 도입으로 납기 단축 및 품질 개선

율림에어샤프트(www.airshaft.co.kr)는 연구소에서는 설계 도면과 부품의 정보를 같이 관리하고, 현장에서는 사업장(창고)의 재고를 투명하게 관리할 수 있는 솔루션의 필요성을 절감했다. 이를 해결하기 위해 경제적이고 먼저 써보고 선택할 수 있는 클라우드 위주의 솔루션을 검토하는 중 코너스톤 클라우드를 도입하였다. 이를 통해 관리시스템이 안정됨에 따라 업무 효율과 편의성이 증대되어 신제품 개발 및 품질 개선 등의 미래 먹거리와 사업의 본질적인 영역에 집중할 수 있는 시간과 환경을 확보하게 되었다.

PLM 도입배경

율림에어샤프트 사업 분야

1986년 설립된 율림에어샤프트는 이차전지 설비 및 정밀 슬리팅 분야, 제단기, 인쇄기와 코팅기 등 다양한 분야의 설비에 들어가는 회전축을 제조/생산하는 업체로 에어샤프트, 프릭션샤프트와 관련한 다양한 기술과 특허를 보유하고 있으며, 생산을 위한 각종 설비와 생산 시설을 국내(인천 남동공단)와 해외(중국 청도)에서 운영하고 있다.

2020년 40대의 경영 2세 김동규 대표 취임 후 적극적인 사업 확장 및 좋은 설비 도입, 선진화된 관리기법, 지속적인 R&D 투자를 통해 국내 분 아니라 해외에서도 대표 에어샤프트 업체가 되도록 노력하고 있다. 최근에는 중국과 베트남에 해외 공장과 영업소를 확장하였으며, 멀티채널 프릭션샤프트 개발을 통해 차세대 배터리 제조 장비 분야에서 많은 실적을 내고 있다.

도입배경

우리 회사는 고객으로부터 수주를 받아 에어샤프트에 필요한 제품 또는 부품을 제조/생신하여 납품한다. 수주를 받을 때마다 표준품은 적절한 재고를 운영하고, 일부 부품은 새로 설계하거나 변경해서 제작 및 납품해야 해서 2가지 관리 포인트가 중요했다. 그래서 연구소에서는 설계 도면과 부품의 정보를 같이 관리하고 현장

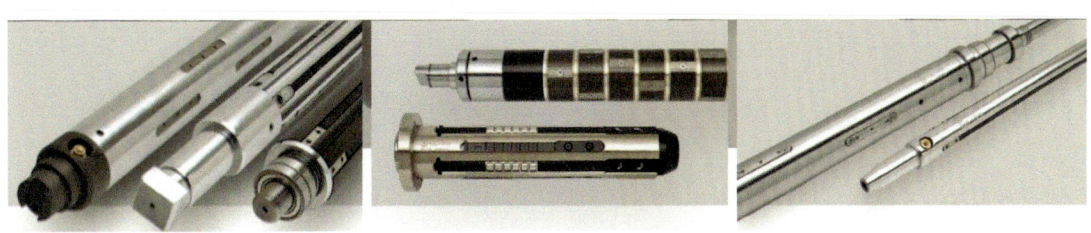

에서는 사업장(창고)의 재고를 투명하게 관리할 수 있는 솔루션의 필요성을 절감했다.

경험을 통해 구축형 솔루션은 요구사항에 맞춰 개발하는 방식이어서 불확실한 요구사항을 정리하는 것도 어렵고 참여 인력의 역량에 따라 기능의 완성도의 차이도 크고 시간과 비용의 부담도 커서, 경제적이며 먼저 써보고 선택할 수 있는 클라우드 위주의 솔루션을 검토하던 중 코너스톤 클라우드를 알게 되었다. 타사 솔루션들과 비교했을 때 초기 구축비용이 필요 없고 무료체험을 통해 바로 사용할 수 있는 점이 마음에 들었다. 체험 기간 동안 매뉴얼(동영상 가이드)을 통해 기능을 확인해 볼 수 있었고 모르는 부분은 원격지원을 받으며 해결하였다.

PLM 도입 단계

1단계 : 도면관리

1개월 간의 무료체험을 거친 뒤, 2022년 6월 코너스톤 도면관리 클라우드 서비스를 도입하였다. 먼저 설계자 각자가 관리하던 도면 데이터를 이관하면서 연구소의 설계 담당자들이 바로 솔루션을 업무에 사용할 수 있었다.

도면관리 기능은 웹하드나 구글 드라이브와 비슷해서 업무에 쉽게 적용할 수 있었다. 파일을 웹에서 바로 열어서 편집하고 저장할 수 있고, 변경 이력과 열람 이력이 관리되는 기능이 편리했고, 이렇게 등록한 파일은 다운로드 없이 뷰어를 통해 확인할 수 있다.

2단계 : PDM & SCM

도면관리 도입 후 바로 PDM을 적용하여 도면을 아이템(번호)과 연결하여 관리하였다. 아이템이 승인되면 자재가 자동으로 만들어지는데 자재 요청 및 입출고 관리를 통해 구매팀과 협력하여 표준품의 입출고 및 재고를 관리할 수 있었다.

이를 통해 Monday.com과 엑셀로 관리하던 표준품을 코너스톤으로 관리하여 자재를 요청하고 출고하는 절차를 확립하고 현재의 자재 수요와 재고 및 주문 현황을 실시간으로 조회할 수 있어 결품이나 과잉 재고 문제를 해결하였다.

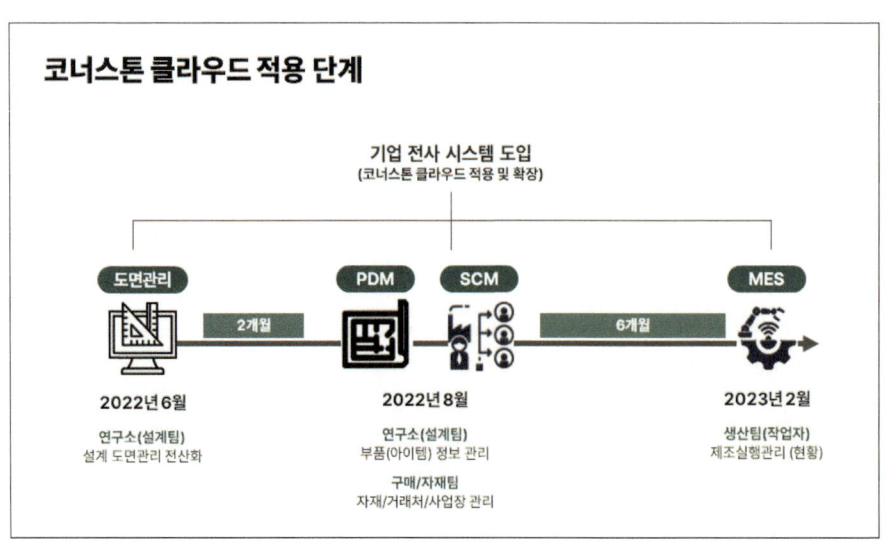

그림 1. 코너스톤 클라우드 적용 단계

PART 4

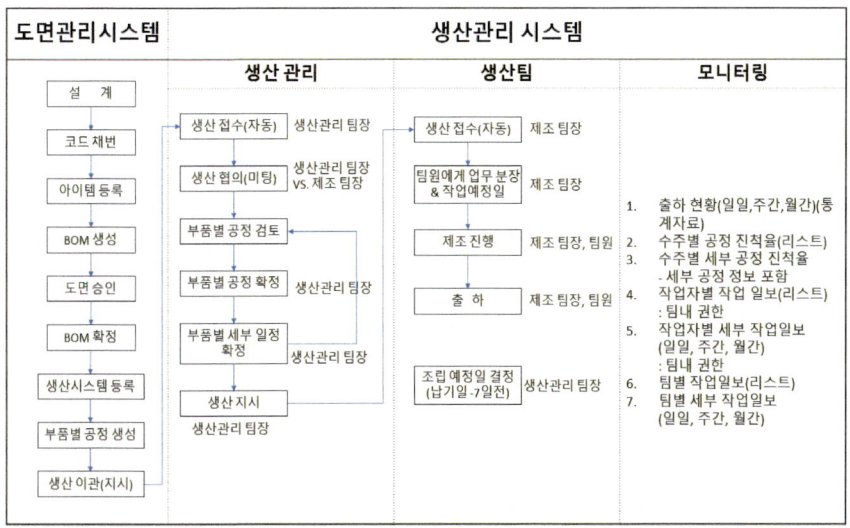

그림 2. 율림에어샤프트의 MES 구축 방안

3단계: MES

PDM/SCM을 적용한 이후 MES 도입을 추진하였다. 사실 시스템을 검토하던 시점부터 목표로 했던 부분은 MES(제조실행시스템)의 도입이었다. 우리 회사는 수주 주문형 다품종 소량생산 형태여서 현장에서의 생산 운영 관리가 중요한데 사업이 확장되면서 어려움을 겪고 있는 상황이었다.

BOM을 통한 정확한 제작 및 구매 지시가 현장 작업자까지 내려져야 하고, 고객 요청에 따라 설계변경이나 납기 조정이 발생한 경우 현장에 실시간으로 반영되어야 하며, 모든 생산 현황을 모니터링할 수 있어야 했다. 이를 위하여 〈그림 2〉와 같은 목표 시스템을 설계하였다.

당시 코너스톤에는 BOP(Bill of Process)를 위한 제조관리 기능은 있었으나, MES 기능은 제공하지 않는 상태였다. 코너스톤과의 협력이 중요했는데, 고객으로서 우리가 요구사항을 제시하면 코너스톤이 검토하여 요구사항을 충족하며 솔루션의 방향에 부합하도록 조율하여 함께 투자하여 MES 기능을 개발하는 방식이었다.

개발 과정에서 추가 및 변경된 기능도 많았지만 상호 협력을 통해 당초 목표했던 성과를 거두며 성공적으로 마무리되었다. 최소의 비용으로 원하는 기능을 얻었고, 기능이 솔루션 기능으로 편입되어 별도의 비용 없이 지속적인 개선 및 지원을 받을 수 있게 되었다.

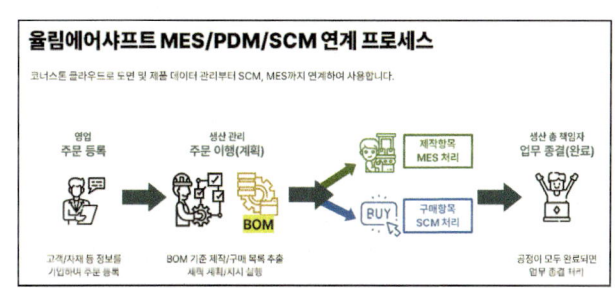

그림 3. 율림에어샤프트 MES/PDM/SCM 프로세스

PLM 도입 효과

율림에어샤프트는 코너스톤과 함께 도면관리, PDM/SCM, MES 시스템을 단계적으로 빠르게 구축하였다. 이제 모든 도면과 문서가 하나의 시스템에서 관리되고 있으며, 업무 기능을 통해 프로세스가 관리되고 있다. 설계자가 작성하고 승인된 BOM을 기준으로 제작/구매 지시가 내려지고, MES의 작업흐름 템플릿을 활용하여 표준화된 작업 공정이 계획되고 실행되고 있다.

납기일과 중요도에 따라 작업자에게 업무가 배정되고 있으며, 지연 정보를 포함한 작업현황이 모니터링되어 최종 완성품의 납기를 예측하고 대응할 수 있게 되었다. 또한 표준화된 작업 공정의 적용과 함께 작업자별, 작업 유형별 불량 발생 빈도와 유형이 집계되고 이를 바탕으로 한 품질 개선 활동을 통해 품질 향상 효과도 얻을 수 있었다.

코너스톤 클라우드 평가 및 향후 계획
코너스톤 클라우드에 대한 평가

코너스톤이 아니었다면 8개월이라는 짧은 기간 동안 이 정도 수준의 시스템을 구축하기는 어려웠을 것 같다. 코너스톤은 클라우드임에도 불구하고 원하는 커스터마이징을 적극적으로 수용해 주었고, 무엇보다 PLM에 대한 경험과 지식이 많아서 어떻게 사용하는 것이 좋을지, PLM의 사용법과 방향성을 제시하며 협업하여 좋은 결과를 얻을 수 있었다.

글을 쓰며 추진 과정에서 함께 작성한 이슈 리스트를 열어보니 255개의 항목이 있었다. 물론 버그도 있었지만, 개선이나 변경 요청 사항도 많았고 대부분 조치가 이뤄졌다. 코너스톤의 일하는 방식에서 체계적이고 정확한 것을 열정적으로 추구한다는 점을 알 수 있었고, 그런 믿음이 있었기에 마지막까지 협력하여 좋은 결과를 얻을 수 있었던 것 같다.

향후 계획 – CRM 도입

율림에어샤프트는 이제 CRM(고객관계관리)를 도입할 계획을 가지고 있다. 지난 과정을 통해 내부운영 프로세스는 확립되었으나, 고객 접점에서의 활동은 여전히 미흡한 부분이 많아 고객과의 수주/견적을 포함한 모든 영업활동을 관리할 수 있는 CRM 도입을 검토하고 있다.

CRM 도입을 통해 율림에어샤프트는 고객 관련 정보와 업무 프로세스까지 하나의 시스템으로 관리할 수 있게 될 것으로 기대한다. 이를 통해 고객 접점의 정보를 관리하여 고객 지원을 개선하고 견적가 산출과 납기 추정을 합리화하고 실적과의 비교/개선을 통해 고객 만족도를 한단계 높이는 것을 목표로 삼고 있다.

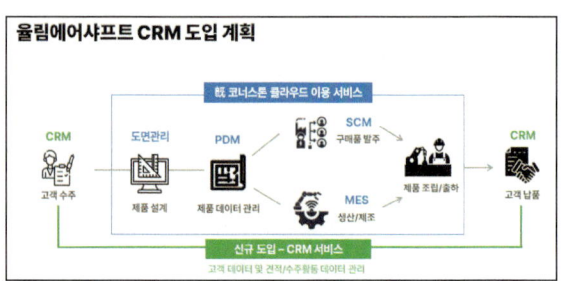

그림 4. 율림에어샤프트 CRM 도입 계획

앞으로의 사업 계획

율림에어샤프트는 코너스톤 클라우드 도입을 통해 관리 시스템이 대폭 업그레이드 되었다. 관리시스템이 안정됨에 따라 업무 효율과 편의성이 증대되어 신제품 개발 및 품질 개선 등의 미래 먹거리와 사업의 본질적인 영역에 집중할 수 있는 시간과 환경을 확보하게 되었다.

율림에어샤프트는 고객이 원하는 것들을 더 잘 해내기 위하여 여전히 더 개선할 수 있는 부분이 있고 준비해야 할 것이 많다는 것을 알고 있다. 이를 위해 좋은 제품과 서비스를 제공하기 위한 노력에 최선을 다하면서 스마트 팩토리와 디지털 전환의 사례와 변화들을 주시하여 필요한 때에 빠르게 움직이며 우리나라를 넘어 세계 최고의 에어샤프트 제조사가 될 수 있도록 계속 노력해 나갈 것이다.

최재현 부장
율림에어샤프트
jhchoi@airshaft.com
www.airshaft.co.kr

PART 4

자동차부품 社 전사 PLM 시스템 구축
데이터 이관 전략 및 실행 가이드

PLM 시스템 구축방법론 중 데이터 이관 및 실행은 중요한 이슈중 하나이다. PLM 컨설팅을 하고 있는 당사에서 실제 수행했던 자동차부품 업체의 사례를 중심으로 데이터 마이그레이션 전략 관점의 가이드를 소개한다.

Business Challenge

국내 최대 자동차 부품사 중 하나인 A사는 세계 경제의 지속적인 저성장 및 불확실성의 증가, 글로벌 확장에 따른 현지향 차별화 제품개발의 증대, 자율주행, 인포테인먼트, 친환경 등 자동차 시장 경쟁 패러다임 전환으로 인한 급격한 변화를 겪고 있었다. 이로 인해 A사는 제품개발 업무의 복잡성 증대, 지역별 특화 개발을 위한 글로벌 협업의 어려움, 신규 인력 증대 등의 문제가 발생하였고, 시스템 중심의 업무 내재화가 필요하다고 판단하였다. 이러한 맥락에서 A사는 설계단계~생산 전 부문의 제품개발 관련 정보의 통합, 연계, 분석을 지원하는 전사적 제품수명주기관리(PLM) 시스템을 구축하고자 하였다.

기존의 설계 시스템을 프로세스 혁신을 통해 새로운 데이터 구조로 정의하고, 이를 통합 플랫폼 기반으로 이관 및 관련 시스템과의 인터페이스를 재구축하는 업무가 필요했다. 이 업무는 대규모 데이터 변환 및 검증 작업, 정교한 Cut-Over 수행 전략을 동반하는 어려운 작업이고, 설계 및 제조시스템에 직접적인 영향을 주는 사항으로 사전에 철저한 검증 및 반복적인 이행 연습이 프로젝트 성공의 핵심 요소 중 하나였다.

Data Migration Strategy

프로젝트의 가장 Risk 영역인 데이터 이관을 위해, 시스템 구축 프로젝트 이전 Process Innovation 단계에서부터 데이터 이관 전략을 수립하고, 약 15억 건의 전체 데이터 현황 및 데이터 운용상의 문제점을 파악하였다. 초기부터 직극직인 분식업무를 수행하여 가장 Risk한 영역인 데이터 이관 및 시스템 구축 단계에서 검증해야 할 대상 데이터를 철저하게 선별하고 검증 전략을 수립하는 것을 우선적으로 검토하였다.

시스템 구축 단계에 들어서자마자, 즉시 PMO 산하

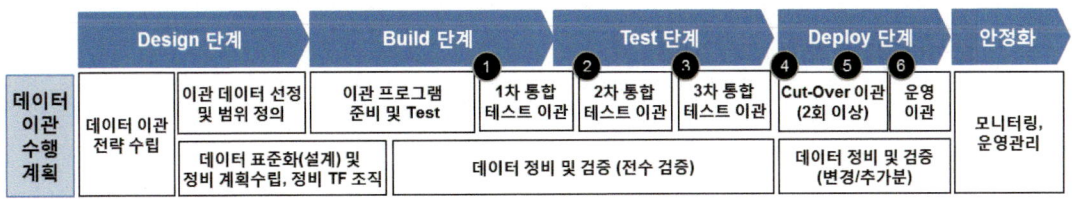

그림 1. 데이터 마이그레이션 전략

에 데이터 이관 Task Force 팀을 구성하여 10여 개의 각 개발영역의 개발사 데이터 이관담당자를 선정하고, 영역 별로 현업 데이터 정비 및 검증 업무를 수행할 데이터 오너(Owner)를 지정하여, 매주 주간 단위 업무 보고를 진행하였다. 이 과정에서 프로젝트 초기부터 데이터 이관 업무에 대한 저항감과 업무 우선순위에서 밀려 업무 진척이 제대로 진행되지 않았으나, 프로젝트 PMO와 현업 및 각 영역별 개발 수행사에 데이터 이관 실패로 인한 위험에 대한 경각심을 일깨워 주어, 매주 계획된 일정대로 Migration 주간 진척회의를 통해 업무를 진행시켜 나갔다.

또한 데이터 정합성을 위해 전체 데이터를 대상으로 필드 단위 전수 검증 프로그램을 만들어 기존데이터와 무결성을 검증하였다. 그리고, 현업에서 정비한 데이터가 사용되는 레거시(Legacy) 시스템에도 정비된 데이터로 동시에 이관작업을 해주지 않으면 각 시스템간 데이터 연동 시 불일치로 인한 혼란이 발생하게 되므로 데이터 이관은 전체 연계 시스템의 영향도까지 파악을 하여 진행하도록 해야 한다. Master 데이터뿐만 아니라, 진행 중인 설계변경 같은 Open 데이터를 최소화하기 위해 설계변경 금지기간을 운영한다거나, 프로젝트 Activity 실적을 조기 마감하도록 초기부터 유도하여 Go-Live 시점에 Open Data를 최소화하는 실행 전략 또한 중요한 현업 커뮤니케이션 포인트가 된다.

Data Migration Methodology

성공적인 PLM 구축을 위해 가장 중요한 부분이 데이터 이관이다. 시스템 Go-Live 시 현업의 시스템 활용도를 높이면서 기존 시스템을 버리고, 과감히 신규 시스템으로 전환하기 위해서는, 그간에 기업의 내재화된 데이터를 To-Be 기준으로 정제하여 시스템에 차곡차곡 쌓아 사용자들에게 양질의 데이터를 제공하도록 하는 것이 필요하다. 이러한 과정은 컨설턴트와 시스템 구축인력만 열심히 한다고 성과가 나오지 않고, 초기부터

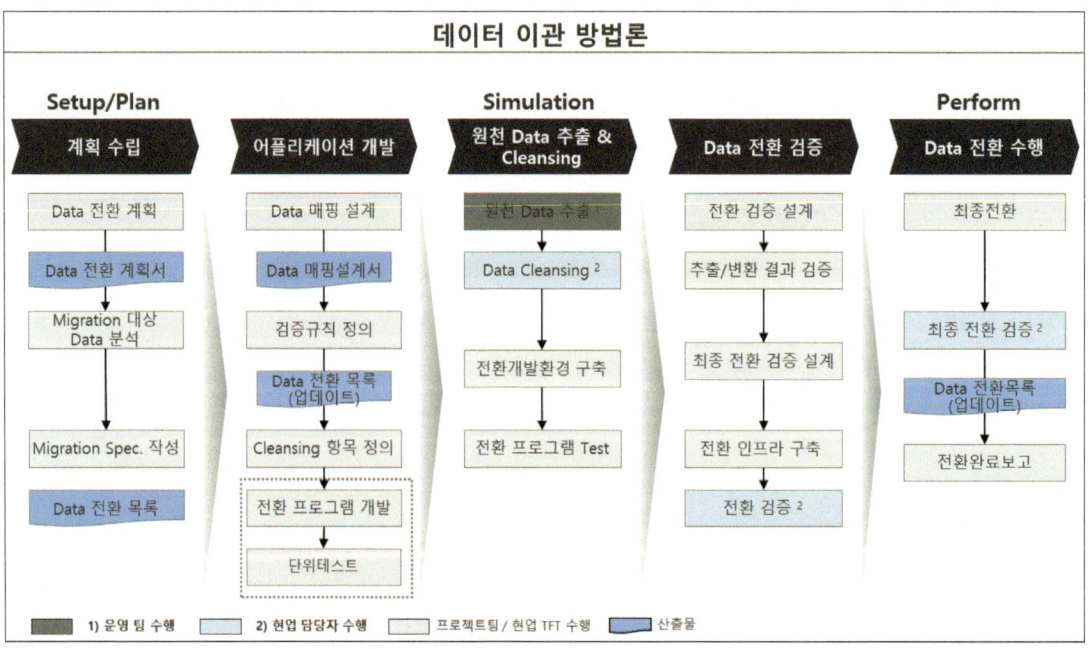

그림 2. 데이터 이관 방법론

PART 4

현업부문의 적극적인 데이터 정비/검증에 참여가 필수적으로 선행되지 않는다면, 성공적인 시스템 오픈을 보장하기 어렵다. 실행가능한 데이터 이관전략수립, 이관 대상 데이터 및 범위 선정, 과거 히스토리 데이터의 정비이슈 대응방안 수립, 대용량 데이터 이관에 필요한 프로그램 및 시스템 환경 지원, 데이터 오너인 현업의 정비/검증의 참여 및 진척 모니터링 (특히 현업업무가 바쁜 경우에는 더욱이 제때에 데이터 준비가 안될 가능성이 높아짐), 적기에 품질이 검증된 데이터 정비가 이루어지도록 정교하게 잘 순비된 플랜을 수립하고, 프로젝트의 이해 관계자와 커뮤니케이션하면서 전체적으로 통제하는 PMO의 Deploy Managing 역량 등이 확보되어야 성공적인 데이터 이관을 수행할 수 있게 된다.

던 기간의 60%에 해당하는 기간에 모든 데이터 이관 및 전수 검증을 완료하는 쾌거를 달성하였다. Go-Live 이후 제조시스템인 ERP로 흘러간 데이터에서 단 하나의 오류도 발견되지 않아, Big Bang 방식의 PLM 시스템을 계획된 일정대로 성공적으로 완벽하게 오픈할 수 있었다.

물론 시스템 오픈 이후에도 일부 시스템 기능의 미미한 오류 및 수정사항이 발생했지만, 프로젝트 성공의 가장 근간이 되는 데이터 부문의 완전 무결성으로 관련된 문제 해결을 신속하게 대응할 수 있었고, 빠른 시간에 시스템 안정화를 달성할 수 있었으며, 자동차 모사 및 관계사의 성공적인 구축사례로 벤치마킹의 대상이 되고 있다.

결과와 성과

고통스러운 과정이었지만, 모든 프로젝트 구성원의 헌신과 노력으로, 단계적 추진계획에 의거, 총 11개월 구축기간 동안 총 6회에 걸친 약 15억 건의 데이터 이관 및 검증 연습을 통해 최종 이관 시에는 당초 계획했

유영진 대표
P&P Advisory Corporation
young-jin.yoo@pnpadvisory.com
www.pnpadvisory.com

PART 05
PLM 업계 인터뷰

서효원 KAIST 산업및시스템 공학과 명예교수/초빙교수

김승동 티와이엠 중앙기술연구소 연구관리팀장

한순흥 산업데이터표준협회 대표

PART 5

서효원 KAIST 산업및시스템 공학과 명예교수/초빙교수

PLM의 역사와 발전을 위한 제언

서효원 교수는 CAM/CAM, PLM 분야에 30여 년동안 몸담아 오고 있다. 한국CDE학회(구, 한국CAD/CAM학회) 창립에 참여하여, 현재는 고문으로 있으며, KAIST PLM Academy(KPA)를 설립 및 운영해 왔다. 현재는 한국산업지능화협회 PLM기술위원회와 디지털트윈 기술위원회 위원장을 맡고 있다. 최근 연구분야로는 PLM, EngNLP, Digital Twin 등의 연구 및 프로젝트를 진행하고 있다.

국내 PDM/PLM의 역사에 대해 소개한다면.

국내 PDM/PLM의 역사는 삼성전자가 첫 PDM 프로젝트를 시작한 1994년이 원년이 아닐까 싶다.(PDM/PLM 커뮤니티)

1995년 전후로 PDM연구회가 운영되었고, 한국CAD/CAM학회가 창립되면서 PDM/PLM에 대한 연구가 활발하게 이루어졌다. 또한 2005년 'PLM 베스트 프랙티스 컨퍼런스'가 처음으로 개최되면서 PLM에 대한 이슈 및 성공사례, 구축 사항 등에 관한 실질적인 정보를 제공, 해마다 좋은 반응을 이끌어내고 있다.

2006년 12월에는 현대차, 삼성전자, LG전자 등 기업들이 주도하는 'PLM 컨소시엄'이 창립되면서 국내 기업에 PLM 보급도 활발해졌다. 초기에는 데이터 관리 중심 PDM의 이름으로 발전하였고, CPC(PTC), PLM(IBM)의 개념으로 발달하였다. 이때 국내에 BPR (Business Process Reengineering : 비즈니스 프로세스 혁신) 개념이 활발해지면서 제조 기업에 BPR/PLM이 하나의 쌍을 이루어 프로젝트가 진행되었다. 이러한 PLM은 2000년부터 2015년까지 대기업을 중심으로 본격적으로 도입되면서 국내 PLM의 최고의 성숙기를 맞이하였다. 2000년 국산 PDM 솔루션으로 DynaPDM이 개발되는 등 이후에는 중소기업에도 PLM 도입이 활발해지기 시작했으며, 중소형 PLM은 국내 PLM이 어느 정도 역할을 하기 시작했다.

디지털 트윈(Digital Twin)은 2002년 미국 마이클 그리브스 박사가 PLM(제품수명주기관리)의 이상적 모델로 설명하면서 등장하였다. 이 개념에 대해 NASA의 존 비커스 박사가 디지털 트윈으로 명명하고, 2010년 NASA가 우주 탐사 기술 개발 로드맵에 디지털 트윈을 반영하면서 우주 산업에서 쓰여 온 것으로 알려지고 있다. 이러한 디지털 트윈의 개념이 보급되고 최근 디지털 트윈의 중요성이 산업현장에서 부각되면서 PLM의 역할이 중요해지고 있다.

PLM 관련 진행해 왔던 일 중에서 의미 있는 일이나 에피소드가 있다면.

제품개발/PLM 관련 일들중 과목개발, 학생 배출, 논문(국내외, SCI 등), ASME Conf Best Paper Award(Product Ontology Framework), IEEE Best Paper Honorable Mention(Estimation of Product Cyclic Process) 등이 있었지만 가장 의미 있는 일은 KAIST PLM Academy(KAIST PLM 전문가과정/KPA)를 설립하여 PLM 기업 전문가 250 여분을 배출했다는 것이 가장 의미 있는 일이었다고 생각한다. KPA를 통해 전문가 배출뿐만 아니라, 강의에 참여한 분들도 기업 전문가 분들이 대부분이셨기 때문에 PLM 산업 현장에서 만나면 사전에 교감을 갖고 있어 일을 협력적으로 진행하게 되는 경우가 종종 있다는 말을 전해 들을 때 PLM 분야에 조금은 공헌한 것으로 보람을 느낀다.

최근 PLM 트렌드와 향후 PLM/DX 관련 전망은 어떠하다고 보는가?

최근에 GPT 및 디지털 트윈이 큰 화두로 떠 오르고 있다. 디지털 트윈은 그동안 공장자동화, 컴퓨터통합생산, 인더스트리 4.0, CPS 시스템 등의 연장선 상에서 발전되고 있으며, 향후 물리-디지털 트윈간 양방향 커뮤니케이션에 기반하여 보다 완성된 디지털 트윈으로 발전하여 정확한 시뮬레이션 및 예측, 그에 따른 물리 트윈 운영 오페레이션 또는 가이드가 이루질 수 있다.

GPT는 인공지능에 의한 자연어 처리를 대중적으로 활용할 수 있는 수준으로 발전하였다. 이러한 GPT 기술은 제조기업 또는 엔지니어링 분야에서 핵심적인 역할을 할 것이다. 제품설계, 생산, 유지보수 및 고객서비스 등 모든 분야에서 엔지니어링 정보를 생성, 활용하고 있는데 GPT 가 훌륭한 협업자가 될 것이며, 나아가 단계적으로 전문가 작업을 대체해 나길 수도 있을 것이다. 제조 기업에 GPT가 효과적으로 활용되기 위해서는 '생성형'이 갖고 있는 이슈가 극복되어져야 할 것이다. GPT 기술은 PLM 기술의 혁신적 발전을 가져올 것이며, GPT-enabled PLM은 디지털 스레드 기술을 기반으로 하여 디지털 트윈 발전의 핵심적인 역할을 할 것이다.

PLM/DX 분야의 발전을 위한 제언이 있다면.

국내 PLM/DX 분야의 발전을 위해서 몇 가지 제언을 드리고자 한다.

PLM/DX 분야에서 활동하셨던 분들이 축적한 노하우를 디지털화 시켜 다음 세대에 물려줄 수 있어야 할 것이다. 이 안에는 '문제점(비식별화된)'도 포함되어야 할 것이다. 또한 국내 기업의 제품개발의 특성과 해외 솔루션의 차이에 대한 모니터링을 통해 국내 기업의 니즈가 솔루션을 리딩할 수 있도록 해야 할 것이다.

마지막으로 인공지능, GPT와 같은 기술을 빠르게 PLM/DX와 접목시켜야 하고, 이를 위해 Cross-Over 협력체계를 갖추는 것이 필요할 것이다.

PART 5

김승동 티와이엠 중앙기술연구소 연구관리팀장

티와이엠, PLM, ERP, MES 등 전사 DX 추진

티와이엠(TYM)은 1951년 창사한 국내 최고의 기술력을 자랑하는 농기계 전문기업이다. 코로나 팬데믹을 기점으로 연매출 1조를 달성하였고 현재는 새로운 도약을 위하여 ERP, PLM, MES, SRM, SCM 등 기업 운영 전반에 대한 활발한 디지털 전환(DX)을 진행하고 있다.

귀 사의 PLM 관련 시스템 구축 및 사용 현황에 대해 간단히 소개한다면.

현재 TYM은 윈칠(Windchill) 최신 버전인 11.2를 설치하여 운영 중이다. 2022년 하반기에 PI를 시작으로 23년 9월 통합 서버 구축 완료 후 사양BOM, 목적별 BOM을 구성하고 관련 프로세스 및 모듈을 개발 중에 있다.

PLM 시스템 구축으로 인한 성과가 있다면.

TYM은 기존 사이트와 인수합병으로 인해 사이트가 추가되었다. 두 사이트 모두 동일한 PLM인 윈칠로 구성되어 있었으나 상이한 기준정보 및 프로세스로 인하여 통합 과정이 선행되어야 했다. 6개월의 PI 기간을 통하여 시스템 통합 기준과 프로세스를 통합하고 프로그램 및 기존 레거시 시스템과 연동을 위한 개발을 병행하여 진행함으로써 데이터 정비와 업무 효율을 증대하기 위한 프로세스 정비를 통하여 고도화된 시스템을 구축하였다.

PLM의 필요성과 혜택에 대한 견해는.

최근 농기계산업에서도 DX에 대한 다양한 요구가 발생하고 있다. 이러한 요구에 대해 거시적인 해결 방안을 마련하여야 한다. PLM은 가상 데이터를 넘어 현실 데이터를 관리하는 시스템으로 발전하였다. 이는 DX를 통한 가상과 현실의 연결을 위한 가장 확실하고 정확한 방법이라고 생각한다.

PLM/DX 프로젝트 성공을 위한 팁이 있다면.

모든 프로젝트는 경영진의 의지와 지원이 중요하디고 한다. 특히나 PLM과 같이 전사 시스템의 경우 그 더욱 그러하다. 그러기 위해서는 프로젝트 수행 전 경영진-PM-PMO 간의 목표 공유가 매우 중요하다. 이는 프로젝트가 흔들림 없이 진행할 수 있는 원동력이다. 프로젝트가 완료된 이후에는 실사용자에 대한 교육과 더불어 변화 관리를 할 수 있는 자원을 별도로 운영하는 것이 효과적이다.

또한 프로젝트 결과에 대한 오류가 발생하는 것은 필연적이다. 다만 리스크를 줄이기 위한 노력이 중요하며

발생한 오류는 장기적인 시각을 가지고 해결할 필요가 있다.

PLM/DX 관련 계획이 있다면.

TYM은 2024년 NPD2.0(New Product Develop) 구축을 위하여 PLM 고도화를 진행할 예정이다. 이는 가상검증, 설계표준화 등 개발과 관련된 모듈과 프로세스를 구현하여 설계 효율성을 극대화할 계획이다.

최근 PLM 트렌드와 전망은 어떠하다고 보는가.

최근 PLM은 단순 업무 효율을 높이기 위한 도구로써 디지털의 발달로 고객 경험을 위한 중요한 역할이 강조되고 그를 위한 여러 가지 시도가 되고 있다. 특히 PTC의 경우 가상과 현실의 연결을 강조하고

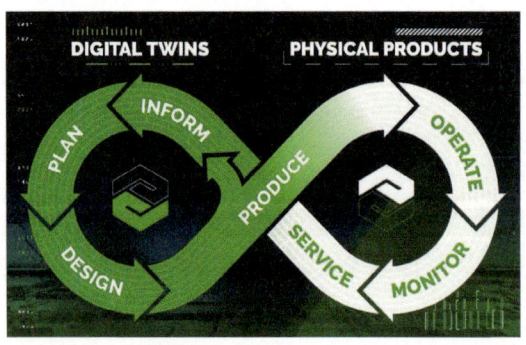

PDCA(PLAN-DO-Check-Act)를 원활하게 진행하기 위한 노력을 하고 있다. 이는 농업기계산업이 나아가는 방향과도 일치한다.

PLM/DX 분야의 발전을 위한 제언이 있다면.

관련 국내 레퍼런스가 아직은 많지 않아 도입 검토 시 예상되는 리스크와 필요한 자원에 대한 정보가 부족하다. 또한 관련 전문가도 부족한 것이 현실이다. 시스템을 도입하더라도 운영할 자원이 부족하면 성공할 확률이 낮다. 이를 위해서 관련 정보와 자원 확보를 위한 고민과 지원이 필요하다.

PART 5

한순흥 산업데이터표준협회 대표

PLM의 역사와 발전 전망

한순흥 대표는 카이스트 교수(기계공학, 해양시스템공학)를 역임하였으며, 2020년에 퇴임하고, 현재는 산업데이터표준협회(www.kstep.or.kr) 대표와 ISO TC184 SC4 JWG16(https://committee.iso.org/home/tc184sc4)의 컨비너로 활동하고 있다.

국내 PDM/PLM의 역사에 대해 소개한다면.

1995년에 한국CAD/CAM학회가 만들어졌으며, 현재는 학회명이 한국CDE학회로 변경되면서 활동의 단초를 만들어 왔다. 비슷한 시기에 STEP표준연구회가 만들어졌고, 2001년에 협회로 등록되었다.

PLM 컨소시엄이 모태가 되어 현재 한국산업지능화협회로 발전하게 되었고, 당시 활동해온 멤버들은 PLM 기술위원회로 활동하면서 현재에 이르고 있다.

PLM 관련 진행해 왔던 일 중에서 의미있는 일이나 에피소드가 있다면.

STEP 표준은 CAD 데이터의 교환을 위한 국제 표준으로 출발하였으나, 그 기술의 발전과 함께, 산업계도 캐드캠에서 PDM, PLM으로 발전하여 오듯이 STEP 표준도 그 범위가 넓어져서, 현재는 PLM을 넘어 스마트 제조, 디지털 트윈으로 범위를 넓혀가고 있다.

저는 1995년부터 ISO TC184 SC4회의에 참석하여, 표준화 과정에 노출되는 CAD 기술의 내부를 배우려고 하였으며, 이제는 2018년부터 JWG16의 컨비너를 맡아, 직접 국제표준을 개발하고 있다. 스마트 제조와 디지털 트윈에 대한 표준을 개발하며, 국제적인 전문가들과 대등하게 협력하고 있다.

최근 PLM 트렌드는 어떠한가.

스마트 제조와 디지털 트윈으로 범위를 넓히면서, 특히 IoT, 6G 초고속 통신망 등으로 디지털 데이터에 대한 관심, 그 중에서도 산업데이터에 대한 수요와 관심이 확대되고 있다.

PLM도 설계 개발 부문의 툴이라는 인식을 벗어나, 원래 단어가 뜻하는 생애주기에 걸쳐 중요한 역할을 하는 시스템으로 확장되어야 하며, 이를 위헤 IoT, 6G 초고속 통신망, MES, ERP 등과 연결되는 것이 필요하다.

향후 PLM/DX 관련 전망은 어떠하다고 보는가.

스마트 제조의 범위를 제조현장에 국한하고 보는 시각이 많지만, 이는 초연결사회에서 좁은 시각이라고 본다. 스마트 제조가 가능하려면, PLM, ERP, MES, IoT 등이 서로 긴밀히 연결되어야 하며, 데이터의 시발점인 PLM이 더 많은 역할을 해야 한다고 생각한다.

PART 06

주요 PLM
소프트웨어 소개

PART 6

중소·중견기업 최적화된 국산 PLM 솔루션

Aone PLM

개발 및 자료 제공 싱글톤소프트, 070-4126-6959,
www.singleton.co.kr, www.plm.co.kr

문의 모두솔루션, 02-857-0974,
www.AoneCloud.kr, www.modoosol.com

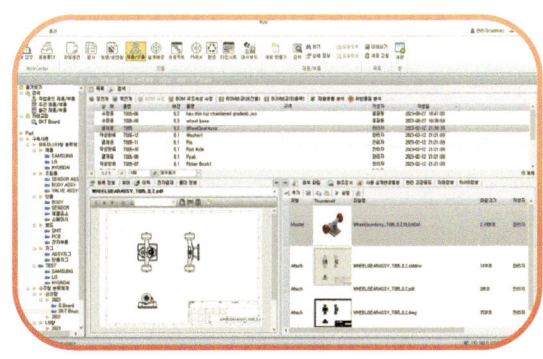

Aone PLM(에이원 PLM)은 PLM 전문 기업인 싱글톤소프트가 국내 PLM 분야에서 다져온 시스템 구축 및 개발 경험을 바탕으로 개발한 중소·중견 기업에 최적화된 PLM 패키지 솔루션이다. 2006년 최초로 출시된 이래, 다양한 제조 산업군에서 꾸준히 적용 범위를 넓혀가고 있다.

주요 특징

프로세스 및 데이터 모델링 도구 기반의 커스터마이징 지원

PLM 시스템 구축은 고객 고유업무의 As-Is 분석을 통해 도출된 To-Be 설계안을 바탕으로, PLM 패키지의 기본 기능을 커스터마이징 함으로써 구현되는 일련의 과정이다. Aone PLM은 자체 개발한 데이터 및 프로세스 커스터마이징 도구인 Adaptive-One Studio를 활용함으로써 고객업무에 최적화된 시스템 구축이 가능하다.

  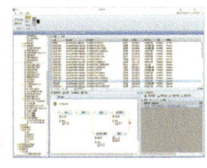

Adaptive-One Studio

Adaptive-One Studio는 Aone PLM이 구동되는 기반 환경인 Adaptive-One Framework의 설정 도구로서, 아래 그림과 같은 다양한 데이터 및 프로세스 모델링 도구들로 구성된다. PLM 시스템 구축을 위한 커스터마이징 작업에 이들 도구들을 사용함으로써 하드코딩을 최소화하고, 유연하면서도 신속한 시스템 구현이 가능하다. 이렇게 구축된 시스템은 추후 유지보수 단계에서 고객의 업무 변화에 따라 시스템 변경이 필요할 때에도 유연성을 발휘하게 된다.

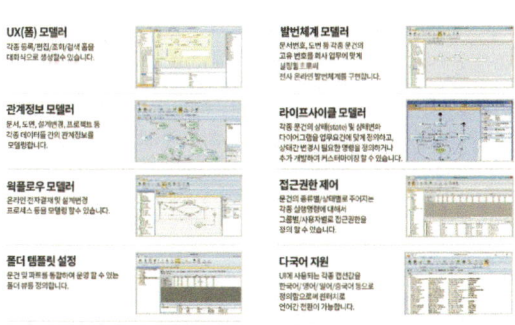

주요 기능

Aone PLM은 팀 단위의 기술문서/도면관리업무(EDM)은 물론, 전사단위의 통합된 PLM으로 확장 가능한 다양한 기능의 업무 모듈을 제공한다. 이들 모듈

주요 PLM 소프트웨어 소개

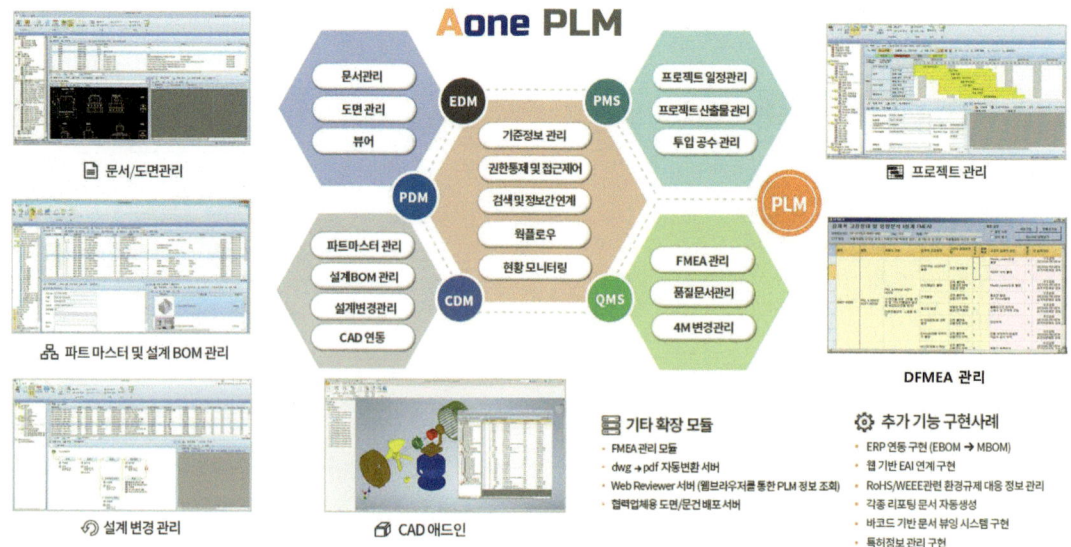

단위의 단계적인 확장성을 바탕으로, 기업은 점진적으로 PLM 역량의 고도화를 구현할 수 있다.

주요 고객 사이트

프로텍, 흥아기연, 진양오일씰, 대우공업, 포인트모바일, DMC, 훌루테크 등 (개발사 홈페이지 구축실적 참조)

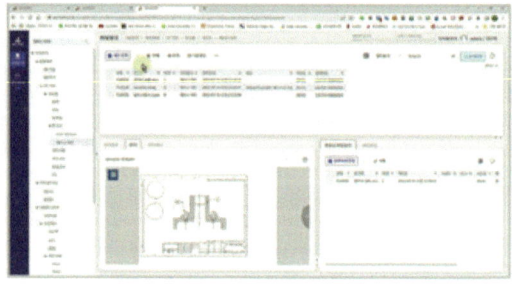

클라우드 서비스 Aone Cloud 출시

■ Aone Cloud(에이원 클라우드)는 AutoCAD 호환 캐드인 GStarCAD(지스타캐드)의 국내 공급 총판 모두솔루션과 공동으로 개발한 SaaS(Software As A Service) 개념의 클라우드 기반의 구독형 서비스이다.

■ Aone Cloud는 구독형 서비스이므로 복잡한 시스템 구축 없이, 웹 기반의 도면 및 기술문서 관리 솔루션을 즉시 사용할 수 있다. (www.AoneCloud.kr로 접속하여 사용)

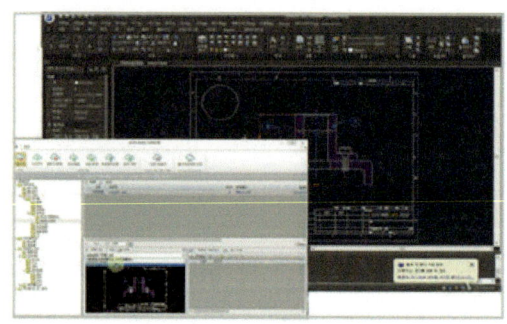

■ Aone Cloud는 Aone PLM의 Adaptive-One Framework 기반으로 개발되어 추후 본격적인 PLM으로 확장도 가능하다. 또한 GStarCAD 상에서 바로 클라우드 서버에 접속할 수 있는 플러그인을 제공함으로써 사용자는 CAD상에서 도면 관리의 모든 기능을 활용할 수 있다.

PART 6

오픈소스 PLM 소프트웨어
Aras Innovator

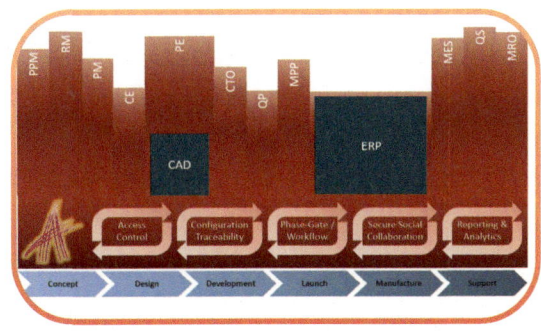

개발 Aras (미국), www.aras.com

자료 제공 알씨케이, 02-575-0877, www.rckorea.net

주요 특징

아라스 이노베이터(Aras Innovator)는 기업용 오픈 아키텍처 PLM으로, 소프트웨어 라이선스 비용을 없앰으로써 높은 초기 구축 비용을 절감시킬 수 있는 혁신적인 솔루션이다. 글로벌 제조 기업들의 연구개발(R&D) 역량을 향상시켜 제품 혁신(Product Innovation)이 가능하도록 지원하고 있다.

Aras Innovator는 PDM(도면/문서관리), PMS(과제관리), QP(품질계획)는 물론 RM(Requirement Management), MPP(Manufacturing Process Planning) 등 PLM의 전 영역에 대한 솔루션을 제공한다.

기대 효과

- Open-Source PLM
- 시스템에 대한 컨트롤과 유연성을 제공
- 마이크로소프트가 인증한 유일한 기업용 PLM 솔루션
- Customization과 주기적인 업그레이드
- Global PLM이 요구하는 시스템 성능을 제공
- 전세계 주요 기업에서 사용하는 엔터프라이즈 PLM 플랫폼의 모든 기능 확보
- 통합 DevOps 툴셋을 통해 관리되는 로우 코드의 툴로 완벽하게 사용자 커스텀 가능
- 새로운 버전에서도 모든 기존 사용 데이터 호환 가능

주요 장점

- 설계시간 단축
- 오류 방지
- 원가절감
- 품질 이슈 관리
- 재작업 방지
- 제품 품질 향상

파트너십 강화

최근 아비바는 아라스(Aras)와 산업용 '자산 라이프사이클 관리' 솔루션 제공을 위한 전략적 OEM 파트너십을 체결했다. 아라스는 복잡한 제품의 설계, 구축 및 운영 애플리케이션으로 가장 강력한 로우코드 플랫폼을 제공하는 기업이다.

아비바는 아라스 이노베이터(Aras Innovator) 플랫폼에 라이선스를 부여하여 아라스의 개방적이고 유연한 애플리케이션 포트폴리오와 아비바 유니파이드 엔지니어링(AVEVA Unified Engineering) 및 아비바 자산 정보 관리(AVEVA Asset Information Management)를 통합, 확장 가능한 자산 라이프사이클 관리 솔루션 시리즈를 제공할 예정이다.

도면/문서관리 솔루션
ASTRA PDM

개발 및 자료 제공 이노팩토리, 070-8270-4571,
www.innofactory.net

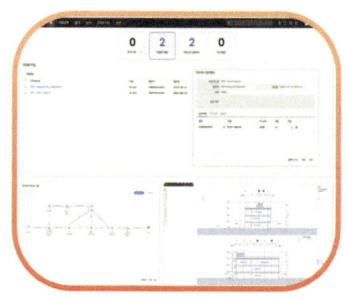

이노팩토리는 제조 소프트웨어 전문 기업으로 CAD/PLM/ALM/IoT 등의 분야에서 경쟁력 있는 솔루션을 개발, 유통, 구축 및 컨설팅을 진행하고 있다. 이노팩토리는 건축/설계, 엔지니어링, 플랜트, 제조 등 도면/문서를 활용하는 산업분야의 기업들이 ASTRA PDM을 통해 빠르게 디지털 전환을 이루어 쉽고 간편하게 회사의 중요 지적 자산들을 관리하고자 한다.

주요 특징

ASTRA PDM(아스트라 피디엠)은 로컬 컴퓨터와 같은 편리한 업무 환경을 제공하는 도면/문서관리 솔루션이다. 솔루션 도입에 부담을 느끼는 중소/중견 기업은 업무에 필요한 기능을 쉽고 효율적으로, 경제적인 가격에 사용할 수 있다.

윈도우 탐색기를 통한 문서/도면 수정이 가능하여 업무에 쉽게 적용할 수 있으며, 수정 이력이 자동 생성되어 파일의 유실이나 이력 관리에 용이하다.

HTML5 기반의 CAD Viewer를 탑재하여 별도의 CAD 프로그램 구매 없이도 언제 어떠한 환경에서도 도면을 볼 수 있다.

외산 PLM 수준의 강력한 Workflow 엔진을 탑재하여 BPM 솔루션 없이 다양한 업무 프로세스를 자동화할 수 있다. 중소기업의 취약점인 지적 자산의 축적 및 관리, 보안문제, 인력 퇴사로 인한 자료의 유실 및 유출에 대한 가장 확실한 솔루션이다.

주요 기능

■ **디지털 문서/도면 저장소** : ASTRA PDM에 문서와 도면을 저장하면 언제든 도면을 확인할 수 있어 오프라인 도면실이 필요 없다.

■ **이력 관리** : 문서나 도면을 수정하면 자동으로 파일의 버전 이력이 생성되어 과거 문서나 도면을 쉽게 찾아보고 비교할 수 있다. 랜섬웨어 등 외부 위협으로 인한 훼손 시 이전 버전으로 복구할 수 있다.

■ **윈도우 탐색기를 이용한 편리한 파일 관리** : ASTRA PDM에 업로드된 파일을 윈도우 탐색기에서 작업할 수 있다. 사용자의 PC 환경에서 작업하듯 파일의 생성/열기/수정/복사 기능을 사용할 수 있다.

■ **도면 보기** : 별도의 CAD 프로그램 구매 없이 CAD Viewer로 도면을 볼 수 있어 비용을 절감할 수 있다.

■ **감사 이력을 이용한 보안 강화** : 사용자가 접근한 데이터와 행동을 모두 기록하여 회사 자료의 외부 유출 사고를 대비할 수 있다.

■ **Workflow 엔진을 이용한 업무 자동화** : '전자결재' 뿐 아니라 '설계변경', '승인원' 등 다양한 형태의 업무 프로세스를 자동화할 수 있다. 사용자에게 할당된 작업과 진행중인 프로세스 현황을 확인할 수 있어 업무 효율을 증대할 수 있다.

■ **다양한 유형 및 속성** : 다양한 문서/도면 유형과 유형 별 추가 속성을 정의할 수 있어 업무에 필요한 사양으로 문서 및 도면을 관리할 수 있다.

PART 6

손쉽게 적용할 수 있는 실용적인 PLM 솔루션

Autodesk Vault PLM

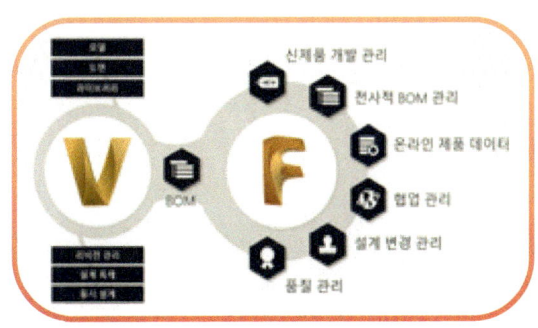

개발 및 자료 제공 Autodesk, 02-3484-3400, www.autodesk.co.kr

Autodesk(오토데스크)는 설계 솔루션을 시작으로 협업, 관리 솔루션에 이르기까지 제조분야에 토털 솔루션을 공급해오고 있다. Inventor(인벤터)와 AutoCAD(오토캐드) 외에도 엔지니어링 데이터를 체계적으로 관리하고 협업하기 위한 PDM 솔루션과 전체적인 제품 개발 프로세스를 최적화해서 관리할 수 있는 PLM 솔루션도 지원하고 있다.

Autodesk의 PLM은 사용하기 쉽고 자동화된 프로세스를 적용해서 이해 당사자들에게 효율성을 제공하는 데에 초점을 맞추고 있다. 이러한 Autodesk의 PLM 솔루션은 Autodesk Vault(오토데스크 볼트) PLM으로 제품 데이터 관리를 위한 Vault와 제품 개발 전반적인 과정에서의 제품 수명주기 관리를 위한 Fusion(퓨전) 360 Manage로 구성되어 있다.

주요 특징

Autodesk PLM 솔루션이 추구하는 것은 '실용성'이다. Autodesk Vault PLM은 제품의 도입만으로 간단히 PLM을 구축할 수 있도록 개발되어 있다. 도입 결정과 함께 즉시 구현이 가능하고 사용자가 쉽게 접근해서 사용할 수 있는 특징을 가지고 있다. 이러한 실용성을 위하여 Autodesk Vault PLM은 온프레미스와 클라우드 시스템을 연계하여 적용하고 있다.

강력한 보안과 CAD 통합

Autodesk Vault PLM을 구성하고 있는 Vault는 사내에 설치되고 운영되는 온프레미스 방식의 협업시스템이다. 회사의 주요 자산인 설계 데이터와 제품 관련 정보 등은 사내 Vault Server에 저장되기 때문에 시스템 보안 관점에서 안심하고 사용할 수 있다. 또한 CAD와 데이터베이스 간의 원활한 데이터 교환이 시스템의 기초라고 할 수 있는데, Vault는 CAD와 밀접하게 연계되어 데이터를 쉽고 빠르게 교환할 수 있고, 특히 Autodesk의 설계 솔루션과는 완벽한 통합성을 가진다.

유연한 PLM 시스템

Autodesk가 추구하는 PLM 시스템의 핵심은 단순성, 접근성, 유연성이다. 이러한 핵심 항목을 구현하기 위해 Autodesk의 PLM 솔루션인 Fusion 360 Manage는 클라우드 기반으로 필요한 기술과 서비스를 제공하고 있다. 클라우드 기반에서 기본적으로 제공하는 사용자 환경을 이용하여 PLM의 핵심 기능을 빠른 시간내에 적용하고, 쉽고 편리한 관리자 환경으로 회사의 프로세스와 가치를 최소한의 개발로 구현 가능

하도록 구성되어 있다.

언제 어디에서나 PLM 시스템에 접근하여 제품 개발과 관련된 업무를 끊김 없이 진행할 수 있고, 고객, 협력사 등과의 협업 과정을 필요한 보안 기능을 적용하여 통제할 수 있는 장점을 가지고 있다. 이러한 Autodesk Vault PLM의 Architecture는 보안과 성능, 접근성과 유연성을 동시에 만족시키는 방안이다.

주요 기능과 도입 효과

Autodesk의 PLM 솔루션은 기본적으로 제조분야의 설계 솔루션인 Inventor와 AutoCAD의 CAD 시스템을 기초로 한다. ① Vault Professional이 CAD 시스템과 통합하여 제품 데이터를 관리한다. 이러한 온프레미스 방식의 Vault는 Fusion 360 Manage와 연계되고, ② Fusion 360 Manage는 클라우드 기반으로 전사 차원의 제품 수명주기 관리를 지원한다.

Autodesk Vault Professional

설계 데이터와 제품 정보를 관리하는 Vault는 사내에서 안전하고 체계적인 협업이 가능하도록 하는 역할을 하고 있다. 몇 가지 주요 기능을 살펴보면 다음과 같다.

효율적인 동시 설계

Vault는 Autodesk CAD 제품 내에 통합되어 설계프로세스의 변화 없이 서버에 데이터를 저장하고 서버 저장 데이터를 열어서 작업할 수 있다. 이러한 체크인/체크아웃 기능으로, CAD내에서 체크 아웃된 다른 사용자를 확인할 수 있고, 동시 수정을 방지하여 안전하고 효율적인 협업을 가능하게 한다.

BOM 관리

Vault에서는 CAD 설계 파일로부터 정확한 BOM을 추출하고 관리할 수 있다. CAD 부품 구조를 이용해서 자동으로 BOM을 생성하고, 설계 파일 속성을 이용해서 BOM 속성을 관리한다. 또한 유사 모델이나 리비전 간에 어떤 부분이 변경되었는지를 확인할 수 있는 비교 기능도 포함하고 있다.

리비전 관리

릴리즈되어 양산 중인 도면의 수정을 막고, 이로 인한 오류를 방지하기 위하여 리비전 관리 기능을 제공한다. Vault에서는 저장된 설계 데이터와 문서에 각각 리비전 체계를 지정하고 릴리즈 되면 데이터가 잠기게 된다. 잠긴 데이터는 수정이 불가하고, 수정은 설계 변경 프로세스를 통해서 할 수 있다.

ECO

체계적이고 안전한 방법의 설계 변경을 위하여 Vault에서는 설계 변경 요청에 대한 프로세스를 지원하고 있다. 설계 변경 프로세스를 사전 정의할 수 있고, 이 라우팅에 따라서 릴리즈 된 데이터의 ECO(설계 변경 주문서)를 작성하면 관리자가 검토 후 승인 여부를 결정하게 된다. 이러한 Vault와 Fusion 360 Manage 간에는 제품 개발 부서에서 만들고, 변화하며 관리하는 BOM 데이터가 연계된다.

Fusion 360 Manage

Fusion 360 Manage는 제품개발에 관련되는 모든 구성원과 데이터, 프로세스 연결을 위한 클라우드 기반의 PLM 솔루션이다. 온프레미스 방식의 협업 시스템인 Vault를 이용하여 보안과 성능을 만족시키고, 클라우드 기반의 Fusion 360 Manage를 통하여 접

PART 6

근성과 유연성을 확보할 수 있다.

Autodesk는 이 두 가지 제품을 Vault PLM이라는 이름으로 제공하고 있고, 신제품 개발 관리, 전사적 BOM 관리, 협업관리, 제품 변경 관리, 그리고 품질 관리까지 5가지 주요 기능을 지원하고 있다.

신제품 개발 관리 – NPI

NPI는 회사에서 진행되고 있는 제품 개발 과정의 전반적 프로세스를 통제하고 관리할 수 있는 기능이다. 새로운 제품을 적시에 예산에 맞게 출시하는 과정에서 비효율적 요소를 제거하기 위하여 표준화된 프로세스를 제공하고 있다. 제품 개발 단계별로 수행되어야 하는 작업을 사전 정의하고 그 산출물과 마일 스톤을 통해서 신제품 개발이 잘 진행되고 있는지 점검하고 추적할 수 있다. 제품 개발이 어느 정도 진행되고 있는지, 무슨 일이 일어나고 있는지를 실시간으로 관찰할 수 있다.

전사적 BOM 관리

기업 전체에서 구조화된 제품 BOM을 중앙 집중식으로 관리하고 공유하여 최신의 정확한 정보를 보장하도록 지원한다. BOM 정보가 클라우드 PLM과 항상 동기화 되고, 신속하고 효율적인 리비전 제어를 동하여 사용자가 원하는 정보에 정확하게 접근할 수 있도록 해준다. 이러한 전사적 BOM 관리로 BOM 정보가 언제 어떻게 변경되는지 추적하는 이력 관리가 가능하다.

공급업체 협업 관리

24시간 온라인으로 연결되어 있는 클라우드 기반 PLM 시스템은 제품 개발에 관련된 모든 구성원에게 끊김 없는 협업 시스템을 제공한다. 시스템을 통해 견적, 조달 및 공급업체 관리에 필요한 정보에 언제 어디서나 접근할 수 있다. 그래서 공급 업체의 선정이나 정기 감사, 규정 준수 여부 등을 이 시스템의 최신 정보를 기반으로 진행할 수 있고, 그 이력을 관리할 수 있다.

제품 변경 관리

제품 변경사항이 하나의 협업 환경에서 완전히 정의되고 검토, 승인, 구현되도록 지원하고 있다. 이를통해 시스템에서 변경 관련 정보에 바로 접근할 수 있고, 모든 사용자가 변경 요청과 변경 지시의 과정과 상황을 실시간으로 정확하게 알 수 있다. 또한 전사적으로 발생하고 있는 제품 변경 활동을 관찰하고 이력 관리를 통해 과거의 추적성 확보를 가능하게 해준다.

품질 관리

워크플로우를 자동화하여 부적합 품목 식별 및 분석에서 RMA, CAPA 및 설계 변경까지의 품질 체인을 관리할 수 있도록 지원한다. 표준화되고 정규화 된 품질 관리 프로세스를 기본적으로 제공하고 있으며 사내에서 운영되고 있는 품질관리 프로세스를 반영할 수 있다. 또한 품질 이력관리를 통하여 추적성을 확보하고 변경 관리와 연계된 품질 문제의 이력을 관리할 수 있다.

이와 같은 주요 기능 외에도 Autodesk PLM App Store에서 좀더 상세하고 효과적인 모듈을 무상으로 추가하고 확장하여 사용할 수 있다. 또한 기존 시스템과의 쉬운 연계성을 위하여 Rest API를 제공하고 있으며 서드파티 연계 솔루션들도 제공되고 있다.

클라우드 기반의 유연한 PLM

Autodesk PLM 솔루션은 클라우드 기반의 유연한 PLM으로 도입 결정과 함께 즉시 사용할 수 있고, 조직에서 필요한 요구사항을 유연하고 쉽게 현실화할 수 있다.

소비재 PLM 솔루션

Centric PLM

개발 및 자료 제공 센트릭 소프트웨어,
02-2190-3762, www.centricsoftware.com/ko

　실리콘 밸리에 본사를 두고 있는 센트릭 소프트웨어는 패션, 아웃도어, 럭셔리, 식음료, 화장품 및 퍼스널케어, 가전제품 등 소비재, 리테일 분야의 기업들이 기획, 디자인, 제품 개발, 소싱, 구매, 제조, 가격 책정, 할당, 판매 및 보충을 포함한 제품 콘셉부터 출시 단계의 전체 프로세스 관리를 위한 완벽한 고객 맞춤형 솔루션을 제공한다.

주요 특징

　센트릭의 주력 상품인 Centric PLM(센트릭 피엘엠)은 제품의 디자인, 개발, 소싱 및 제조 단계에서 디지털 기술을 통해 제품 개발 프로세스를 최적화하고 비용 절감 및 업무 효율성을 극대화한다.

주요 기능

　Centric PLM은 단독으로 사용하거나 센트릭 소프트웨어의 여러 제품군을 서로 연동하여 사용할 수 있으며, 이를 통해 제품 출시 전체 프로세스를 완벽하게 지원하고 있다. 이러한 혁신 기술은 시장 중심으로 개발되었으며, 다른 솔루션과 쉽게 연동이 가능하며, 수천 가지의 다양한 작업 방식으로 맞춤 구성이 가능하도록 하는 센트릭 소프트웨어의 기본 원칙을 준수하고 있다.

　센트릭 솔루션은 다양한 유형의 소비재, 시즌별 변화 패턴, 비즈니스 모델, 제조 방식, 문화적 특성 및 언어 등 광범위한 요구 조건을 충족시키고 있다. 센트릭은 기존의 맞춤형 소프트웨어 방식과는 다른 접근 방식을 따르고 있으며, 바로 적용이 가능하고 빠르게 업그레이드 및 개선할 수 있도록 개발되었다. 센트릭은 고유한 애자일 배포 방법론을 개발함으로써 가치 실현 속도를 극대화하고 있다.

도입 효과

　판매율 증가, 마진 개선, 소비자와의 유대감 형성, 신제품 출시 가속화, 지속가능성 목표 달성, 구매 프로세스 최적화, 시장 출시 시간 단축 등 제품 컨셉부터 출시 단계까지의 전체 프로세스를 관리하는 솔루션을 통해 기업이 원활하게 업무를 수행하고 실제 적용 가능한 정보와 인사이트를 제공함으로써 기업의 전략적 목표를 실현할 수 있도록 지원하고 있다.

주요 고객

　Big Lots, SPC, Monoprix, Auchan, Tesco, Kroger, LVMH, Pan Pacific International Holdings, JD.com, Woolworths, F&F, Gentle Monster, MCM, Cosmecca Korea, Helinox 등 12,500 개 이상의 아이코닉한 브랜드를 위한 제품을 만드는 750 개 이상의 기업들이 센트릭 소프트웨어를 신뢰하고 있다.

PART 6

CAD 통합 모듈
CADPlus

개발 및 자료 제공 에스더블류에스, 02-6954-4700, www.sws.co.kr

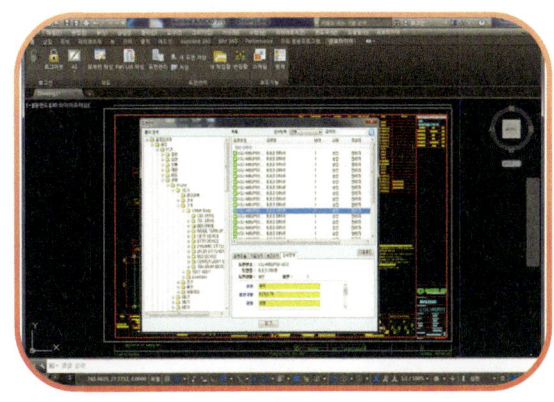

CADPlus는 다양한 PLM 솔루션과 연계하여 사용할 수 있는 에스더블류에스가 개발한 CAD 통합 모듈로, 설계 분야에서 일하는 엔지니어들이 더 효과적이고 편리하게 설계 과정을 수행하여 제품을 신속하게 개발하기 위해 사용되는 확장 프로그램이다.

CADPLUS는 업무 프로세스의 간소화 및 협업을 강화하고 설계에 대한 오류를 줄이는 등 CAD의 기능을 확장하거나 개별적인 작업을 자동화하여 CAD 사용자가 더 쉽게 작업하고 관리할 수 있도록 한다. 궁극적으로는 생산성과 제품 개발의 수명주기를 향상시키며 제조, 건설, 자동차 설계, 항공우주 공학, 전기, 전자 등 다양한 산업군에서 매우 중요하게 작용하여 사용되고 있다.

주요 특징

■ 사용자 정보 및 권한 연계의 동일성 : PLM 시스템과 CAD 간에 사용자 정보와 권한을 같이 적용하여 사용자에게 일관된 기능을 제공하고 데이터 보안을 유지한다.

■ 표준 템플릿 생성 및 정보 추출 : 다양한 템플릿을 제공하여 도면을 표준화할 수 있다. 표준화된 서식은 사용자가 수정할 수 없도록 제어하여 설계 표준화를 정립할 수 있으며 도면 검증에도 활용할 수 있다. 이렇게 생성된 도면은 표제란 및 파트 리스트 정보를 추출할 수 있다.

■ 최종 BOM 자동 생성 : 완제품 및 반제품 등 부품의 정보를 추출하여 자동으로 상하관계를 구성하며 EBOM, MBOM 등으로 제공한다.

제품 구성

■ 도면 내 데이터 추출 : 도면 안에 있는 데이터 중 수집이 필요한 항목을 정의하고 등록 시 자동 추출하여 데이터베이스에 저장할 수 있다. 수집한 데이터는 검색 조건으로 사용하여 해당 정보가 포함된 도면을 찾을 수 있고, 검색된 도면의 변경이력 확인 및 뷰어, 출력, 다운로드, PDF 변환과 같은 기능으로 다양하게 활용할 수 있다.

■ 심벌 라이브러리 : 도면 설계 시 공통으로 사용하는 심벌을 표준화하여, 모든 설계자가 공유할 수 있는 기능이다. 볼트, 너트, 모터와 같은 정형화된 제품 및 실린더와 같은 반정형화된 제품도 구성할 수 있다.

■ 자동화 설계 : 설계 시 단순 반복적이고 시간 소모적인 작업을 자동화하여 생산성을 향상시킨다. CAD 자동화로 휴먼 에러를 최소화하고 설계 오류를 감소시

킨다. 정확한 계산과 복잡한 계산, 측정을 수행하며 오류를 최소화하는데 도움을 준다.

■ AutoBOM : 설계도면 내 데이터를 통해 BOM을 생성한다. 계층구조로 구성되며 ERP 시스템과 연동하여 EBOM, MBOM으로 확장할 수 있다. BOM을 등록하여 관리가 가능하며, 제품 설계, 공학 및 제조 분야에서 상세한 BOM을 생성하는 프로세스를 간소화하고 효율성, 정확성 및 협업을 향상시키는 역할을 한다.

■ 3D 통합 : 3D CAD와의 연계를 통해 Assembly 및 Part의 속성 정보를 하나의 화면에서 생성 및 편집할 수 있는 기능을 제공하며, PLM System 내 3D 데이터를 일괄적으로 등록할 수 있다. 표제란 및 Partlist의 작성 및 BOM 생성을 도면 파일 및 도면 내 데이터 관리를 수행할 수 있다.

■ 설계 도면 검증 : 도면 설계 시 각 업무에 따라 정해진 설계 기준이 있지만, 바쁜 업무와 너무 많은 데이터로 인해 설계 오류가 발생할 수 있다. 이는 제품의 품질, 신뢰성 및 효율성에 부정적인 영향을 미친다. 설계 오류를 줄이기 위해 도면에 포함된 데이터(텍스트, 블록, 레이어 등)를 검증하여 팀 간의 협업 및 품질에 대한 향상분 아니라 비용 절감과 시간 절약의 효과가 있다.

도입 효과

CADPlus는 제품에 대한 설계 및 개발, 제조, 건설 및 공학 분야 등 다양한 분야에 도입하여 사용되고 있으며, 다음과 같은 다양한 효과를 얻을 수 있다.

■ 효율성 향상 : 설계 및 개발 프로세스를 최적화하여 생산성을 향상시킨다.

■ 정확성 증가 : 오류를 최소화하고 보다 정확한 설계를 통하여 휴먼 에러를 줄일 수 있다.

■ 품질 향상 : 정확하고 일관된 설계를 통해 제품의 성능과 신뢰성을 향상시킨다.

■ 데이터 및 프로젝트 관리 : 설계 데이터를 관리하여 보안을 강화하고 프로젝트 진행 상황에 따른 리소스 할당을 최적화하는데 도움을 준다.

■ 커스터마이징 : 사용자에 따른 정의가 가능하며 특정 요구에 맞게 조정이 가능하다.

■ 비용 절감 : 오류와 재작업의 시간을 줄이고 생산성을 향상시켜 비용 절감의 효과를 얻을 수 있다. 제품 개발 및 설계에 따른 보다 정확하고 빠르게 제품을 시장에 내놓는데 도움이 되며, 다양한 산업 분야에서 경쟁력을 확보하고 효율성을 향상시킬 수 있다.

주요 고객사

삼성디스플레이, SKC, 한화기계, 금호타이어, 서울교통공사, KAIST, 동우화인켐, 우진산전 등 약 50여 개 업체에서 사용하며 업무의 효율 및 생산성 향상에 효과를 얻고 있다.

PART 6

스마트 제품수명주기관리 소프트웨어
DynaPLM

개발 및 자료 제공 아이보우소프트,
02-6956-7116, www.ibowsoft.com

DynaPLM(다이나피엘엠)은 최고 성능, 최적 비용으로 PLM 솔루션을 합리적으로 구축하는 국산 PLM 소프트웨어이다. 국내는 물론 일본, 중국, 대만에 레퍼런스를 보유한 국산 상용화 PLM 1호 제품이다.

제품부품 (DynaPART)

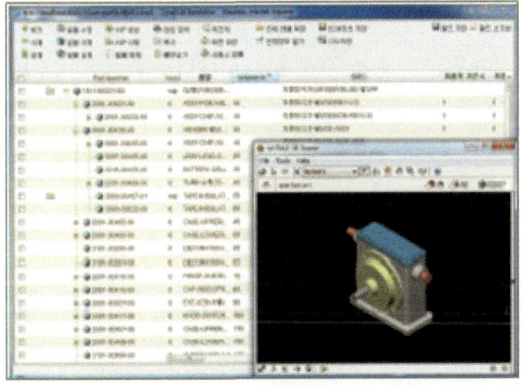

- 부품/제품/반제품 분류체계 (품번 부여 표준화)
- 분류체계에 의한 자동 품번 발번 기능
- 설계 정보 (원재료, 규격, 표면, 색상, 단가)
- 생산 정보 관리 (구매처, 외주, 자작, 사급)
- 부품 사용현황 관리 (역전개, 정전개)
- 연관 부품 관리(대체품, 호환품)
- 버전 관리 (설계변경 이력 연계 관리)
- 다중 도면 (도면 및 Data 연계 관리)
- 관련 문서 (스펙, 시방서, 인증서, 카다로그)

- BOM 정합성 관리
- 설계 BOM, 생산 BOM 연동
- 조건 조합 검색 기능 (유효일자, 리비전 등)
- BOM 전개와 조회 (정전개, 역전개)
- 도면, 부품, ECO 연계 관리
- 변경 전/후를 비교하고 활용 가능
- BOM 추가, 복사, 삭제 및 편집
- 3D 모델 구조 와 E-BOM 연결
- BOM 엑셀 Export / Import

도면문서 (DynaDOCS)

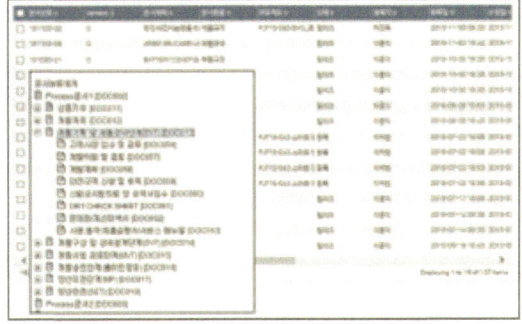

- 내부 원도 관리
- 도면 권한 관리
- 도면 검토 협업 (Viewer)
- AutoCAD, Pro/E File 등록 지원
- 도면 정보, 버전, 버전이력, 상태 관리

주요 PLM 소프트웨어 소개

- 도면 등록, 검색, 수정, 삭제 기능
- 주력 CAD-PLM 연동(CATIA, NX, CREO)
- 부품/BOM 정보 자동추출
- 공정 단계별 산출물 연계관리
- 문서/기술 스펙 분류체계 관리
- 부품/설변/프로젝트와 Link 관계
- 문서/기술 스펙정보 ,버전,이력, 상태
- 다양한 검색 조건에 의한 검색 지원
- 전자결재 및 승인/배포
- 시리즈 공용부품 연계문서 관리 기능
- 문서/Spec 번호 자동 채번
- 검토내역 등록 / 모니터링 관리
- 일반문서, 표준문서, 양식관리, 인증문서
- 품질문서 관리 (QC공정표, 작업지도서 등)

캐드연동 (DynaCADIN) 기능

- CAD Model 정보 관리
- Multi CAD Model File 관리 가능
- CAD Model Structure 관리
- Check In/out 관리, Version 관리.
- Preview 파일 생성 및 조회.
- Viewing용 파일 자동생성
- 배포용 변환 파일
- Lock/Unlock 기능
- Key-In Title, BOM 기능 (Key-in Manager)

설계변경 (DynaFLOW)

- 설계 변경 통보(ECO), 설계 변경 요청(ECR)
- Workflow를 이용한 설계변경 절차
- 설계변경 적용 시점 관리 (ERP 연계)
- 설계변경 정보(원인, 유형, 비용 등) 분석 기능
- 설계변경 적용 진도 관리
- 설계변경 이력 관리
- EC별 제품정보(부품, 문서, 도면,BOM) 연계
- ECO Hardcopy (갑지,을지) 지원

도면뷰어 (VizVIEW)

- 일반 번들 뷰어, 고성능 상용 뷰어
- 전자 도면배포 실현 (도면검토, 도면배포)
- 저사양 PC에서 CAD 열람 (가시화 속도 증강)
- CAD 포맷 (CATIA, NX, CREO, ACAD 외)
- 온라인 포맷 (PDF, Image, Office 외)
- 온라인 배포용 경량 CAD 파일 변환
- 치수 측정, 디지털 서명, 도면 비교 등

프로젝트 (DynaTASK)

- 프로젝트 업무단계 정의 및 일정진도관리
- 기존 유사 프로젝트 일정 복사 생성 기능
- WBS(Work Breakdown Structure) 구성
- 단계정보, 작업항목, 시작완료 일정계획
- 시작 완료시 통보지정, 작업완료 조건지정
- 태스크간 선행 후행 관리
- 프로젝트 산출물 연계 관리
- 프로젝트 일정변경 요청/통보 기능
- 프로젝트 모니터링(Gantt, Table, Block)

PART 6

디지털 제조 및 계획 소프트웨어
DELMIA

개발 및 자료 제공 다쏘시스템, 02-3270-7800, www.3ds.com/ko

주요 특징

3DEXPERIENCE 플랫폼에서 구동되는 DELMIA(델미아)는 제조 전 단계의 가상화 및 생산현장과의 동기화를 통해 지속적 제조 최적화를 위한 기반을 제공한다. 즉, 업계 및 서비스 공급업체의 가상 세계와 현실 세계를 연결하여 운영을 협업, 모델링, 최적화, 수행할 수 있도록 도와준다.

DELMIA는 가상 모델링 및 시뮬레이션을 실제 운영 환경과 함께 활용하여 공급업체부터 제조업체, 물류 및 운송업체, 서비스 사업자 및 인력까지 가치 네트워크 관계자 모두에게 완벽한 솔루션을 제공한다.

DELMIA 제조 운영 관리 솔루션은 글로벌 생산 운영의 변모를 꾀하여 운영 효율성을 달성 및 유지한다. 이는 글로벌 규모의 제소 운영 및 공급망 프로세스에서 가시성, 통제력 및 동기화를 개선하기 위해 모든 관계자들을 연결하는 공유 디지털 환경인 디지털 연속성을 통해 달성된다. 결과적으로 기업 및 확장된 글로벌 공급망에서 기민성이 향상되고 지속적으로 확대 개선된다.

모델 기반, 데이터 중심 디지털 사용자 환경을 제공함으로써 제조업체는 종합적으로 생성, 관리, 통제할 수 있는 글로벌 규모의 공통 운영 프로세스를 수립할 수 있다.

DELMIA는 클라우드 기반 3DEXPERIENCE 플랫폼으로, 최신 앱 및 온라인 서비스 카탈로그에 액세스하여 팀, 고객 및 외부 기여자와 협업할 수 있게 해 사용자는 기존 IT 시스템의 한계에서 벗어날 수 있다. 모든 것이 클라우드에 저장되므로 데이터를 잃을 염려가 없으며 팀원들은 언제든지 안전한 액세스를 보장받는다. 이 같은 디지털 액세스 관리로 지적 재산을 보호하고 팀원이 필요한 정보를 효율적으로 확인할 수 있도록 지원한다.

분야별 델미아 활용 방안
협업 운영 분야

DELMIA Collaborative Operations는 3DEXPERIENCE 운영 비전의 초석이다. 이러한 비전과 함께 린 비즈니스라는 표준 엉역이 등장하여 디 나은 팀 관계를 구축하고 디지털 프레임워크 내에서 3D 콘텐츠 및 데이터를 시각화한다.

DELMIA 3DLean은 모든 관계자가 공통된 이해를 할 수 있도록 하면서 팀이 함께 혁신을 이룰 수 있는 새로운 방법을 찾을 수 있도록 지원함으로써 다양한 팀의 과제와 목표를 해결하여 운영 효율성을 지속적으로 개선한다.

사용자는 협업 지침을 제공하고 팀 성과를 개선하기 위한 프레임워크와 함께 모든 기능을 수행하는 팀 및

다부서 팀에 가치를 실현할 수 있다. 효율적인 협업은 사용자를 디지털 방식으로 연결하여 기업이 기업 전체에 대한 가시성, 제어 및 동기화를 확보할 수 있도록 함으로써 이뤄진다.

산업 엔지니어링 분야

DELMIA Industrial Engineering은 글로벌 운영을 계획, 시뮬레이션, 모델링함으로써 혁신과 효율성을 실현한다. DELMIA를 통해 제조 및 서비스 공급업체는 설계 영향부터 글로벌 수요를 충족시키는 방법의 결정까지 전체 운영을 가상으로 체험할 수 있다 이것이 가능한 이유는 엔지니어링, 제조, 물류, 서비스까지 운영 전반을 아우르는 단일 3D 데이터 모델 덕분이다.

고객은 가치 네트워크, 공장 레이아웃, 운송 계획, 공정 계획, 물류 계획 및 인력 계획을 가상으로 검증하여 경쟁에 신속하게 대응하거나 새로운 시장 기회를 이용할 수 있다 제조업체를 위한 이러한 기능은 시각화를 제품 영역을 넘어 제조 및 운영으로 확대하여, 물리적 플랜트나 생산 라인이 구축되기 전에 제조 프로세스를 시뮬레이션 할 수 있도록 지원한다.

제조 및 운영 분야

DELMIA Manufacturing & Operations 솔루션은 운영 효율성을 높이고 유지하기 위해 글로벌 운영을 혁신한다. 이는 글로벌 규모의 제조 운영 및 공급망 프로세스에서 가시성, 통제력 및 동기화를 개선하기 위해 모든 관계자를 연결하는 공유 디지털 환경인 디지털 연속성을 통해 달성된다. 그 결과, 기업 및 확장된 가치 네트워크에서 민첩성이 향상되고 지속적인 개선이 확대된다.

모델 기반, 데이터 중심의 디지털 사용자 환경을 제공함으로써 고객사는 종합적으로 생성, 관리, 통제할 수 있는 글로벌 규모의 공통 운영 프로세스를 수립할 수 있다.

DELMIA Apriso는 제조 플랫폼으로 작동하는 통합된 단일 솔루션을 통해 제조 기업 전반의 운영을 관리할 수 있다는 점에서 특별하다. DELMIA Apriso는 생산, 품질, 창고, 유지 보수, 노동, 공급망과 관련된 프로세스를 비롯하여 회사 전반의 제조 운영 프로세스를 관리하고 실행한다. 기존의 제조 실행 시스템보다 훨씬 더 뛰어난 기능을 갖춘 DELMIA Apriso는 유연성을 높이는 동시에 비용을 절감하고 품질을 향상시키기 위해 모든 제조 운영에 대해 필요한 실시간 가시성과 통제력을 갖춘 계획 시스템을 기업에 제공한다.

공급망 관리 및 최적화 분야

DELMIA Supply Chain Planning & Optimization은 전체 계획 기간 동안 제조, 물류, 운송, 인력 운영 내 복잡한 비즈니스 프로세스의 현실 기반 계획, 일정 수립, 최적화를 지원한다. 100% 맞춤 모델을 기반으로 하며 생산 설비, 재고, 물류 제약 조건, 계약상의 요구 사항 등 조직 고유의 모든 규칙과 제약 조건을 반영하도록 구성되었다. 그리고 일상 작업의 최고점과 최저점에 빠르게 적응할 수 있을 만큼 유연하다. 그 결과, 각 조직의 KPI에 따라 최적화되고 항상 업무 현실과 긴밀히 연계되는 실현 가능한 계획을 완성할 수 있다.

DELMIA Ortems는 최적화, 계획 및 스케줄링을 제공함으로써 DELMIA 디지털 제조 및 DELMIA Apriso 솔루션을 보완한다. DELMIA Ortems는 원자재에서 완제품에 이르기까지 제약 기반의 유한 용량 자원 최적화 및 생산 흐름 동기화 기능을 추가한다.

PART 6

글로벌 협업 PLM 솔루션
ENOVIA

개발 및 자료 제공 다쏘시스템, 02-3270-7800, www.3ds.com/ko

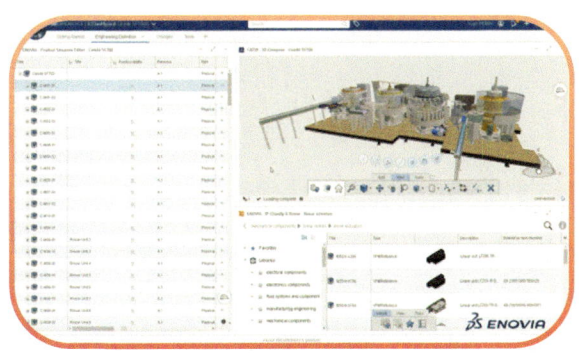

주요 특징

ENOVIA(에노비아)는 기업 내 모든 사용자들이 방대한 기술 및 비즈니스 애플리케이션 포트폴리오를 활용할 수 있도록 지원한다. ENOVIA를 통해 팀은 서로 협업하고 혁신하면서 계획을 세우고, 성공적으로 이행할 수 있다.

성공적인 계획이란 지속적인 최적화, 실시간 진행 상황 추적, 업계 표준 및 규정 준수 등에 대한 유연성을 포함한다. 팀은 ENOVIA를 통해 협업하고 혁신하여 언제 어디서나 어떤 장치에서든 성공적인 계획을 안전하게 구축 및 실행할 수 있다.

ENOVIA는 제품 데이터 관리(PDM), 제품 수명주기 관리(PLM), 변경 관리, 구성 관리, 제품 설계 검토, IP 보호 및 재사용, 제품 정의 및 출시 관리(BOM 관리), 품질 관리 및 준수 관리 등 제품 개발을 위한 폭넓은 기능을 갖추고 있다.

ENOVIA는 자사의 CATIA V5, SOLIDWORKS 외에도 타사 기계 및 전기 설계 애플리케이션을 3DEXPERIENCE 플랫폼과 연결해 사용자가 설계 환경 내에서 ENOVIA 기능에 쉽게 액세스하고 가치 네트워크 전반에서 설계 데이터를 공유할 수 있도록 한다.

클라우드 기반 3DEXPERIENCE 플랫폼으로 최신 앱 및 온라인 서비스 카탈로그에 액세스하여 팀, 고객 및 외부 기여자와 협업할 수 있게 해 사용자는 기존 IT 시스템의 한계에서 벗어날 수 있다. 모든 것이 클라우드에 저장되므로 데이터를 잃을 염려가 없으며 팀원들은 언제든지 안전한 액세스를 보장받는다. 이 같은 디지털 액세스 관리로 지적 재산을 보호하고 팀원이 필요한 정보를 효율적으로 확인할 수 있도록 지원한다.

협업 기능

ENOVIA의 다양한 기능 중에서 PLM 프로젝트 효율성을 제고하는 협업 기능은 다음과 같다.

ENOVIA 3DSwymer

ENOVIA 3DSwymer는 직원, 파트너, 공급업체, 고객, 소비자 및 규제 기관을 프레임워크로 연결하여 지속 가능한 혁신을 주도한다.

사람과 정보 연결

3DSwymer는 모든 사용자를 디지털 방식으로 연결하는 앱과 서비스를 제공한다. 사용자는 공동 작업자, 소비자 및 고객과 소통하고 실험하며 사회적 커뮤니티를 구축해 혁신을 공유할 수 있다. 초기 아이디어 프로세스에 소비자와 고객을 참여시켜 개념과 아이디어를 검증함으로 시장 출시 기간 단축을 돕는다.

또한 3DSwymer를 사용해 최소한의 노력으로 가치 사슬 전반에 걸쳐 귀중한 피드백을 수집하고 평가할 수 있다.

혁신적인 제품 개발을 위한 효율적인 협업

구조화된 소셜 환경을 조성하여 사회 혁신을 촉진하고 모든 이해관계자 간의 협업을 촉진한다. 또한 실시간 인텔리전스를 통해 비즈니스의 가장 중요한 측면을 실시간으로 파악할 수 있다. 여기에 더불어, 다양한 시스템에 연결된 데이터 소스를 활용하여 종합적인 정보 인덱스를 구축할 수 있어 더욱 효율적인 의사 결정을 가능케 한다.

3D 시각화 기능을 통해 모든 장치에서 부품과 어셈블리를 3차원으로 확인할 수 있어 제품 및 경험 개발 과정을 더욱 직관적으로 이해한다. 더불어, 사용자는 즉각적인 알림을 통해 추적된 모든 활동에 대한 정보를 신속히 확인할 수 있어 보다 원활하게 프로젝트를 진행할 수 있다.

3DEXPERIENCE 플랫폼으로 협업 강화

3DEXPERIENCE 플랫폼은 혁신 프로세스의 모든 이해관계자가 실시간으로 원활하게 협업할 수 있도록 지원한다. 우선, 전용 커뮤니티 내에서 활동 스트림, 채팅, 비디오, 사용자 태그가 지정된 댓글과 같은 다양한 창구를 통해 피드백을 수집한다.

또한 이 플랫폼은 개인화된 대시보드, 데이터 피드 알림, 동시 설계를 지원하여 팀의 의사 결정과 설계 성숙도를 동시에 향상시킨다. 효과적인 디지털 액세스 관리를 통해 지적 재산 보호를 위한 효율적인 환경을 보장한다.

ENOVIA Project Planner

ENOVIA Project Planner는 하나의 플랫폼에서 하나의 프로젝트 계획으로 프로젝트 관리를 최적화하고, 클라우드 기반으로 언제 어디서나 팀원들이 액세스할 수 있다.

팀 기반 프로젝트 관리 앱

ENOVIA Project Planner는 모든 이해관계자에게 간편한 프로젝트 관리를 지원해 프로젝트 성과를 최적화한다. 프로젝트 계획, 실행 및 모니터링에 대한 유연하고 협업 가능한 접근 방식을 통해 팀을 연결하고, 프로젝트 작업, 기간, 마일스톤을 관리하여 프로젝트 성공을 보장한다. 한정적인 리소스와 수행할 작업을 기반으로 계획을 개선하여 효율적인 프로젝트 실행을 위해 팀 협업을 촉진한다.

올바른 작업 관리 소프트웨어로 프로젝트 실행 비용 절감

프로젝트 범위, 작업 기간, 종속성, 마일스톤을 정의한다. ENOVIA Project Planner의 직관적인 계획 엔진을 활용하면 프로젝트 일정을 자동으로 최적화하여 생산성을 높이고 중요한 마일스톤을 손쉽게 달성할 수 있다. 또한 필요에 따라 종속된 작업을 생성하고 작업 순서를 원활히 조정할 수 있다.

3DEXPERIENCE 플랫폼의 간트 차트 소프트웨어로 팀 협업 강화

ENOVIA Project Planner는 모든 이해관계자를 프로세스에 실시간으로 손쉽게 연결한다. 또한 3DEXPERIENCE 플랫폼의 전용 커뮤니티에서 활동 스트림, 채팅, 비디오 및 사용자 태그가 지정된 댓글을 통해 콘텐츠를 원활하게 공유할 수 있다.

PART 6

전체 제품 수명주기 관리 솔루션

FabePLM

개발 유라 IT사업본부, www.fabeplm.com

자료 제공 유라, 070-7878-7004, www.yurasolution.com

FabePLM(페이브피엘엠)은 다년간 제조현장을 지원해온 유라 IT사업본부에서 프로세스를 설계하고 기능을 구현하여 현장에 적용한 우리나라 중소·중견기업용 PLM 솔루션이다.

'더 빨리 더 좋게(Fast and Better)'라는 회사의 이념을 솔루션의 명칭으로 지정하여 제조현장에 빠른 시간에 더 좋은 품질의 제품을 생산할 수 있도록 지원하기 위한 PLM 솔루션으로, 프로젝트와 도면, 제품 및 부품정보를 관리하고 변경사항에 수시로 대응할 수 있도록 설계변경 관리 기능을 기본으로 탑재하고 있다.

중소기업에서 사용할 수 있도록 BOM 관리 기능을 적용하여 수작업으로 진행하는 BOM 작성 방식을 도면의 CAD 통합 기능을 통해 수작업의 불편함을 최소화하였고, 3D Viewer 기능 제공을 통해 설계 툴이 없는 사용자들도 Viewer를 통해 도면을 확인하고 기본적인 간섭체크와 길이 측정 등의 다양한 설계업무 작업을 수행할 수 있도록 지원하고 있다.

FabePLM은 On-Premise와 Cloud 두 가지 버전으로 공급하고 있다. Cloud FabePLM은 구독료 방식을 통해 제공하고 있고, 2023년 클라우드 품질성능 검사를 통과하여 보다 안정적이고 효율적인 서비스를 제공하고 있다.

주요 특징

■ FabePLM은 제조업 현장에서 검증된 프로세스와 기능 중심으로 구성되어 안정성 높은 기능을 제공한다.
■ 사용환경 변화에 따른 비용 투자, 솔루션 재구매 등에 대한 비용 절감(CAD 버전 호환 및 네트워크 라이선스 제공)
■ 동일 업무에 대한 기능 / 정보 공유 및 기능 업데이트 제공, 고객 심사 대응 정보 공유
■ 유지보수 및 기술지원에 대한 공급업체의 불안감 해소, 풍부한 경력의 개발인력 자원 보유

주요 기능

FabePLM의 주요 기능은 프로젝트, 설계변경 관리, CAD 정보관리 및 BOM 정보관리와 공통으로 제공되는 공통 기능 등으로 구성되어 있다.

프로젝트 관리

제품의 개발절차를 WBS로 구성하여 진행현황을 모니터링하고 발생되는 문제점을 실시간으로 파악하여 기간 내에 제품을 고객에게 납품할 수 있도록 일정관리를 제공하는 모듈이다.

주요 기능

① 프로젝트 일정 및 진척사항을 실시간 확인할 수 있다.

② 문제점(이슈/위험) 관리를 통해 신속한 대응이 가능하다.
③ 작업수행자를 변경, 추가하여 관리할 수 있다.
④ 작업의 선, 후행 관리 기능을 제공한다.
⑤ 작업자에게 알림 기능을 주어 일정 지연을 방지한다.
⑥ M/H 관리를 통한 작업자 수행 과제를 통제할 수 있다.
⑦ 일정 변경(후행 일정 자동변경) 기능을 제공한다.
⑧ WBS구성에 대해 템플릿 기능을 제공하여 편의성 제공
⑨ 작업 단계에 대한 양식을 등록하여 작업의 효율성 향상

주요 효과

① 제품개발 기간 및 문제점 대응시간 단축
② 작업자 변경 이슈 해결 및 일정 지연 방지 효과 향상
③ 각종 심사 대응에 대한 자료 준비 시간 절감
④ 개발 단계 구성에 대한 편의성 향상
⑤ 제품에 대한 납기 준수 향상 및 신뢰성 향상

기술자료 관리

제품개발(프로젝트) 및 연구관리 업무 수행 시 발생되는 기술자료(도면, 업무관련 문서)를 관리하고 필요 시 빠르게 제공함으로써 업무 소요 시간을 절감시켜 주는 관리 모듈이다.

주요 기능

① 문서 및 도면 자료의 분류 기능 및 미리보기 기능 제공
② 버전관리를 통해 등록된 자료의 최신 버전과 과거 버전 문서확인 기능을 제고한다.
③ 문서 양식을 관리하여 문서작성의 효율성을 높여준다.
④ 첨부자료의 일원화(이중관리 방지) 관리하고 있다.
⑤ 이슈 및 문제점, 부적합 관리 기능을 제공하고 있다.
⑥ 도면, 설계변경 정보의 외부, 내부 배포 기능 제공
⑦ 자료 유출 방지를 위해 워터마크 및 데이터 추적 기능 제공

주요 효과

① 자료 검색시간을 단축하고 이중 관리 기능을 방지한다.

② 도면, 문서 등 정보추적, 이력관리를 통해 효율성을 높임
③ 배포 정보와 보안 기능을 통한 자료 보안 기능을 제공한다.
④ 양식 관리를 통한 문서 작성시간 단축 효과를 제공한다.

설계변경 관리

부적합 또는 설계변경 요청에 의해 처리되는 업무를 시스템화 구성하고 변경되는 정보에 의한 도면, 자재 및 구매 정보 데이터를 제공하여 신속하게 변경 처리될 수 있도록 지원하는 모듈이다.

주요 기능

① ECR/ECO(ECA) 관리 기능을 제공하여 변경관리 업무의 효율성을 제공한다.
② 파트와 도면, 프로젝트의 이슈(부적합) 정보를 연계한다.
③ 부서별 진행사항에 대해 실시간 확인할 수 있는 부서별 작업현황을 제공한다.
④ MBOM과 EBOM정보를 조회하여 변경내역 비교
⑤ ERP 시스템과 I/F 기능을 제공하여 생산관리 업무에 대한 효율성을 제공한다.

주요 효과

① 설계변경 데이터 분석 및 문제점 파악 용이
② 수평전개 진행사항 파악 부적합 재발 방지 대책 수립 용이
③ BOM 변경내용 파악 시간 절감
④ 업무 처리 시간 절감 및 BOM 데이터 신뢰성 향상

CAD 정보 관리

설계도면 상에 표기된 BOM 정보를 추출하여 관리하고 3D, 뷰어를 통해 인터넷 브라우저에서 도면의 간섭체크 및 변경사항 등을 확인할 수 있도록 기능을 지원하고 있다.

주요 기능

① 설계도면상에서 BOM 정보를 추출 관리할 수 있다.

PART 6

② 도면 간섭 체크 및 규경 등 기본 정보를 확인할 수 있다.
③ 다양한 도면 포맷에 대한 뷰어 기능을 제공하고 간단한 업무를 수행할 수 있다.
④ 도면형식에 제약 받지 않는 다양한 형식 관리
⑤ PC 다운받지 않고 웹에서 도면을 확인할 수 있어 사용의 편리성을 제공한다.
⑥ PLM 사이트와 별도로 설계자만의 관리 툴을 제공한다.

주요 효과

① 도면 관리에 대한 사용자 편의성 향상
② 도면 및 BOM 데이터의 신뢰성 향상
③ CAD / Viewer의 라이선스 비용 절감
④ 도면 유실 방지 및 유출 방지 효과 향상

BOM 정보 관리

도면 상에 생성되어 있는 BOM 정보 DB화 및 EBOM과 MBOM 변경 사항을 비교하여 신속한 변경 업무 수행을 지원하고 자재 변동사항 및 구매 진행업무를 신속히 처리할 수 있도록 지원한다.

주요 기능

① BOM 구조의 정전개, 역전개 기능을 제공한다.
② EBOM, MBOM 정보를 비교하여 변경사항 확인
③ MBOM을 구성하여 ERP 시스템 MFS시스템과 연계, BOM 정보를 제공한다.
④ BOM 편집(추가, 변경, 삭제) 기능을 제공하여 업무 효율성을 높여준다.
⑤ 자재 정보와 연계하여 변동사항에 대한 관리 기능 제공

주요 효과

① BOM 생성 및 작업에 대한 사용자 오류 방지(수작업 → 자동화)
② BOM 변경 내용 파악 시간 단축
③ 변경 관리에 대한 업무 시간 단축
④ BOM 데이터 신뢰성 향상

공통 기능

FabePLM 솔루션을 사용하는 사용자의 업무 능률을 향상시키고 작업자의 업무 부하를 관리하기 위한 기본 기능을 지원하고 있다. 솔루션을 효율적으로 사용할 수 있도록 모니터링 기능을 제공하여 업무의 진행사항을 보다 빠르게 파악할 수 있는 기능을 지원한다.

주요 기능

① 퀵 검색 기능을 통해 빠른 검색을 제공한다.
② 우클릭 메뉴 제공에 따른 사용자 편의성을 향상시켰다.
③ M/H 관리를 통해 작업자의 업무 투입 시간 확인
④ 개인 작업 관리를 통한 업무 누락 방지 효과를 제공한다.
⑤ Role 권한 적용에 따른 접근 및 관리 권한 기능 향상
⑥ 주요 항목 모니터링 기능 제공 시스템 활용량 파악

주요 효과

① 자료 검색 시간 단축 및 개인업무 누락 방지
② 작업자 업무 과부하 관리 및 업무 효율 향상
③ Role 권한 적용에 따른 데이터 보안 효과 향상
④ 시스템 활용 상태 파악 용이 및 사용 효율 향상

이와 같이 FabePLM은 사용자 중심의 여러가지 기능을 기본으로 하여 제공하고 있다. 이외에도 애드온 기능으로 협력사징보진달, 과거차 문제점, FMEA, 벤치마킹, 해석관리, SPEC, 신기술 관리 등 연구관리 업무에 필요한 모듈과 품질관리를 수행하기 위한 모듈로 구성되어 추가로 적용할 수 있도록 기능을 제공하고 있다.

주요 고객 사이트

- 남양넥스모 : 자동차 브레이크, 디스크 부품 전문
- 에코캡 : 자동차 부품, 전선 외
- 신진엠텍 : 특수목적용 기계 제조, 반도체 설비
- 에이텍오토모티브: 자동차 부품 제조

주요 PLM 소프트웨어 소개

데이터 배포 및 협업 관리 솔루션
FabeHUB

개발 유라 IT사업본부

자료 제공 유라, 070-7878-7004,
www.yurasolution.com

FabeHUB(페이브허브)는 개인 로컬 자료 포함 다양한 Legacy 시스템에서 관리하고 있는 자료를 업무 활용을 위해 관계사 또는 관련 부서에 배포 연계할 수 있는 솔루션이다.

기본적인 제조업무에서는 다양한 협력회사 또는 부서와 협업 업무를 수행해야 하는 부분으로 인하여 배포에 대한 업무의 비중이 상당히 높아졌다. FabeHUB는 이러한 배포 업무를 보다 효율적으로 관리하고 자료를 배포함으로서 보안효과를 체계화할 수 있도록 기능을 지원하고 있다.

주요 특징

■ FabeHUB는 특정 솔루션에 국한되어 배포 기능을 수행하는 것이 아닌 다양한 Legacy 시스템과 I/F를 적용하여 배포 업무를 수행 할 수 있도록 구성되어 있다.

■ FabeHUB에 기술자료 관리 기능을 애드온하여 순수 자료 관리기능으로 활용할 수 있으며, 해당 기능을 통해 독립적인 자료관리 업무용 솔루션으로 활용 가능하다.

■ 배포받는 수신자와 이슈와 문제점등을 협업하여 관리할 수 있으며 배포 업무에 대한 폭넓은 업무 수행을 할 수 있도록 지원한다.

주요 기능

기술자료 배포
PLM의 도면 또는 기술문서, Legacy 솔루션의 자료를 연계하여 배포할 수 있다.

기술자료 보안
FabeHUB는 배포되는 자료에 대해 보안 기능을 제공하고 있어 효율적으로 배포 업무를 수행할 수 있다.

ADD-On 독립 서비스
FabeHUB는 문서 관리 또는 도면 관리 모듈을 애드온하여 독립솔루션을 활용할 수 있도록 기능을 지원하고 있다.

이와 같이 FabeHUB는 다양한 Legacy I/F 기능을 제공하여 확장성 높은 배포 및 협업기능을 제공하고 있다.

PART 6

설비 자산 관리 솔루션
HxGN EAM

개발 헥사곤, http://nexus.hexagon.com

자료 제공 Hexagon ALI, 02-3489-0300, https://hexagon.com/ko/solutions/enterprise-asset-management

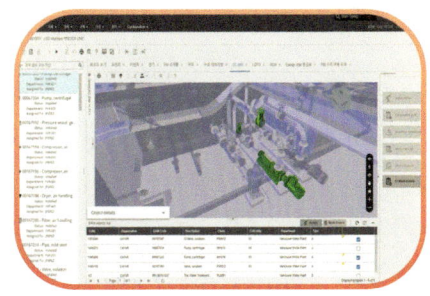

30년 이상의 경험과 지속적인 혁신을 바탕으로 구축된 HxGN(헥사곤) EAM은 중요한 설비 자산 성능 문제를 해결하는 데 필요한 모든 기능을 제공한다. HxGN EAM은 현재와 미래의 제조 플랜트 효율성을 높일 수 있는 업계 최고의 전략적 설비 자산 관리 솔루션이다.

HxGN EAM 제공 가치

HxGN EAM은 기업의 다양한 요구사항을 지원하도록 설계되었다. 또한 아마존웹서비스(AWS) 클라우드 플랫폼을 기반으로 하고 있어 매우 안정적인 가동 시간이 확보되고 탄력적으로 수요 처리가 가능한데, 필요할 때마다 추가 컴퓨팅 성능이 제공되기 때문이다. 또한 클라우드 기반 플랫폼의 기몬 세잉 확상성이 있기 때문에 솔루션은 조직이 성장함에 따라 함께 확장될 수 있다.

HxGN EAM은 쉽게 확장 가능하고 고도로 구성 가능하지만 즉시 사용할 수 있는 산업별 에디션으로 대부분의 사용자 요구를 즉시 충족시킬 수 있다. 이 솔루션은 설비 자산 구조 및 작업 지시에서 모바일 및 GIS 기능에 이르기까지 필요한 모든 정보를 적시에 제공한다. HxGN EAM을 사용하면 설비 자산 수명을 연장하고 안전성을 높이며 수익성을 개선하는 더 나은 전략적 결정을 내릴 수 있다.

HxGN EAM 특장점

- 유연한 클라우드 배포
- 단일 디지털 트윈 솔루션 아키텍처의 통합 설비 자산 수명 주기 분석을 바탕으로 신뢰성, 높은 가동 시간 및 운영 효율성 증대
- 설비 투자 계획과 결합된 예측, 예방, 조건 기반 및 위험 기반 유지 보수 역량으로, 최적 비용으로 효율적인 유지 보수 전략 수행이 가능
- 지속 가능성, 복구 능력 및 안전을 강화하는 고성능 디지털 플랫폼

HxGN EAM 도입 효과

HxGN EAM을 통해 고객사는 다음과 같은 성과를 딜싱했다.

- 초과 유지보수, 인건비 및 계약자 비용 최대 50% 감소
- 생산 중단 시간 20% 감소
- 보증 비용 회수율 50% 증가
- 재고 수준 30% 감소
- 재고 유지 비용 20% 감소
- 재료비 10% 절감
- 구매 프로세스 비용 50% 절감
- 업무 생산성 20% 향상

스마트 디지털 리얼리티

HxGN SDx

개발 Hexagon, www.hexagon.com

자료 제공 Hexagon ALI, 02-3489-0300,
https://hexagon.com/ko/products/hxgn-sdx

디지털 트윈을 넘어선 헥사곤의 스마트 디지털 리얼리티(Smart Digital Reality)는 산업 프로젝트와 자산 포트폴리오 전반의 물리적 현실과 디지털 현실에 대한 통합된 실시간 뷰를 제공한다.

HxGN SDx | 디지털 백본

스마트 디지털 리얼리티를 지원하는 방법으로 헥사곤의 디지털 백본(Digital Backbone)은 프로젝트 계획, 설계 및 실행부터 자산 운영, 유지 관리 및 보안에 이르기까지 다양한 작업 프로세스의 자산 수명 주기 모든 단계를 연결하여 산업시설에 대한 전체적인 시각을 제공하며 엔지니어링 및 운영 정보의 데이터를 분석, 컨텍스트화, 결합하여 실행가능한 정보로 활용 및 적용되도록 필요한 인프라와 서비스를 제공한다. 신규 시설 건설 또는 기존 시설 운영 중에도 데이터는 헥사곤 자체 디지털 백본을 통해 수집되고 처리된다.

HxGN SDx | Single Version of Truth

스마트 디지털 리얼리티의 중심에는 헥사곤의 SDx 기술이 있다. SDx는 모듈식 클라우드 기반 ALIM(Asset Lifecycle Information Management) 솔루션이다. 데이터 중심으로 고객이 중요 자산 및 설비를 보다 효율적이고 수익성이 높으며, 안전하고, 지속 가능하게 설계, 계획, 구축, 운영 및 유지할 수 있도록 지원한다.

- ■ 개념 FEED 설계 > 상세 설계 > 건설 > 운영 > 유지보수 및 신뢰성
- ■ 공정 시뮬레이션/장치 설계/공정 안전/기본 설계/투자 비용 추정
- ■ P&ID/계기/3D 플랜트 설계/전기/분석
- ■ 프로젝트 관리/조달 및 자재 관리/제작/시공/품질 관리/완공 및 이관
- ■ 공급망 최적화/계획 및 스케줄링/동적 최적화 및 APC/MES 히스토리언/프로세스 시뮬레이션/운영 관리/상황 인식/OT 사이버 보안
- ■ 예지 보전/위험 및 신뢰성 분석/작업 통제/연결된 작업자 워커/EAM/APM
- ■ 문서 및 데이터 관리/자재 추적/상황 인식/레이저 스캔/모빌리티

헥사곤 스마트 디지털 리얼리티

헥사곤 스마트 디지털 리얼리티의 목표는 설비 자산 효율성을 높이고 관련 성능 정보와 함께 현재 및 과거의 플랜트 구성을 디지털로 표현하는 것이다. 정보에 입각한 데이터 기반 의사 결정이 이루어지고 여러 부서, 계약체, 공급업체 및 이해 관계자와 디지털 데이터를 쉽게 공유하여 협업을 강화하고 운영 위험을 줄일 수 있다. 헥사곤 솔루션은 산업 자산을 설계, 엔지니어링, 건설, 운영 및 유지보수하고 플랜트 수명주기 전반에 걸쳐 디지털 생태계를 구축 및 유지하도록 지원한다.

PART 6

제품정보 통합관리 시스템
JK-PLM

개발 및 자료 제공 지경솔루텍, 02-6956-2131, www.jikyung.com

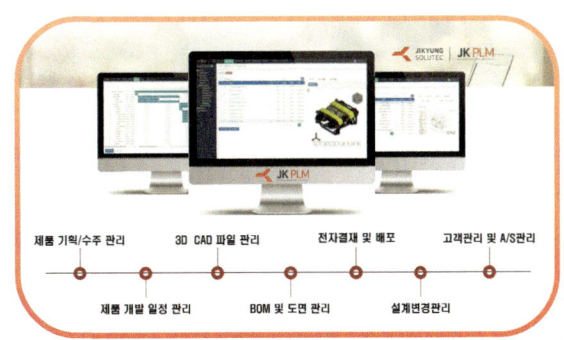

지경솔루텍은 2005년에 CAD(NX, SolidEdge)/CAE/CAM 기반의 소프트웨어 공급 및 기술지원을 기반으로 설립되어, 2D/3D CAD를 활용한 설계자동화 및 견적자동화, 그리고 웹라이브러리 서비스 구축의 다수 성과를 가지고 있는 기업이다. 2018년부터는 자체 개발한 PLM(Product Lifecycle Management) 시스템(JK-PLM)을 활용하여 스마트공장 구축 지원 사업에 다수의 구축 성과를 내어 제조업 IT혁신 중심의 미래지향적 가치를 창출하고 있다. 또한 반도체, 항공·자동차부품, 산업용설비, 선박 및 열교환기, 금형, 의료기기, 방산 등 다양한 제조업종에 JK-PLM을 적용하여 고객의 다양한 요구사항 및 급증하는 사양정보를 효과적으로 관리하고 있다.

주요 특징

- 최신 웹 표준방식 기반의 직관적인 UI/UX
- 고객사 업무 프로세스 반영한 맞춤기능 개발 용이
- 다양한 CAD 프로그램과 연동 가능
- 랜섬웨어 보호 솔루션을 통한 보안관리

주요 기능

도면 및 기술문서관리

업무과정에서 발생하는 일반문서, 기술문서, 도면(2D) 파일의 체계적인 관리를 도와준다. 또한 문서/도면의 변경이력 정보를 확인할 수 있으며, 연계 문서관리가 용이하고, 최신 본 작업환경을 제공한다. 이와 함께 MS Office와 연동되는 통합 도구를 통해 파일 업로드, 다운로드, 수정이 가능하다.

2D/3D 통합

다양한 CAD프로그램과 직접 연계하여 도면 및 BOM 정보를 등록 및 관리할 수 있다. 파일명, 속성정보, 도번 채번, 변환(pdf, dwg) 기능을 제공한다. 연동 가능한 프로그램은 NX, CATIA, Creo, SolidWorks, SolidEdge, Inventor, AutoCAD 등이다.

2D/3D 웹 뷰어

CAD 뷰어는 데스크탑, 모바일, 웹 애플리케이션에 Embedded 뷰어로 탑재가 가능하다. 또한 다양한 2D/3D CAD 파일 포맷을 지원하여 활용성이 높다. 최단/최대거리, 평행면거리, 두께, 직선/평면각도, 구배각도 측정, 동적단면 확인, 모델링 분행 기능이 가능하다.

부품 및 BOM 관리

생산 제품을 구성하는 부품 정보(품명, 품번, 재질,

단위 등)를 관리할 수 있다. 또한 BOM 구조(모부품/자부품), BOM 정보(수량 등)를 편집하고 관리할 수 있다. 부품 및 BOM 정보 이력 및 비교, 정전간/역전개, ERP 및 MES시스템 연동이 가능하다.

수주/제품정보 관리

수주 및 제품 기준으로 도면, 프로젝트 일정, 설계변경정보, BOM 정보 등을 관리한다. 제품 종류, 구분, 설비, 모델, 의뢰일, 납기일, 거래처 정보 및 담당자 등을 관리한다.

프로젝트 관리

일정/자원/산출물/이슈관리를 통해 프로젝트의 계획, 실행, 평가 및 개선 등의 프로세스를 관리할 수 있으며, 현재 진행 중인 프로젝트 현황을 모니터링 할 수 있다. WBS 작업, 기간, 선/후행 관계, 산출물 지정이 가능하고, Gantt Chart 기능을 지원(선/후행 관계, 진척률 작업을 용이하게) 한다.

설계변경관리

설계변경요청(ECR)에 따른 설계변경통보(ECO) 관리 기능을 제공한다. 변경요청 및 통보가 되면 자동으로 이메일 알람 메세지를 전달한다. 현장 부적합 사항에 대한 요청과 조치를 할 수 있으며, 주관부서 결재 기능과 배포 기능도 제공한다.

전자결재 및 전자배포

도면, 기술문서, BOM에 대한 확정과 배포를 위한 전자 결재 기능을 제공한다. 결재진행 현황을 확인하고 결재 담당자와 배포 담당자에게 알람 이메일을 발송한다.

협력사 배포 커뮤니티

정보 협업처나 프로젝트 그룹내에서 정보공유 및 협업을 위한 커뮤니티 기능을 제공한다. 배포 커뮤니티 기능은 배포 기간, 배포 권한(보기, 인쇄, 다운로드), 배포 파일(원본, PDF) 설정 기능 등이 포함되어 있다. 지정된 협업처에서만 사용이 가능하고, 배포된 문서를 확인할 수 있는 전용 뷰어도 제공한다.

도입 효과

- 도면 및 기술문서의 정보 검색 시간 단축을 통한 설계업무 집중 가능
- 개발 히스토리 관리를 통한 프로젝트 노하우 축적
- 고객의 다양한 요구사항을 효과적으로 관리
- 영업,설계,생산,구매,품질 등 부서간 업무 협업 및 정보 공유로 효율성 향상

주요 고객 사이트

- 반도체장비: 도쿄일렉트론코리아, 유니셈, 펨트론, 에이피텍, 에스엘티, 에스엘케이, 유진디스컴, 와이엠씨 외 다수
- 항공·자동차부품 : 대성사, 지브이엔지니어링, 로텍, 태창기업, 동산공업, 위제스, 한길에스브이 외 다수
- 산업용설비: 대봉기연, 신암, 월테크, 솔팩, 온품 외 다수
- 선박부품 및 열교환기: 강원에너지, 강림중공업, KHE, 한라아이엠에스, 태진중공업, 지원엠에이치이 외 다수
- 금형 : 대창금형, 영신공업사

PART 6

마이링크 제조솔루션

LinkBiz

개발 및 자료 제공 마이링크, 042-826-1055,
www.my-link.co.kr

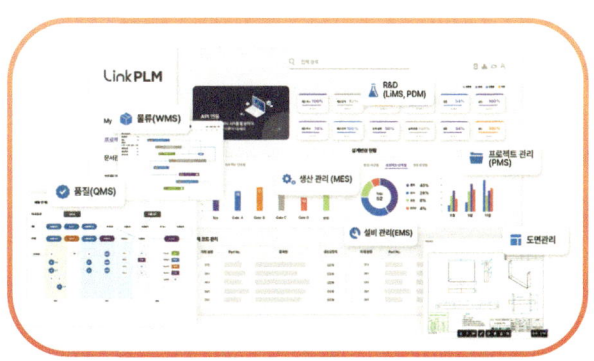

마이링크는 국내외 제조업을 위해 자체 설계 및 개발한 제품수명주기관리(Link PLM)를 맞춤형으로 제공하고 있다.

주요 특징

• Link API(Application Programming Interface) 제공으로 타 시스템(메신저, 타 ERP 시스템, 협업 툴 등)들과 편리한 시스템 연동 및 데이터 활용이 가능하다.

• 일정관리 시스템(PMS)으로 업무/프로젝트는 물론 워크플로우 단계별 일정 관리 제공으로 제품 주기에 맞는 실 업무 수행이 가능하다.

• 제품 및 자재의 로트(LOT)를 개별 및 그룹별로 설정 가능하며 유효성 검증 기능을 통해 이상 유무 체크가 가능하다.

• 설계 변경관리(ECR/ECO) 기능을 제공하여 사용자 정의에 의한 업무관리 및 공유가 가능하고 일정관리시스템(PMS)과 연동하여 업무 진행을 효율적으로 수행할 수 있다.

• 드라이브 UI(사용자 인터페이스)를 통해 문서 및 도면관리의 활용성을 높이고, 다양한 뷰어(CAD, PDF, MS OFFICE 등) 제공과 이력 및 변경에 대한 사항을 체크할 수 있다.

• 시스템 대시보트를 통해 위젯으로 각 기능별 요약 정보를 차트 형태로 빠르고 쉽게 확인 가능하다.

• 통합검색엔진을 통해 각 자료의 제목뿐만 아니라 첨부된 자료의 이미지(OCR 활용) 및 자료까지 검색하여 활용함으로써 업무의 효율성을 높일 수 있다.

• 제품 제조 과정에 필요한 기획부터 설계, 제품 요구사항, 품질검사, 물류 절차까지 추적 관리가 가능하다.

• 신제품 개발 절차 다이어그램인 WBS(Work Breakdown Structure)를 설정하고, 유효성 검증 진행이 가능하다.

• 제품 개발을 위한 공정 표준 및 레시피, 제품 및 자재 사양 관리 등 제조에 필요한 표준 정보 관리를 체계적으로 관리할 수 있다.

주요 기능

제품/자재/공정/설비 등 표준 관리 기능

• 제품, 공정, 자재, 설비 등 다양한 표준 관리

• ECR/ECO(설계 변경 관리)와 연계하여 표준 정보 변경 관리

• 다양한 항목의 데이터 및 정보를 통해 표준 항목 관리

• 계산 툴(tool)을 통해 사용자 정의 화면 및 관련 내용의 계산식 변경 관리

주요 PLM 소프트웨어 소개

자재/제품 관리 기능
- 제품 및 자재, 로트(LOT)의 생성 체계를 사용자가 관리
- 사용자 정의 그룹별 자재 속성 관리, 코드 규칙 관리
- 제품 및 자재를 스펙별로 그룹화 관리하고 설비 및 검사 장비 연동

도면 관리 기능
- 다양한 도면/설계 정보의 연계를 통한 이력 관리

설계 변경관리(ECR/ECO) 기능
- 변경 관리 프로세스를 통한 설계 및 공정 정보 변경 관리
- 변경 시 영향이 있는 프로젝트 및 제품, BOM 등의 항목 도출 관리
- 사용자 정의 변경 관리 프로세스를 통해 다양한 상황에 맞는 변경 관리

프로젝트 일정관리(PMS) 기능
- 업무(task) 단위로 워크플로를 생성 후 해당 업무에 맞는 양식 생성 및 관리
- DM(도면 관리 솔루션)업무와 사용자 정의 업무 연계
- 엑셀 및 워드 등 마이크로소프트 오피스 업무를 그대로 시스템화
- PMS업무와 워크플로를 연동하여 수행

설계/제품 추적 관리 기능
- 부모 및 연계 프로젝트가 있는 경우, 관련 프로젝트를 포함하여 추적 관리
- 제품 생산 이벤트 및 마일스톤을 관리하며 이벤트와 연계된 활동을 연결하여 볼 수 있음
- 제품 생명주기에 따른 일정 및 활동 연계 관리

BOM(Bill of Materials) 관리 기능
- E-BOM(Engineering Bill of Materials), M-BOM(Manufacturing Bill of Materials), P-BOM(Product Bill of Materials), S-BOM(Sales Bill of Materials) 등의 다양한 BOM 관리
- BOM비교 이력 관리

도입 효과
- 제품 개발기간을 단축하고 개발비용을 절감할 수 있다. Link PLM은 제품 정보와 프로세스를 단계별 관리하고 공유할 수 있어, 협업과 의사결정을 효율적으로 수행할 수 있다.
- 제품 품질과 안전성을 향상시킬 수 있다. Link PLM은 제품의 설계, 제조 등 각 단계별 품질계획, 검증, 분석, 규정 준수 등의 기능을 제공하여 제품의 결함이나 위험 요소를 최소화할 수 있다.
- 제품 혁신과 차별화를 촉진할 수 있다. Link PLM은 고객의 요구사항, 피드백, 시장 동향 등의 외부정보를 유기적으로 활용할 수 있도록 체계적인 관리를 도와주고 개선사항을 도출하는데 매우 효과적이다.
- 제품 생산성과 유연성을 강화할 수 있다. Link PLM은 제조 및 공급망 프로세스와의 연결을 개선하여 생산 계획, 자재 관리 등의 작업을 최적화할 수 있다.
- 제품 매출액과 이익을 증대시킬 수 있다. Link PLM은 제품 개발 및 출시 속도를 높이고, 고객 만족도를 높일 수 있다. 또한, 비용을 절감하고, 혁신과 차별화를 추구함으로써 기업의 경쟁력을 강화하고 시장점유율을 확대하게 해준다.

PART 6

디지털 리얼리티 플랫폼

Nexus

개발 헥사곤, http://nexus.hexagon.com

자료 제공 헥사곤, 1899-2920, http://nexus.hexagon.com

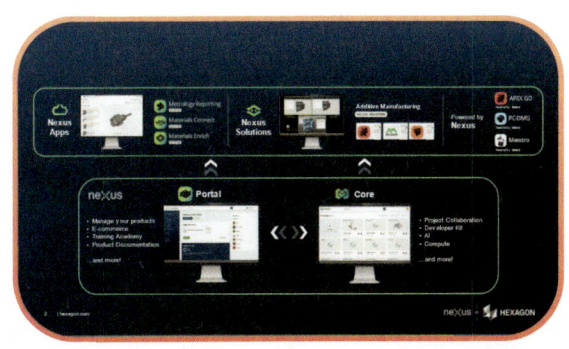

Nexus는 사람과 기술과 데이터를 연결하여 혁신과 시장 대응 시간을 가속화하고, 엔지니어링과 생산의 협업을 가능하게 하는 개방된 구조의 플랫폼이다. 이를 위해서 넥스서스는 고객이 당면한 엔지니어링 상황에 필요한 모든 헥사곤 소프트웨어와 파트너의 기술을 하나의 플랫폼으로 결합해 사용자를 위한 혁신적이고 새로운 플랫폼을 제공한다.

Nexus는 상호 연결된 기술을 통해 고객의 역량을 강화하여 혁신을 가속화하고 데이터 사일로를 없애 제조업이 새롭고 혁신적인 방향으로 나가도록 지원한다. Nexus는 전 세계 고객과 주요 기술 공급 업체, 시스템 통합업체, Hexagon을 연결하는 하나의 플랫폼이다.

제품의 주요 특징

Nexus 플랫폼을 사용하는 모든 부서는 동일한 데이터 및 변경 및 업데이트 된 데이터를 사용하여 동시에 작업할 수 있으며 이를 통해서 풍부한 데이터를 가진 제품의 출시 기간을 단축할 수 있다.

협업과 데이터 공유는 Nexus의 가장 큰 장점이자 특징이다.

Nexus의 초기부터 업계를 선도하는 여러 기술기업들이 합류했다. 해당 기업들은 이미 Nexus의 개방형 기능을 활용하여 공동 솔루션을 제공하고 있다. 이런 기업으로는 Microsoft, Altium, CADS Additive, Oqton, Datanomix 등이 있다. 이들 기업은 상호 보완적인 기술을 Nexus에 제공해 고객이 더욱 심층적이고 폭넓은 포트폴리오에 접근할 수 있도록 함으로써 고객의 역량을 강화한다.

Nexus는 여러 기술을 결합해 개발 초기 단계의 개념 설계부터 제품의 생산, 납품에 이르는 엔지니어링 및 제조 관련 문제를 해결할 수 있는 고유한 솔루션을 개발하도록 지원한다. 이를 통해서 디지털 데이터를 더 효과적으로 활용하고, 통합적인 분석을 통해 광범위한 인사이트를 확보할 수 있으므로 팀 전체의 가시성과 연결성이 개선된다. Nexus는 기술뿐만 아니라 사람도 서로 연결한다. 이를 통해서 문제 해결에 방해가 되는 장벽을 허물어 주고 그 결과 사람들이 아이디어를 더 빠르게 실현하고 뛰어난 성과를 낼 수 있다.

주요 기능

넥서스 포털(Nexus Portal)

누구나 쉽게 접근할 수 있는 포털로 Nexus Apps와 Nexus Solutions 등에 접근할 수 있는 창구이다. 또한 고객의 제품과 관련된 기술 process를 관리하고, 관계자가 모두 모여서 필요한 데이터를 가시화하여 서로 의견을 주고받는 3D Whiteboard를 사용하여

사람, 기술, 데이터를 연결하는 장이기도 하다.

Nexus Core

넥서스 코어는 넥서스를 작동시키는 코어 기술로 개방성(Openness), 협업(collaboration), 연결(Connectivity)의 세 가지 운영 특징을 기반으로 구성되었다. SDC(Smart Data Contract)를 통해서 가상의 CAE 해석 결과 뿐만 아니라 Metrology계측 결과와 3rd party 프로그램까지 전부 연결해서 하나의 통합된 Portal에서 데이터의 생성, 분석, 가시화를 수행할 수 있다.

Nexus Apps

넥서스 앱은 헥사곤과 그 기술 파트너들이 제조 프로세스의 여러 단계에서의 특정 과제를 해결하기 위해서 개발한 제품이다. Metrology Reporting, Materials Connect, Materials Enrich, 3D Whiteboard 등 다양한 앱이 존재하며 subscription 기반으로 사용자가 쉽게 사용할 수 있으며, 향후에는 Sheet Metal Quoting 등 다양한 앱이 출시 예정이다.

Nexus Solutions

넥서스 솔루션은 SDC(Smart Data Contract)를 통해 연결되는 제품으로, 프로젝트 팀 간의 실시간 협업 워크플로우를 가능하게 한다. 하나의 프로그램이 아니라 실제 제품이 설계되고, 생산하여 품질 관리까지의 전 process를 관리할 수 있는 솔루션을 제공한다.

DfAM(Design for Additive Manufacturing) 솔루션은 경량화 설계를 위한 Apex Generative Design, 제조 공정을 위한 AM Studio, 적층 시뮬레이션을 위한 Simufact Additive와 만들어진 제품의 품질을 검토하는 Metrology Reporting까지의 전 제품 설계, 생산 주기에 사용되는 다양한 프로그램들을 연계하여 하나의 솔루션으로 제공하고 있다. 또한 Smart Assembly Shop 솔루션은 실제 스캔 측정된 데이터에 CAD를 모핑(morphing)하고 중력에 의한 변형을 보상설계 한 후 부품들을 용접 시뮬레이션을 통해 가상으로 조립하는 솔루션으로 생산성을 향상시킬 수 있다.

향후 사출성형에 대한 게이트 최적화 솔루션과 가공에 관련된 솔루션 등 다양한 솔루션을 제공할 예정이다.

도입 효과

■ 더 빠른 혁신 : 제조업체는 Nexus를 통해 더욱 민첩하고 탄력적인 프로세스를 구축할 수 있으므로 변화에 대응하고 새로운 기회를 활용할 준비를 더 철저히 갖추게 된다. 이를 통해 제품 출시를 앞당기고 더욱 더 자율적인 워크플로를 개발할 수 있다.

■ 개인 맞춤형 인터페이스 : Nexus 플랫폼은 nexus.hexagon.com을 통해 액세스할 수 있다.

■ 쉬운 최신 기능 및 기술 이용 : Nexus를 통해 최신 소프트웨어에 직접 액세스하고 다운로드할 수 있다.

■ 효율적 데이터 기반 인사이트 확보 : Nexus를 사용하여 데이터를 연결하여 엔지니어링을 혁신하고 제조의 역량을 강화할 수 있다. 데이터 중심 연결은 서로 다른 부문 및 위치에서 작업하는 엔지니어 간의 실시간 협업을 지원한다.

■ 실시간 협업 : Nexus를 도입하면 도메인 전반의 데이터를 연결하므로, 팀과 관리자가 더욱 뛰어난 가시성을 확보하여 관련 시간, 비용, 위험을 고려해 책임감 있게 설계 및 제조 관련 의사결정을 내릴 수 있다.

PART 6

3D GIS 디지털 트윈 제작 및 시각화
플랫폼

Nextspace

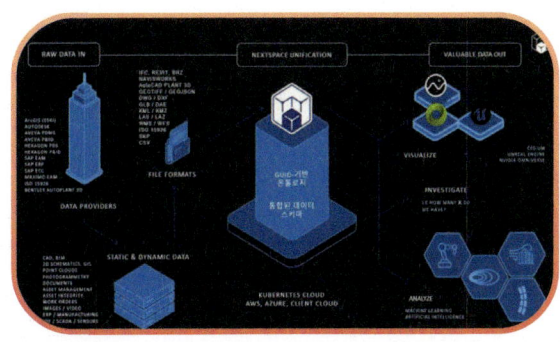

개발 Nextspace(뉴질랜드), www.NEXTSPACE.com
공급 알씨케이, 02-575-0877, www.rckorea.net

Nextspace(넥스트스페이스)는 GIS, CAD, BIM, 포인트 클라우드 그리고 기타 2D/3D 데이터를 통합하는 디지털 트윈 기술로 여러 프로젝트, 단체, 도시들의 수많은 디지털 트윈과 연결 가능하며, 이를 통해 이 세상 모든 것의 데이터를 관리할 수 있다.

주요 특징 및 장점

- 직관적인 UX
- 소프트웨어 불필요
- 빠른 생산속도
- 안전한 호스팅
- 웹 솔루션
- 편리한 사용법

주요 기능

- Multiple Basemaps
- 고화질 출력
- 원클릭으로 3D to 2D 전환
- Shadow Alalysis
- 3D 가상투어
- 스키마 매핑
- 3D 스태킹
- Walk Fly Mode
- Mark Up Annotation
- Form Builder
- 파일 첨부
- 데이터 다운로드
- 지리공간 검색
- BIM/Point Clouds
- Bookmark Scenes

최근 소식

Nextspace의 혁신적인 가상 협업 도구와 Nvidia Omniverse Enterprise의 통합을 통해 다양한 업계의 전문가들이 실시간으로 원격으로 협업할 수 있게 되어 가상 협업을 새로운 차원으로 끌어올릴 수 있다. Nextspace가 Omniverse에 제공하는 핵심 요소는 NIVIDIA Omniverse가 구축된 오픈 소스 USD (Universal Scene Description) 플랫폼에 전역 고유 ID(GUID)를 통합하여 실제 정밀도와 자산 추적을 USD 및 Omniverse 워크플로우에 도입하는 것이다.

디지털 트윈은 데이터 우선, 온톨로지 및 정보에 관한 것이다. 디지털 트윈을 사용하여 사람들이 이해할 수 있는 방식으로 정보를 표현할 수 있어야 하므로 시각화가 필요하며, 그 이상으로 API를 통해 시뮬레이션 및 AI 시스템까지 가능하다.

3D 시뮬레이션 소프트웨어
Visual Components

개발 Visual Components(핀란드), www.visualcomponents.com

자료 제공 알씨케이, 02-575-0877, www.rckorea.net

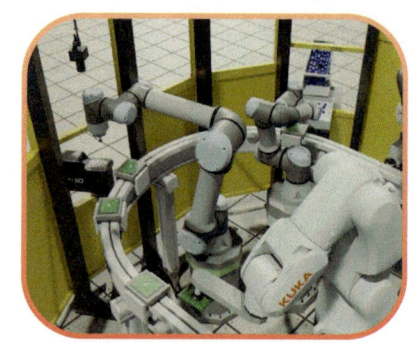

Visual Components는 4차 산업혁명에 최적화된 가상의 공간에서 자동화 설비 공정, 물류 라인 구축 및 로봇 OLP를 위한 3D 시뮬레이션 소프트웨어로, 의사 결정 지원 및 최적화를 지원하는 솔루션이다.

주요 특징 및 장점

- 공정 설비, 물류 라인, 로봇 OLP 등 시뮬레이션 동시 수행 가능
- 디지털 트윈을 위한 다양한 연동 제공 및 실 데이터 사용 시뮬레이션
- 다양한 eCatalog (3000+ 개) 제공, 지속적인 Update 및 자체 컴포넌트 등록 가능
- ABB, Fanuc, KUKA, Yaskawa, Nachi, Doosan 등 40+ 여개 로봇 브랜드 OLP 시뮬레이션 지원
- 쉽고 빠른 사용법 및 직관적인 사용자 인터페이스
- 다양한 시뮬레이션 레포팅 기능
- VR/모바일 연동 가능 및 포토 리얼리즘
- 최고의 교육, 기술지원, 개발 지원 서비스

쉽고 빠른 디지털 트윈 구축

다양한 PLC, 로봇 브랜드와의 다이렉트 연결과 OPC-UA, MQTT 등 통신 기능 제공

국내 주요 고객사

삼성전자, 현대위아, LG전자 등 중소기업부터 대기업까지 국내 다양한 규모의 기업에서 설비 공정, 물류 라인 시뮬레이션, 로봇 프로그래밍은 물론, 영업 자료 및 디지털 트윈 구축 플랫폼으로 Visual Components를 사용하고 있다. 또한 국내 연구원, 인력개발원, 대학교 등에서 Smart Factory 관련 인재를 양성하기 위한 정규 교육과정으로 진행 중이다. 이외에도 여러 고등학교에서도 Visual Components를 정규교육 과정으로 채택했으며, 대학원에서 내부연구 및 외부 연구 플랫폼으로 채택되어 연구가 진행 중이다.

최근 소식

Visual Components의 오랜 파트너이자, 역사 깊은 OLP 전문 소프트웨어 Delfoi Robotics가 Visual Components에 인수되었다. 이에 따라, Visual Components는 기존의 설비 공정 및 물류 라인 시뮬레이션 소프트웨어에서 로봇 OLP 기능이 추가된 통합 시뮬레이션 소프트웨어로 발전하였다.

Visual Components 단일 소프트웨어를 통해 다양한 산업 분야에서의 제조 및 OLP 시뮬레이션이 가능하며 Welding, Processing, Spraying 모두 Visual Components Robotics를 통해 시뮬레이션이 가능하다. Visual Components Robotics는 17개 브랜드 로봇의 프로그래밍을 지원하여 로봇의 종류 및 브랜드에 구애받지 않고 가상의 환경에서 로봇 프로그래밍이 가능하다.

PART 6

제품 수명주기 관리(PLM) 소프트웨어

SAP Product Lifecycle Management

개발 SAP, www.sap.com

자료 제공 SAP코리아, 080-219-2400, www.sap.com/korea

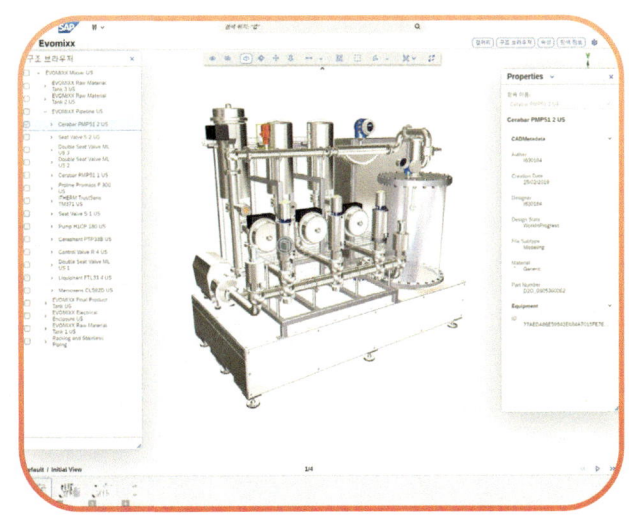

SAP의 Product Lifecycle Management 솔루션은 아이디어에서 고객까지 연결된 제품정보를 관리하는 차세대 PLM 솔루션이다. Digital Twin, AI, Machine Learning 등의 혁신 기술을 제품 개발 프로세스에 도입하고, 고객의 VoC를 직접 반영하여 제품의 품질과 시장성을 조기에 확보하여, 경쟁사보다 한 발 앞선 단납기 체계를 구축한다. 또한 SAP의 지속가능경영 클라우드 솔루션과의 연계를 통해 설계 단계부터 지속가능 제품 개발을 위한 다양한 인사이트를 제공한다.

주요 특징

2D & 3D CAD 툴뿐 아니라 SAP ERP를 포함한 비즈니스 애플리케이션과의 완벽한 통합으로 연구개발에서 제조, 구매, 영업, 품질에 이르는 전사 프로세스와 Seamless하게 연계되고, 지속가능한 제품 개발을 지원하기 위해 제품의 탄소발자국 관리, 순환성 지표관리, 규제 준수 등의 광범위한 제품 ESG 지원 솔루션과도 결합하여 기업의 공시, 지표 관리, 이미지 제고에도 기여하고 있다.

주요 기능

SAP의 PLM은 아이디어를 수집하고 분석하여 요구사항을 정의하고 이를 과제화하여 관리하는 ① Define 영역, 시스템 모델을 작성하고, CAD 도면을 연계하여 협업 환경에서 제품을 설계하는 ② Develop 영역, 디지털 정보를 통해 제품 정보를 재활용하고, 제품의 경험을 극대화하는 ③ Deliver 영역, 디지털 스레드 기반으로 전체 밸류체인에 걸쳐 제품 정보를 활용하는 ④ Manage 영역으로 프로세스를 구분하여 제품 개발 관리를 고도화한다.

① **Define**: 아이디어를 수집하고 분석하여 제품의 요구사항과 연계한다. 사업 영역을 고려한 포트폴리오

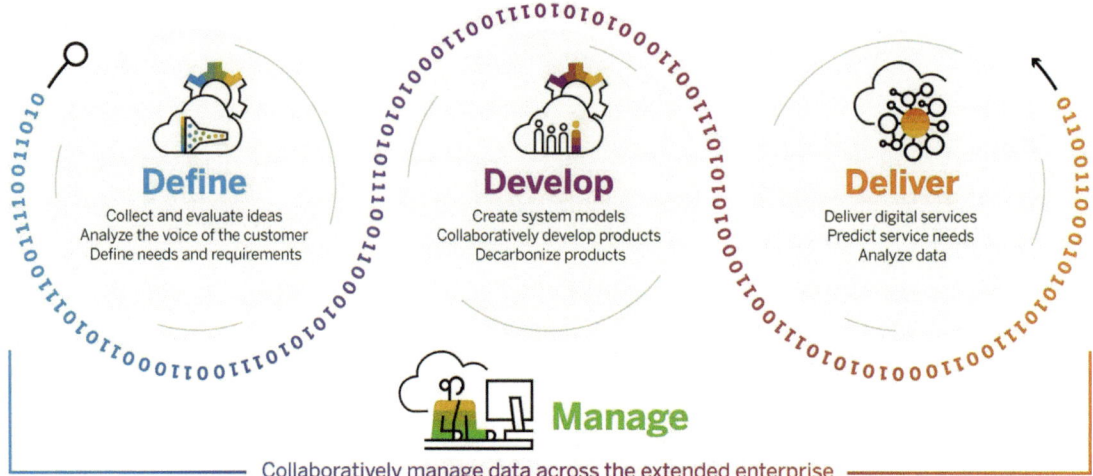

▲ SAP Product Lifecycle Management 프로세스 영역

부터 과제까지의 구조화된 체계를 통해 제품별, 과제별 시장성과 운영과제의 성과를 정확히 분석하여 경영진의 정확한 의사 결정을 지원한다.

② **Develop:** 시스템 모델을 작성하고 CAD 데이터를 연계하여 지능화되고, 지속가능한 제품을 설계한다. 또한 PLM, ERP, MES 등 기간계 시스템 간의 완벽한 통합으로 설계 정보와 경영 정보, 제조 정보 간의 데이터 정합성을 확보하고 모델 기반 협업 환경을 구축하여 제품의 품질과 시장성을 조기에 확보한다.

③ **Deliver:** 디지털 정보를 통해 제품 정보를 전사적으로 재활용하고, 기업 내 뿐만 아니라 확장된 밸류체인 상에 디지털 제품 정보를 공급하여, 새로운 사업 영역을 창출한다. 또한 제품의 실시간 운영 정보를 IoT로 확보하고 차기 제품에 반영하여 완벽한 Closed-loop product lifecycle 체계를 구축한다.

④ **Manage:** 제품의 원가 및 규제 준수, 지속가능 지표를 관리하여 기업의 Top-line과 Bottom-line 외에도 Green-line에 대한 목표도 준수할 수 있도록 가시성과 통찰력을 제공한다.

주요 고객 사이트

■ 조립산업 : 전자, 자동차, 중공업 등 (Daimler, KUKA, KAESER KOMPRESSOREN, Kawasaki 중공업, MAN Energy Solutions, Endress+Hauser, Carl Zeiss)

■ 장치산업 : 식음료, 제약, 화학 등 (Kellogg's, Nestle, Henkel, Merck, BASF, GSK, DÖHLER)

■ 공공 (노르웨이 공공도로 관리국)

PART 6

생산 일정 수립 & 제약 관리 소프트웨어
SAP Production Engineering and Operations

개발 SAP, www.sap.com

자료 제공 SAP코리아, 080-219-2400, www.sap.com/korea

SAP Production Engineering and Operations은 PLM의 설계 정보가 원활히 생산 프로세스에 반영될 수 있도록 지원하는 생산 관리 솔루션으로, 제품의 설계 변경이 빈번하게 발생하는 MTO 및 ETO 산업에서 PLM-ERP-MES 간 데이터 및 프로세스의 정합성을 일치시킬 수 있도록 지원한다. PLM과 완벽한 통합을 통해, 설계 정보가 제조 부서로 이관되는 단계에서의 병목현상을 해결하고, 항공/철도/방산 등 ETO 산업군에 프로세스 혁신을 제공한다.

주요 특징

이 제품은 변경된 설계 정보를 Seamless하게 생산 단계에 반영될 수 있도록 지원한다. PLM 정보와 연동을 통해 생산 계획 및 생산 실행 단계에 복잡한 설계 정보를 반영한다. 또한, 설계 변경사항이 기존의 BOM, 라우팅 및 구매/생산/판매 등의 경영 정보에 미치는 영향을 분석할 수 있으며, 이를 바탕으로 원가관리 및 생산계획 수립 시 설계 변경사항을 유연하고 효율적으로 반영하고 실제로 생산을 수행하여 작업 현장의 효율성을 극대화한다.

주요 기능

SAP Production Engineering and Operations 솔루션은 PLM에서의 설계 정보를 생산에 적합한 형태

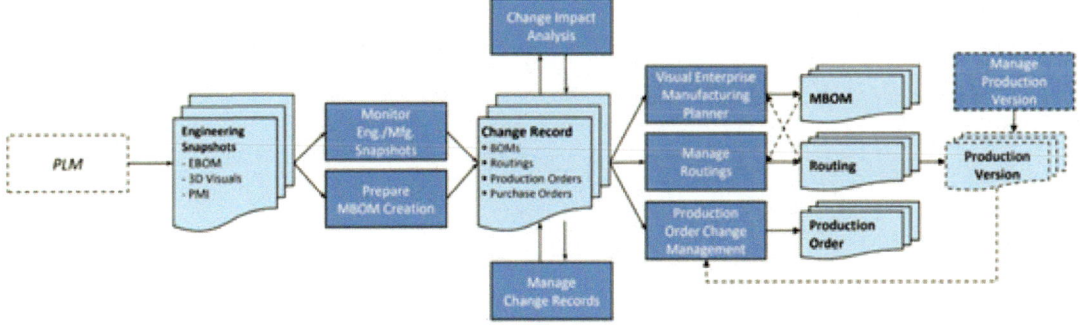

▲ PLM 정보의 생산정보 이관 프로세스

로 변환하는 ① Production Engineering 영역, 생산계획을 효율적으로 실행할 수 있도록 지원하는 ② Production Operations 영역, 그리고 두 영역 간에 정보 교환과 연동이 될 수 있게 하는 ③ Cross Topic Functions 영역으로 구분할 수 있다.

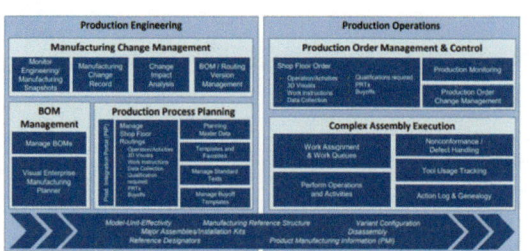

▲ SAP Production Engineering and Operations 기능 개요

Production Engineering

변경 영향 분석(Manufacturing Change Management)

PLM에서 전달된 EBOM을 바탕으로, 새로 추가되거나 변경된 요소를 파악한다. 이를 BOM, 라우팅, 생산/구매오더에 반영하여 설계 변경요소를 생산 정보에 편리하게 적용할 수 있도록 한다.

BOM 관리(BOM Management)

ETO 산업에 적합한 형태로 'Version BOM'을 도입하여 BOM의 다양한 변경상태와 변경 구성품이 구분되어 표시/제어될 수 있도록 BOM 관리를 체계화한다. 그리고 VEMP(Visual Enterprise Manufacturing Planner) 기능을 통해 E-BOM을 M-BOM으로 전환 및 시각화할 수 있도록 지원하여 설계와 생산 간 BOM 전환 작업이 명확하게 이루어지도록 한다.

생산 프로세스 설계(Production Process Planning)

자재, 작업 지시, 작업자 특성 등을 반영하여 라우팅 정보를 효율적으로 관리한다. 프로젝트 제조 방식에 적합하게, 작업 간 유연한 순서 변경이 가능하도록 지원한다.

Production Operation

PLM의 3D CAD 도면 정보를 자재 및 BOM 정보와 연동해서 제공하여 작업 지시를 더욱 원활하게 하고, 작업 현장에서의 생산 프로세스를 효율적으로 운영할 수 있도록 지원한다.

Cross Topic Functions

ETO 산업의 생산 프로세스와 설계 데이터 이관을 위해 적합한 정보 관리체계 및 프로세스를 만들어 설계 정보의 제조 현장 이관 자동화 및 최적화를 지원한다.

주요 고객 사이트 (공개 가능한 고객사 한정)

■ 방위산업 : 방산/조선/항공기/위성/무기 등 (General Atomic, Huntington Ingalls Industries, Kawasaki 중공업, BAE Systems, Northrop Grumman, TATA, FACC, Middle River Aircraft Systems)

■ 철도 : CAF, STADLER

■ 장비 : 중장비 및 반도체 장비 등(Wikov, ASML, HITACHI, Lam Research, Novomatic)

PART 6

설계 데이터를 관리하는 소프트웨어
SOLIDWORKS PDM

개발 및 자료 제공 다쏘시스템, 02-3270-7800, www.3ds.com/ko

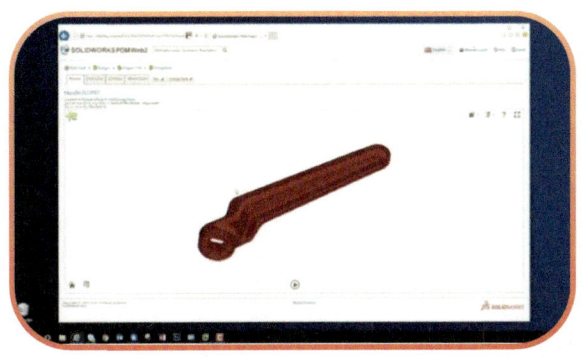

SOLIDWORKS(솔리드웍스)는 모든 비즈니스에서 활용할 수 있는 강력하면서도 사용하기 쉬운 2D 및 3D 제품 개발 솔루션을 제공한다. SOLIDWORKS 솔루션은 전 세계 엔지니어와 설계자에게 신뢰받는 솔루션으로, 혁신적인 제품을 만들고, 협업하고, 제공할 수 있도록 지원한다.

주요 특징

SOLIDWORKS PDM은 솔리드웍스 CAD와 함께 개발된 PDM이다. PDM 기능에 충실하여 설계 데이터 및 설계 관련 데이터 관리에 집중한다. 모든 데이터를 중앙 집중화하여 통합 보관하면서도 로컬 캐시를 활용하여 속도를 보장한다. 기존에 로컬 환경에서 사용하던 UI를 최대한 유지하여 거부감 없이 사용할 수 있는 것이 가장 큰 특징이다. 하나의 설계 어셈블리를 부분적으로 나눠서 동시 병합 설계를 가능하도록 구현한다.

기능적 특징

SOLIDWORKS PDM 은 Microsoft SQL Server Standard Edition을 활용하여 우수한 성능과 확장성을 제공하며, SOLIDWORKS 제품, 다양한 타사 CAD 시스템 및 Microsoft Office를 비롯한 다양한 기타 저작 애플리케이션과의 통합 기능이 기본적으로 포함되어 있다.

SOLIDWORKS PDM은 여러 설계 개선 접근 방식, 엔지니어링 변경 요청과 같은 다양한 설계 변경 처리와 외부 설계 컨설턴트와의 작업 프로세스를 크게 향상시켰다. 이 새로운 기능을 통해 파일 구조의 전체 또는 부분(기존 참조가 유지된 상태로) 사본을 작성하고 하나 또는 여러 폴더에 배치하는 옵션을 제공한다.

그러면 복사되거나 파생된 파일을 편집하면서 원본 파일에서 현재 상태와 권한 상태를 유지할 수 있다. 편집 내용이 승인되면 원본의 새로운 버전을 생성할 수 있다. 편집 내용이 승인되지 않으면 파생된 파일을 저장하거나 삭제할 수 있다.

SOLIDWORKS PDM을 사용하면 강력한 검색 기능을 통해 파일을 쉽고 빠르게 찾을 수 있다. 또한 버전 관리 덕분에 항상 최신 파일에 액세스할 수 있어 누가 데이터와 문서에 액세스할 수 있는지를 제어할 수 있어 CAD 모델과 문서(이메일부터 이미지까지) 버전 추적과 워크플로 자동화가 가능하여 사내에 색인화된 중앙 저장고에 저장할 수 있다. 이런 절차로 인해 데이터 검색시간이 줄어들고 중복 작업을 하는 수고를 덜 수 있다.

팀의 협업 수준을 한 차원 높게

SOLIDWORKS PDM 덕분에 복도를 걸을 때는 물론 세계를 누빌 때도 동료들과 설계 데이터를 더 쉽게 공유하게 됐다. 오늘날 수많은 기업이 세계 각지의 다양한 현장으로 사용자 그룹을 파견한다. 원격 사이트의 네트워크 속도가 느려지는 일은 흔하며, 이로 인해 사용자는 로컬 드라이브에 데이터를 복사한다. 이는 파일 참조 및 버전 관리 문제를 초래할 수 있다. SOLIDWORKS PDM 은 이러한 그룹이 단일 환경에서 효과적으로 작업할 수 있는 도구를 제공한다.

> ■ **사이트간 복제 서버 구성** : 해외 지사 간의 연결을 지원해서 속도 향상을 통해 협업을 지원한다.
> ■ **WEB 접속 방식 지원** : 외부 이동상황에서 Web 방식으로 접근하여 설계를 검토하고, 수정 가능하다.
> ■ **Offline 모드** : web 접속도 어려울 경우, 사내에서 설계 데이터를 받아서 외부에서 작업 후 복귀하여 다시 업로드 하는 기능을 지원한다.

설계자 외 PDM 활용

설계 데이터는 설계자만이 접근하고 활용하는 것은 아니다. 구매부서, 제조부서, 협력사 등 많은 이해 관계자들이 이 데이터를 확인하고, 활용한다. SOLIDWORKS PDM은 상대적으로 저렴한 라이선스 비용, 동시접속자 기준의 라이선스 정책 등을 통해 사내에서 데이터가 물 흐르듯 자연스러운 흐름이 될 수 있도록 구성할 수 있다.

업무 절차 구성 및 자동화

설계데이터를 그냥 통합 보관하는 것이 아니라, SOLIDWORKS PDM을 통해 워크플로라고 하는 설계 업무 절차를 구현할 수 있다. 설계 도면의 승인 절차, 파일 형식 변환 절차 등등 그 활용은 무궁무진하다. 간단한 작업의 경우 Dispatch라는 간단한 내장 언어를 통해 개발도 가능하며, 전문적인 수준의 경우 별도의 라이센스 비용없이 API의 개발이 가능하다.

PART 6

설계 데이터를 관리하는 소프트웨어
SOLIDWORKS Manage

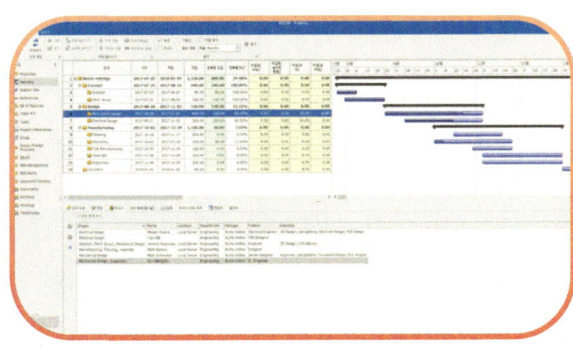

개발 및 자료 제공   다쏘시스템, 02-3270-7800, www.3ds.com/ko

SOLIDWORKS Manage(솔리드웍스 매니지)는 SOLIDWORKS PDM에서 관리하는 설계데이터 외에 파일이 아닌 데이터 관리에 집중하는 솔루션이며, SOLIDWORKS PDM을 포함하고 있다.

주요 4대 기능

Project Management

프로젝트 기반의 업무에서, 여러 가지 태스크를 나누고 이들의 전후 관계를 표시함으로써, 전체 프로젝트를 일정 내에 할 수 있는지, 혹은 일정을 준수하려면 어떻게 태스크를 만들어야 하는지를 기획하고, 관리할 수 있다. 담당자 지정, 진도율 관리, 신출물을 통합 관리할 수 있다. 리스크 및 이슈 관리 기능을 포함한다.

Process Management

SOLIDWORKS PDM에서는 설계 데이터를 중심으로 워크플로를 작성하고 관리할 수 있는데, SOLIDWORKS Manage는 이와 유사하지만 특정한 파일 없이 절차를 만들고 실행하며, 관리할 수 있다. 이 과정에서 승인을 누가 해야 하고, 언제 했는지 추적도 가능하며, 첨부 파일 관리도 가능하다. 설계 변경 절차나 신규 업체 등록 절차를 만들고 관리할 수 있으며 절차 개발에 따라 다양한 용도로 활용할 수 있다. 심지어 휴가 승인 절차 등 설계와 전혀 상관없는 내용을 관리할 수도 있다.

BOM Management

SOLIDWORKS PDM은 주로 설계와 통합된 E-BOM 관리에 집중한다면, 이를 기반으로 한 M-BOM 관리를 구현하는 것이 BOM Management 기능이다. PDM에서 작성한 BOM을 받아서, 필요에 따라 수정이 가능하다. 이는 설계 데이터를 직접 다뤄서 M-BOM을 작성하는 것은 아니고, item화 해서 처리하기 때문에 빠르게 작업이 가능하다. 이렇게 작성된 BOM은 프로젝트 관리 등에서 연동해서 확인이 가능하디.

Dashboard 및 Report

SOLIDWORKS PDM 및 SOLIDWORKS Manage에서 생성되는 데이터는 매우 많고, 다양하다. 이를 전체적으로 손쉽게 파악하기 위해서는 Dashboard화 하여 의사 결정권자가 빠른 결정을 하는 것이 중요하다. SOLIDWORKS Manage의 Dashboard는 여러 정보를 취합하여, 자동으로 그래프를 작성하고 실시간으로 이 값을 연동하여 보여준다.

디지털 팩토리 솔루션

TopSolid

개발 인코스, www.topsolid.com

자료 제공 인코스, 031-702-5770, www.incos.co.kr

주요 특징

TopSolid PDM은 설계자들에게 워크플로를 간소화하고 협업을 강화하며 생산성을 극대화할 수 있는 다양한 이점을 제공한다.

CAD 설계에는 설계자, 엔지니어, 제조 팀을 비롯한 여러 이해관계자가 참여하는 경우가 많다. TopSolid PDM 은 동시 엔지니어링을 위한 플랫폼을 제공하여 효과적인 협업을 가능하게 한다.

TopSolid PDM을 사용하면 CAD 설계자는 설계를 공유하고, 어셈블리에 대해 협업하고, 팀 구성원과 실시간 커뮤니케이션을 촉진할 수 있다. 중앙 집중식 환경에서 협력함으로써 이해관계자는 설계 문제를 해결하고, 충돌을 해결하고, 정보에 입각한 결정을 내릴 수 있어 궁극적으로 설계 주기가 빨라지고 제품 품질이 향상된다.

TopSolid 제품 리스트

TopSolid CAD / TopSolid CAM / TopSolid Virtual (VR) / TopSolid Mold Design / TopSolid Press Design / TopSolid Wood / TopSolid STEEL / TopSolid PDM / TopSolid Shopfloor

TopSolid CAD

뛰어난 3D 디자인과 완전히 통합된 PDM, 어셈블리 모델링, 스마트 부품, 시뮬레이션, 제조 문서, 사실적인 렌더링 등의 기능을 제공한다.

TopSolid CAM

인더스트리 4.0의 중심에 있는 TopSolid CAM

TopSolid Mold Design

데이터 교환, 분할 코어 및 캐비티 블록, 3D 툴링 기능, 스마트 부품, 운동학 시뮬레이션, 사출 시뮬레이션, 제조 문서, 전극 디자인, 통합 PDM 등의 기능을 제공한다.

TopSolid Progress

데이터 교환, 스트립 레이아웃 디자인, 3D 툴링 기능, 스마트 부품, 시뮬레이션, 제조 문서, 통합 PDM, 생산 최적화 등의 기능을 제공한다.

TopSolid Wood

목재 산업을 위한 디지털 설계 및 가공 체인으로, 목재 산업에 유용한 기능 등을 제공한다.

TopSolid STEEL

3D 디자인 소프트웨어를 사용하여 보다 빠르게 디자인, 구성 및 생산이 가능하다.

PART 6

PLM 소프트웨어
Teamcenter

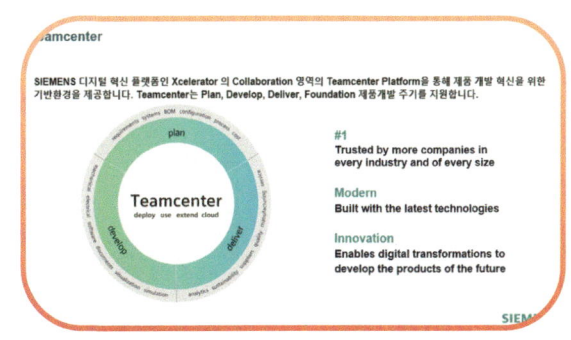

개발 및 자료 제공 지멘스 디지털
인더스트리 소프트웨어, 02-3016-2000,
www.plm.automation.siemens.com/global/ko

지멘스 플랫폼 전략

지멘스 디지털 혁신 플랫폼인 Xcelerator(엑셀러레이터) Collaboration 영역의 Teamcenter(팀센터) Platform을 통해 제품 개발 혁신을 위한 기반 환경을 제공한다. Teamcenter는 Plan, Develop, Deliver, Foundation 제품개발 주기를 지원한다.

Teamcenter는 Siemens Xcelerator의 Collaboration 영역으로 모든 규모의 기업은 이러한 솔루션을 사용하여 칩 수준에서 전체 시스템에 이르기까지 광범위한 산업 분야에서 제품을 설계, 엔지니어링, 제조 및 최적화한다. 이 포트폴리오는 기계, 임베디드 소프트웨어, 협업, 전자, 시뮬레이션, 제조, 운영, 앱 개발 플랫폼 및 IoT에 이르는 통합 기술, 솔루션 및 서비스를 포괄한다.

세계에서 가장 혁신적인 제품 중 더 많은 제품이 Teamcenter를 통해 만들어지고 있다. 하루를 시작하는 커피 머신부터 출근길에 운전하는 차, 사랑하는 사람의 심장을 튼튼하게 유지하는 심박 조율기, 좋아하는 휴가지로 가는 비행기까지. 지금 보고 있는 기기나 그 뒤에 숨겨진 기술조차도 Teamcenter를 통해 기업은 혁신의 힘을 발휘하여 새로운 경험을 제공하고 있다.

일상 생활에서 생활용품부터 자동차, 선박, 항공기 및 우리를 안전하게 지키는 등의 제품을 만들 수 있다. 계획부터 개발 및 제공에 이르기까지 Teamcenter는 전체 제품 라이프사이클을 지원한다. 또한, 제품의 전체 수명 주기에 걸쳐 제품 데이터를 접근하는 모든 사

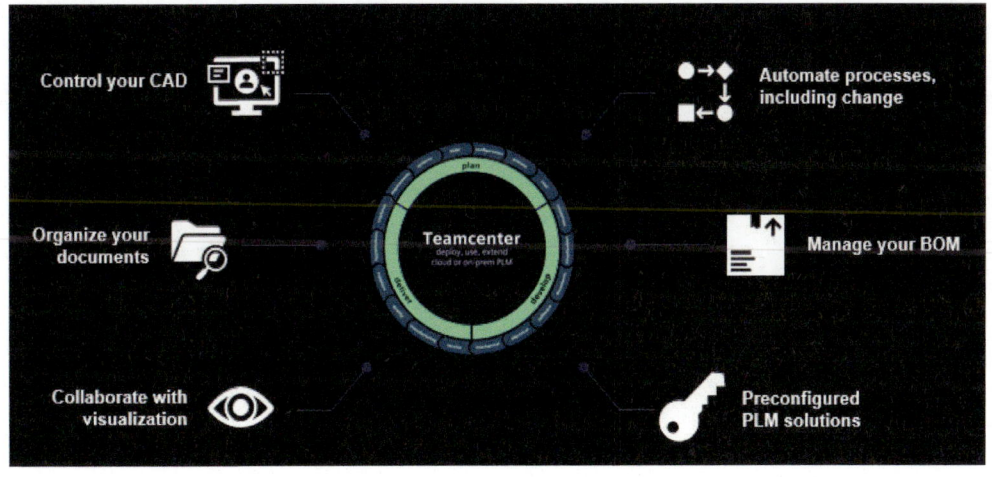

용자에게 언제, 어디서나, 접속하는 기기에 상관없이 효율적이고 직관적인 방법으로 데이터를 제공한다.

주요 기능

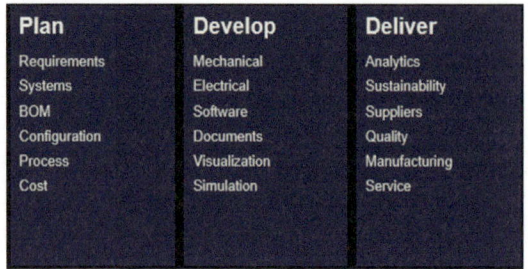

Teamcenter는 Data backbone으로써 Plan, Develop, Deliver에 이르는 모든 데이터를 저장 관리하며 최적의 Collaboration을 통한 제품 개발을 지원한다. Active workspace client를 통한 정보의 접근을 통해 사용자에게 최대한의 작업환경을 제공하고 있다.

Active workspace client를 통한 CAD관리, 사양관리, BOM관리, 설계변경관리, 요구사항관리, MBOM, BOP, Service BOM에 이르는 Enterprise BOM관리 뿐만 아니라 해석 데이터 관리, 프로젝트 관리, MBSE 지원 등 모든 제조업의 기반 활동을 지원하도록 구조화 되어 최적의 Collaboration data backbone으로써의 역할을 수행할 수 있다.

Active workspace는 사용자 중심의 UI 기능을 통해 개인화 UX(User Experience)와 업무 관심사 중심의 데이터 조회 및 참조를 제공한다. 다양한 검색을 통한 PLM 정보의 확인 및 뛰어난 BOM 관리, 여러 CAD Integration을 통한 도면관리, 대시보드 기능 등을 통해 설계와 관련된 많은 정보를 종합적으로 조회 및 활용할 수 있다.

SaaS Teamcenter X

SaaS를 사용하면 빠르게 시작할 수 있을 뿐만 아니라 IT 부담도 크게 줄일 수 있다. Teamcenter X 표준 오퍼링은 CAD를 제어하고, 문서를 구성하고, 시각화를 통해 협업하고, 변경 프로세스를 자동화하고, BOM을 관리하는 데 도움이 되는 핵심 Teamcenter 기능을 제공한다. Teamcenter X는 클라우드 기반이기 때문에 사용자가 집, 사무실 등 전 세계 어디에 있든 PLM 정보에 액세스할 수 있다.

PART 6

도면 및 기술정보관리 솔루션

TeamPlus

개발 및 자료 제공 에스더블유에스,
02-6954-4700, www.sws.co.kr

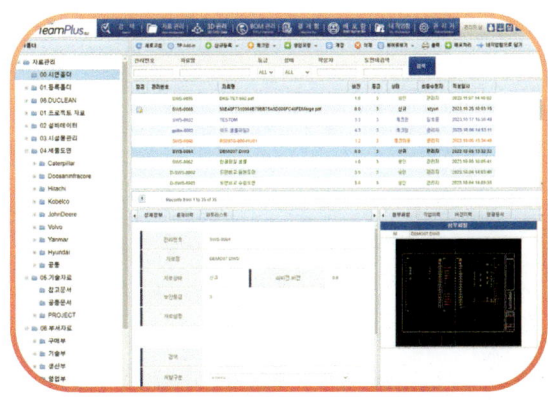

주요 특징

■ 웹 표준 개발 : 웹 표준으로 개발 된 TeamPlus는 다양한 웹브라우저를 지원하여 국내 및 해외의 어떤 지사에서도 빠르게 접근할 수 있다. 보안에 취약한 ActiveX를 사용하지 않아 웹 보안취약점을 사전에 방지한다.

■ 보안 강화 : 자체 보안 기능을 통해 도면 및 문서의 보안성을 강화한다. 시스템 접근제어 및 사용자/조직별 권한제어, 이력 추적 등의 보안기능을 통해 도면 및 기술문서를 안전하게 관리하고 보관할 수 있다.

■ 시스템 연동 및 확장성 : 기업 내 엔터프라이즈 시스템(ERP, FMS, ALM 등)과 연동이 가능하며, 연동을 통해 다양한 도면 및 기술문서의 활용성과 업무 효율성을 증대 시킬 수 있다.

■ 영구 라이선스 : 영구 라이선스를 제공하여 시스템에 대한 지속적인 고정비용이 발생하지 않아서 도입 기업의 비용적인 부담을 최소화 할 수 있다.

■ 검색 : 자료가 가지고 있는 모든 정보를 검색조건으로 활용하여 검색이 가능하며 필터링 방식의 결과내 검색을 통해서 원하는 자료는 손쉽게 찾아 확인할 수 있다.

■ 도면 유형 및 속성 관리 : 도면의 유형을 분류하고 유형별 속성 정보를 구성할 수 있으며, 관리자 기능을 통해 유형 및 속성을 관리할 수 있다.

■ 일괄 등록 : 다량의 도면 및 문서를 개인 PC나 파일 서버에서 편리하게 시스템에 등록할 수 있는 일괄 등록 프로그램을 제공한다. 이를 통해 빠르고 효율적으로 대량의 데이터를 등록할 수 있다.

■ 응용프로그램 연동 : TeamPlus 내에 제공하는 Add-in을 통해 사용자 PC에 설치되어 있는 응용프로그램과 연동하여 자동으로 실행되도록 하며 응용프로그램에서 수정한 파일을 간편하게 시스템에 업로드 할 수 있다.

주요 기능

자료 관리

■ 자료 라이프 사이클 관리 : 도면 및 기술문서의 생성부터 폐기까지의 전반적인 라이프사이클을 관리하며, 버전이력 및 작업이력을 자동으로 관리한다.

BOM 관리

BOM 구조를 생성하고 계층 구조 확인이 가능하며, CAD연계 및 ERP 연동을 통하여 BOM 정보를 추출하고 관리할 수 있으며, 관리되고 있는 BOM 정보로 목적에 따라 E-BOM, M-BOM, P-BOM 등 다양

한 방식으로 변환이 가능하며 타 시스템과의 연동을 통해서 일원화된 BOM 정보 관리가 가능하다.

프로젝트 관리

■ 프로젝트 일정 관리 : 프로젝트 일정을 등록하고 관리하여 프로젝트의 전반적인 일정과 단계를 계획할 수 있다. 또한, 일정 휴일과 공휴일을 지정하여 작업 진척도를 산출할 수 있다.

■ Task 및 업무 관리 : 프로젝트의 주요 일정을 설정하고 관리할 수 있으며, Task별 업무 성과를 환경에 맞게 최적화하여 프로젝트 진행을 조율할 수 있다. 또한 프로젝트 진행중 이슈 발생시 처리과정을 추적하고 기록하여 이슈에 대한 정보 공유 및 관리를 할 수 있다.

■ 산출물 및 프로세스 관리 : Task별 산출물을 지정 및 관리하고 산출물 등록에 따른 프로젝트 진척률이 자동 산정되도록 설정할 수 있으며, 프로젝트 특징을 정의하고 가중치를 적용하여 정확한 작업의 진척도를 산출할 수 있다.

전장정보 관리

Operator와 협력사 간의 전장 표준 배포, 도면 승인, 도면 관리 등을 시스템 표준 프로세스 기능을 제공하며, 전장 도면 검도 및 오류체크, 설비 운영 및 보전 파트 Data 공유를 구축하여 Operator 내부 시스템과 I/F 통해 설비 운영 및 보전에 활용할 수 있다.

배포 관리

도면 배포 및 반입/반출 관리를 통해 결재 및 최종 승인된 도면을 업체에 배포 가능하며, 협력사 접속 시 배포한 자료만 접근할 수 있도록 구성하여 보안 및 외부 업체가 중요 정보에 접근하는 것을 통제할 수 있다.

Viewer

뷰어를 통해 시스템에 등록되어 있는 자료에 대한 실시간 확인이 가능하며, 사용자 PC에 저장되지 않아서 원본 자료의 유출없이 자료를 활용하도록 구성할 수 있다. 또한 자료 확인 용도로 프로그램을 사용하는 사용자의 비중을 감소시켜 프로그램의 라이선스 절감 효과도 가져올 수 있다.

도면 링크

뷰어에서 2D 도면 내 정보를 통해 관련된 다른 도면 목록을 조회하고 뷰어로 확인할 수 있다. P&ID 도면과 같이 연관된 도면을 계속 확인하며 업무수행이 필요한 경우 유용하게 사용할 수 있으며, 뷰어 내 텍스트 검색 조회, 도면에 대한 객체, 형상 비교, 마크업 등록 수정 및 이력관리 기능을 통해 의사 소통 및 명확한 업무 파악이 용이하다.

CAD 연계

CAD 내 도면관리 메뉴를 생성하여 편리하게 도면관리 업무를 수행할 수 있다. 또한 도면 내 정보를 자동으로 추출하여 도면을 기준으로 하여 도면과 데이터의 정합성을 확보할 수 있으며, 반대로 외부데이터를 도면에 삽입하여 양방향 관리가 되도록 구성할 수 있다.

주요 고객 사이트

LG에너지솔루션, 코닝정밀소재, SKC, 동국제강, 서울교통공사, 한국가스기술공사, 우진산전, 우정사업본부 등 약 50여 개의 업체에 자체 개발 솔루션인 TeamPlus를 성공적으로 구축하였고, 지속적인 유지관리를 통해 활용성을 확장해가고 있다.

PART 6

쉽고 빠른 도면관리

코너스톤 도면관리 클라우드

개발 및 자료 제공 코너스톤테크놀러지,
070-7019-9871, www.csttec.com/dms

주요 특징

코너스톤 도면관리 클라우드는 제조, 건축, 토목, 플랜트 등 설계를 하는 기업이 사용하기에 편리하고 효율적인 도면관리 솔루션을 클라우드로 제공한다.

코너스톤 도면관리는 표준화된 기능과 빠른 성능을 갖추며, 초기 구축 비용이 필요 없어 경제적인 솔루션으로 PMS · SCM · MES · CRM 등의 확장 기능을 추가할 수 있다. 홈페이지(www.csttec.com/dms)에 접속하여 30일 무료체험을 할 수 있고 유료로 전환하여 계정당 월 2만원으로 사용할 수 있다.

주요 기능

도면(파일) 관리

탐색기를 실행하여 PC에 있는 폴더와 도면(파일) 그대로 코너스톤에 업로드한다. 다양한 검색조건을 활용하여 도면을 바로 검색하고, 변경이력을 관리함으로써 언제 어디서든 도면의 최신 버전과 변경이력을 바로 확인할 수 있다. 보안을 강화하기 위해 도면(파일)의 이력 관리로 열람/수정/다운로드/출력 등의 사용 기록을 확인할 수 있을 뿐 아니라 폴더별로 사용자나 부서의 접근 권한을 통제할 수 있다.

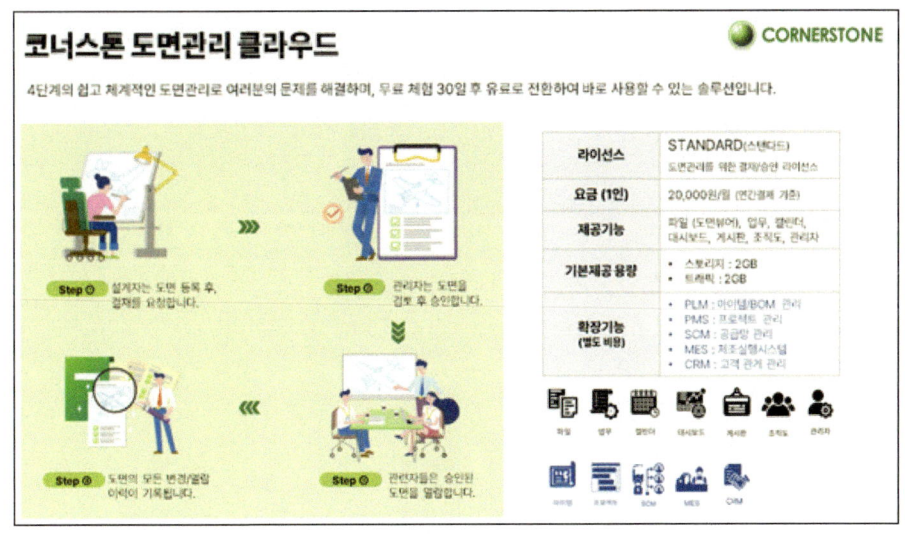

도면 뷰어

2D 도면은 코너스톤에 등록되면 자동으로 이미지 변환 작업이 이뤄지는데 웹 뷰어를 통해 도면을 확인할 수 있다. 출력, 확대/축소, 회전, 색반전 기능은 물론 마크업 기능도 있어서 설계검토 등을 위해 현장에서 사용하기에 편리하다.

업무(전자결재) & 캘린더

등록한 도면을 승인하고 외부에 배포할 수 있는 기능으로 그룹웨어의 전자결재와 비슷하다. 기업에서 필요한 템플릿을 만들어서 단계 및 프로세스를 정의하면 이러한 절차에 따라 업무가 진행되도록 한다. 결재 도착, 댓글 등의 알림 메일을 통해 해야 할 일을 놓치지 않도록 도와준다. 이는 캘린더 기능과도 연결되어 업무의 작업시간과 일정을 관리할 수 있다.

대시보드

클라우드 요금, 로그인 이력, 파일 사용이력 등 다양한 현황 정보를 그래프로 한 눈에 확인할 수 있다. 그래프를 클릭하여 상세한 데이터 목록을 확인하고 엑셀 다운로드도 가능하다.

조직도

사내 조직도와 연락처를 한 눈에 볼 수 있는 조직도 앱에서는 사용 중인 라이선스와 역할을 조회·관리할 수 있으며, 부서 및 사용자 정보를 편집·삭제할 수 있다.

게시판

폴더 형태의 게시판으로 폴더별로 권한을 설정하여 공유 범위를 설정할 수 있다. 새로운 내용이 추가되거나 변경되었을 때 로그인 시 팝업 알림이 표시되어 중요한 소식과 정보를 빠르고 효율적으로 공유할 수 있다. 파일 기능과 연동되어 파일 앱에 등록된 파일을 게시글을 통해 공유할 수 있다.

활용 방안과 기대 효과

도면관리 클라우드로 다양한 업종에서 활용되는 방안이나 기대되는 효과도 다르다. 건축/토목/플랜트에서는 수만장의 도면을 현장에서 태블릿으로 열람하고 확대/축소/마크업 기능을 활용하여 도면을 이용하여 내부와의 협업 환경이 개선된다.

설비/금형 등 수주형 제조업과 자동차/전기 등 양산형 제조업에서는 도번으로 조회하여 최신 버전을 바로 확인함으로써 업무의 효율성이 증가하고, 내부 승인과 외부 배포를 통해 어떤 절차를 통해 어떤 곳으로 공유되었는지 확인할 수 있다.

보안을 중요시하는 공공기관이나 방산업체의 경우에는 폴더와 도면의 권한 설정 등으로 접근을 통제하여 외부 유출을 방지하고 데이터를 자산화하여 체계적인 관리가 가능해진다.

지속적인 개선과 고객 지원

코너스톤은 고객 사용자들의 요구사항을 수용하여 현업에서 필요로 하는 유용한 기능으로 구성하였다. 지금도 고객으로부터 듣는 다양한 피드백을 받아 시장에서 요구하고 솔루션과 부합하는 내용이라면 지속적으로 반영하여 개선하고 있다.

유튜브 채널을 통해 어플리케이션 별로 사용하는 방법을 소개하고, 개념과 같은 지식 전반을 알려주기 위해서 블로그 채널을 운영하고 있다. 또한, 고객이 사용하면서 겪는 다양한 문의 및 불편사항을 청취하는 헬프데스크를 운영하여 고객을 지원하고 있다.

PART 6

바로 쓸 수 있는 맞춤형 클라우드 PLM

코너스톤 PLM 클라우드

개발 및 자료 제공 코너스톤테크놀러지, 070-7019-9871, www.csttec.com/plm

주요 특징

코너스톤 도면관리에서 아이템(BOM), 설계변경(ECO) 등의 기능을 더한 것이 코너스톤 PLM 클라우드이다. 코너스톤은 PLM을 확장하여 기업이 필요한 솔루션(PMS, SCM, MES, CRM 등)을 지속적으로 추가할 수 있고, 커스터마이징을 통해 고객의 요구사항을 수용할 수 있는 맞춤형 클라우드이다. 코너스톤 홈페이지(www.csttec.com/plm)에 접속하여 30일 무료체험을 할 수 있고 유료로 전환하여 계정당 월 4만원으로 바로 사용할 수 있다.

주요 기능

도면관리 기능

코너스톤 PLM은 도면관리에서 업그레이드된 솔루션으로, 코너스톤 도면관리에서 제공하는 모든 기능을 포함한다. 자세한 내용은 코너스톤 도면관리의 주요 기능 편을 참조하면 된다.

아이템(BOM)

코너스톤의 아이템은 제품과 부품의 정보를 담는 데이터 단위이며 ERP에서의 자재 또는 품목과 비슷한 개념이다. 아이템은 부품번호, 이름, 사양 등의 속성을 가지며 도면, 성적서 등의 파일을 첨부할 수 있다. 아이템은 BOM(Bill of Material)의 구성요소가 되며 BOM을 기준으로 중량, 원가 등을 롤업하여 분석할 수 있다. BOM은 정전개, 역전개 등의 기능이 제공된다. 엑셀을 활용하여 쉽게 업로드 및 다운로드 역시 가능하다. 필요할 경우 별도의 추가 기능을 사용하여 옵션과 사양도 관리할 수 있다.

설계 변경

이슈(IR), 변경요청(CR), 변경작업(CO) 기능을 통해 제품을 중심으로 한 아이디어의 도출과 정해진 절차와 기준에 따른 검토 절차와 변경검토회의(CRB)를 통한 의사결정, 아이템과 BOM의 변경 내용을 기록하고 변경의 생산 적용까지의 전 과정을 관리할 수 있다. 진행 현황을 실시간으로 조회할 수 있으며 유형별 발생 빈도와 처리 상황을 확인할 수 있는 그래프 및 통계 기능을 제공한다.

프로젝트 관리

코너스톤은 관리자가 프로젝트 유형(템플릿)을 미리 만들도록 하고 있다. 이를 통해 프로젝트를 실행하는 기준과 표준을 설정하고 이를 지속적으로 개선해 갈 수

있다. 관리자는 단계와 단계의 통과기준을 만들고, 간트 등을 이용하여 단계별 하위 업무와 업무별 산출물을 지정한다. 또한, 프로젝트 등급을 지정하여 등급에 따라 수행해야 할 업무를 설정할 수 있다.

SCM(공급망 관리)

자재 기능은 아이템과 연계하여 다품일도를 관리할 수 있다. 도면은 동일하나 색상 등의 상세 사양이 다른 경우 등에 효과적으로 대응이 가능하다. 거래처는 자재에 대한 공급회사가 여러 곳인 경우 금액, 구매단위, 납기 등의 정보를 관리하여 합리적인 구매 관리를 지원한다. 사업장(창고) 기능은 자재의 보유량, 주문량 등의 정보를 관리하여 자재 수요에 대응하여 입출고 및 적정 재고를 관리할 수 있도록 도와준다.

MES(생산실행시스템)

작업지시(수주)에서 완제품 출하에 이르는 생산 활동을 관리 및 최적화하여 제조 현장의 상태를 투명하게 관리하여 품질 향상과 납기 준수를 지원한다. 제품의 BOM으로부터 제작/구매 목록을 뽑아내고, 제작 항목에 대해 작업흐름 템플릿을 이용하여 작업흐름을 만든 뒤 흐름에 따라 작업자에게 작업을 배정하여 작업이 실행될 수 있도록 한다. 작업 흐름은 실시간으로 추적할 수 있고, 불량 발생 시 원인 분석 및 판정에 따른 후속 조치가 이뤄지도록 한다.

CRM(고객관계관리)

고객사와 고객, 고객별 영업/마케팅/서비스 활동을 기록하여 고객 데이터를 통합하여 고객 만족과 영업 효율을 높일 수 있도록 지원한다. 커스터마이징을 통해 고객 전용 CRM 사이트를 구성하여 매뉴얼 등의 기술자료, 자주 묻는 질문, AS 및 지원요청 등의 서비스를 제공할 수도 있다.

PLM 구축방안 제안

기업이 속한 산업과 환경 그리고 기업 역량에 따라 PLM 구축의 초점과 목표가 조금씩 달라지고 목표가 동일하더라도 중간 목표와 과정은 달라지게 된다. 코너스톤은 고객의 성공적인 PLM 도입을 위해 고객이 컨설팅을 통하여 단계적 범위와 목표를 수립하고 실행하면서 성과와 과제를 확인하며 나아가는 방식을 권장한다. 먼저 도면관리와 PDM 영역의 데이터 관리 체계를 구축하고, 다음으로 업무와 프로젝트를 관리하는 업무 프로세스 관리 체계를, 이후 SCM, MES, CRM 솔루션으로 확장해 나가는 형태가 일반적이다.

커스터마이징과 다양한 구축 옵션

기본으로 제공되는 다양한 환경설정과 옵션 기능이 있지만, 파일이나 아이템 등의 속성과 기능 등을 변경하거나, ERP, MES 등의 Legacy 시스템 연동이 필요할 수 있다. 일반적인 클라우드 솔루션과 달리 코너스톤은 확장이 가능한 형태로 개발되어 커스터마이징을 제공한다.

코너스톤 클라우드를 통해 고객은 별도의 구축비용 없이 PLM을 바로 사용할 수 있으며, 필요할 경우 원하는 기능을 추가할 수 있다. 코너스톤은 클라우드 서비스를 제공하는 기업에 부과되는 정부의 규제와 지침을 준수하여 보안 및 운영 관리를 해마다 개선 및 보완하고 있어 고객들이 더욱 안정적으로 시스템을 활용할 수 있다. 클라우드를 사용할 수 없는 고객을 위해서는 구축형(On-Premise) 옵션과 파일 서버를 고객사에 두는 Hybrid 옵션을 제공하고 있다.

PART 6

엔터프라이즈 제품 라이프사이클 관리 소프트웨어

Windchill

개발 및 자료 제공 PTC, 02-3484-8000, www.ptc.com/ko/products/windchill

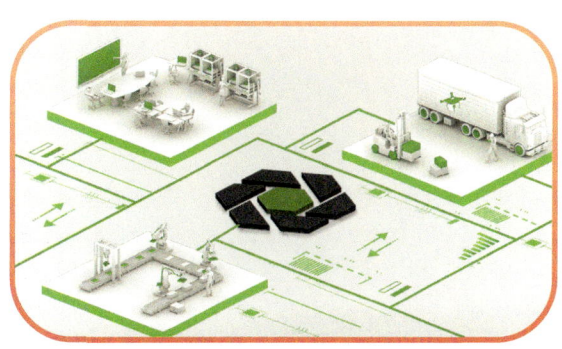

Windchill(윈칠)은 제품 수명주기 동안의 모든 제품 정보를 통합하여 관리할 수 있는 검증된 PLM 솔루션이며, 기업 내/외부 전반에 걸친 디지털 제품 정보의 통합 스레드 환경을 제공한다.

Windchill의 핵심 멀티 CAD 및 PDM(제품데이터관리) 기능은 설계변경 자동화 및 문서관리, 비즈니스 시스템 통합과 프로젝트 실행 기능을 통해 가장 중요한 제품 개발 플랫폼 구축을 지원하고 있다. 또한, PLM 이니셔티브 및 요구사항이 증가함에 따라 파생 제품 관리, 부품 분류, 공급업체 관리, 제조 및 서비스 BOM관리, 제조 공정계획 및 작업 지침, 증강현실, IoT 등으로 역량을 확장지원하고 있으며, IoT 기술을 기반으로 하는 DX Platform은 기업 내 다양한 시스템 연계를 통해 완벽한 디지털 스레드 환경 제공하고, 선사 PLM 혁신을 가능하게 한다.

Windchill+

Windchill의 모범 사례가 탑재된 Windchill+는 완벽한 보안환경의 SaaS(Software as a Service)로 제공되고 있다. 더 이상 제품 업그레이드를 위한 시스템 다운타임이 필요하지 않으며, 지속적인 서비스와 항상 최신의 제품서비스 이용이 가능하다. On-premise Windchill이 제공하는 모든 혁신 기술에 신속하고, 완벽한 글로벌 협업 기능을 모두 통합하여 PLM 환경구축에 유연성을 제공함으로써 기업 혁신을 앞당길 수 있다.

Arena

Arena(아레나)는 SaaS 기반의 제품으로 BOM, 회로, 소프트웨어 및 관련 데이터 통합 보안환경을 제공하며, 기업들이 고품질 제품을 빠른 속도로 설계, 생산, 배송할 수 있도록 지원하고 있다. 복잡한 제품을 설계하고 전 세계에 분산된 조직 및 공급망과 협력해야 하는 기업인 경우, Arena를 사용하면 신제품 개발 속도를 앞당기고, 품질 이슈를 최소화하여 수익성을 개선할 수 있다.

엔지니어링, 품질 및 제조부서에서는 Arena를 통해 제품 정보를 공유하고, 아이디어를 교환하여 제품 수명주기 전체에 변경 사항을 적용할 수 있다. 또한 환경, FDA, ISO, ITAR, EAR를 비롯한 각종 규제를 보다 빠르게 준수할 수 있도록 지원하고 있다.

Thingworx Navigate

기업의 비즈니스 과제 해결을 목적으로 고안된 IIoT 플랫폼인 ThingWorx(씽웍스)를 통해 디지털 트랜스포메이션의 장애물을 극복하고 속도를 높일 수 있다. Thignworx Navigate(씽웍스)는 복잡한 기간계 시스템의 데이터들 연결하여 효과적인 시각화와 사용자

경험을 제공하고, 개별 업무 담당자가 데이터를 획득하여 각 역할에 맞는 정보를 활용하여 신속하고 정확하게 담당 업무를 해결할 수 있도록 지원하고 있다.

Windchill 도입 효과

PTC의 디지털 스레드(Digital Thread)는 다양한 데이터 세트를 구성하여 제품, 프로세스 및 사람(작업자)과 실시간으로 협업을 수행하고, 기업의 목표에 맞게 조율하며, 일관성을 유지함으로써 회사 전체에 SSOT(Single Source of Truth)를 구축, 업무 효율과 생산성을 향상시키고 새로운 비즈니스 가치를 창출한다.

통합된 디지털 스레드를 위한 PLM(제품 라이프사이클 관리) 솔루션인 Windchill은 기업의 제품 수명 주기를 관리하고, 제품개발에 관련된 데이터를 효율적으로 공유하며, 업무 협업을 개선하고 제품 품질 향상을 지원하고 있다. 이는 기업의 경쟁력을 향상시키고 더 효율적인 제품 개발 및 관리를 가능하게 한다.

제품 수명 주기 관리

Windchill은 제품 수명 주기 관리를 향상시킨다. 제품의 초기 설계부터 제조, 유지 보수 및 폐기까지 모든 단계에서 관련된 데이터와 정보를 중앙에서 통합하여 관리할 수 있다. 이렇게 하면 제품 개발 및 운영 단계에서 더 효율적으로 작업할 수 있다.

실시간 데이터 공유

Windchill을 사용하면 제품과 관련된 데이터를 실시간으로 공유하고 업데이트할 수 있다. 이것은 디지털 스레드를 통해 제품 정보의 실시간 업데이트와 공유를 가능하게 하여 더 빠른 의사 결정과 협업을 가능하게 한다.

더 나은 협업

디지털 스레드는 제품 관련 정보를 다양한 팀과 이해관계자 사이에서 공유하는 것을 강조한다.

Windchill은 이러한 정보 공유를 용이하게 하며, 다른 팀 및 파트너와의 협업을 간편하게 한다. 이로 인해 제품 개발과 관리 단계에서 더 효율적인 협업이 가능하다.

제품 품질 향상

Windchill을 통해 제품 관련 데이터의 중앙 집중화와 실시간 모니터링이 가능해진다. 이것은 제품 품질 향상을 위해 문제를 조기에 감지하고 수정할 수 있게 도와준다.

유지 보수 및 업데이트

제품이 운영 단계에 도달하면 Windchill을 사용하여 유지 보수 작업을 계획하고 관리할 수 있다. 이로써 기업은 제품의 수명을 연장하고 더 긴 기간 동안 제품이 가지고 있는 가치를 고객에게 제공할 수 있다.

더 빠른 시장 진입

제품 관련 데이터를 효과적으로 관리하고 디지털 스레드를 통해 연결된 제품 수명 주기를 관리함으로써, 기업은 제품을 더 빠르게 개발하고 시장에 출시할 수 있다. 이것은 기업 경쟁력을 유지하고 성장을 도모하는 데 도움이 된다.

주요 글로벌 고객 사례

베스타스(Vestas)
Challenge

베스타스의 29,000명의 직원은 전 세계 풍력 에너지 및 하이브리드 프로젝트를 설계, 제조, 설치, 개발 및 서비스함으로써 더 나은 세상을 만드는 데 일조하고 있다.

PART 6

87개국에 154GW가 넘는 풍력 터빈을 보유한 베스타스는 누구보다 더 많은 풍력 발전 시설을 설치했다. 베스타스는 각 고객의 고유한 요구 사항을 충족하기 위해 증가하는 제품 복잡성 문제를 관리하는 동시에 제품 및 프로세스 품질 개선을 추진하여 비즈니스를 발전시켜야 했다.

Solution

베스타스는 CAD, PLM, IoT 전반에 걸쳐 PTC의 디지털 스레드 제품을 활용함으로써, 도전과제를 해결할 수 있었다. 베스타스의 경우 디지털 스레드는 엔지니어링에서 시작하여 엔터프라이즈 거버넌스 및 추적성을 위한 강력한 PLM 기반을 구축했다. 베스타스는 이제 제품 및 프로세스 정보의 통합된 폐쇄 루프 흐름을 향한 여정을 진행 중이다.

Impact

Creo(크레오), Windchill 및 ThingWorx의 End-to-End 구성 관리를 통해 엔지니어링과 제조의 동기화를 유지하는 동시에 수작업과 중복 작업을 효율적으로 줄일 수 있었다. 이는 제품 및 프로세스 품질의 단계적 개선을 추진하는 데 도움이 되었다.

베스타스는 또한 폐쇄 루프 혁신을 수노하고 있다. 동급 최고의 풍력 발전 솔루션을 개발하면서 시뮬레이션 모델을 검증하고 제품 및 프로세스 품질을 개선하기 위한 통찰력을 생성하기 위해 현장에서 연결된 풍력 터빈의 데이터를 사용하고 있다.

월풀(Whirlpool)
Challenge

월풀(Whirlpool)은 전 세계적으로 여러 회사 부서와 수천 명의 직원이 다양한 시스템과 프로세스를 활용하고 있는 가운데 혁신적인 제품을 시장에 효율적이고 일관되게 제공하기 위해 고군 분투하고 있었다. 이를 위한 조직의 복잡성을 줄이는 임무를 수행하고 있었다.

Solution

월풀은 Windchill을 제품 데이터의 단일 소스로 활용하여 CAD 관리, BOM 관리, 요구 사항 관리 및 시스템 모델링에 대한 모범 사례를 구현하여 증강 현실, 가상 현실 및 연결된 제품에 대한 기술 혁신을 더욱 확장할 수 있는 기반을 마련했다.

Impact

제품 개발 비용 절감, 엔지니어링 변경 감소, 구성요소 및 설계 재사용 확대, 소비자 결과 개선, 보다 많은 유도형 혁신이 가능하다.

보쉬(Bosch)
Challenge

Bosch(보쉬)는 모빌리티, 산업 기술, 에너지 및 건물 기술, 소비재 분야 등 다양한 분야에서 사업을 운영하고 있다. 다양한 비즈니스로 인해 기업 내부 및 외부에서 협업 작업이 짐짐 더 많아지고, 변화의 속도가 증가함에 따라 새로운 역량을 구축해야 하는 필요성이 증가되었다.

Solution

성공적으로 새로운 역량을 구축하기 위해 end-to-end 가치 흐름을 만들고 Creo, Windchill 및 ThingWorx를 사용한 디지털 스레드를 구축했다. PTC Windchill의 기본 제공 기능과 ThingWorx를 통한 가치 있는 배포를 사용하여 작업 현장의 직원들과 비전을 연결했다.

PART 7 — PLM 관련 업체 디렉토리

노드데이타

노드데이타는 2004년 창립 이래 3차원 CAD 시스템(CAD)을 기반으로 유한 요소해석(FEA), 전산 유체 역학(CFD), DATA 관리(PDM/PLM), 모델 렌더링, 3차원 전장 설계, 제품 매뉴얼 제작 등이 가능한 전 제품을 공급하고 있는 대표적인 설계 솔루션 전문 기업이다.

대표전화 02-595-4450
홈페이지 www.nodedata.com
사업분야 3D설계 및 해석, 데이터 관리, 스마트공장 컨설팅(제품 수명주기 관리) 등
PLM 관련 취급 제품 ENOVIA, SOLIDWORKS PDM

다쏘시스템코리아

1981년 설립된 다쏘시스템은 프랑스 3D 소프트웨어 기업으로, 전세계 29만 고객사와 협력 중이다. 3D익스피리언스 플랫폼은 제품수명주기관리(PLM)부터 디지털목업(DMU), 컴퓨터지원설계(CAD)까지 아우르며, 디자이너부터 엔지니어, 마케팅, 세일즈 등 모든 기업 조직을 위한 가상 플랫폼이다. 이를 통해 모든 이해관계자는 3D를 공통 언어로 협업할 수 있다. 자동차, 항공우주, 국방, 건설 등 12개 산업 분야에서 엔드투엔드 솔루션을 제공하며, 사용이 쉬운 3D익스피리언스 플랫폼을 통해 다양한 앱을 제공한다. 생산 전 과정의 디지털화를 지원하여 고품질 제품을 빠르게 생산하며 스마트 매뉴팩처링은 효율적인 생산 계획을 통한 최적화 기술을 추구한다. 다쏘시스템은 강력한 브랜드 애플리케이션과 85개 이상의 특화된 솔루션을 12개 산업 고객에게 제공한다.

대표전화 02-3270-7800
홈페이지 www.3ds.com/ko
사업분야 자동차/모빌리티, 항공우주/국방, 건축/엔지니어링/건설, 홈/라이프스타일, 소비재, 도시/공공서비스, 하이테크, 생명과학/헬스케어, 조선/해양, 에너지/소재, 산업장비 등 12개 산업 분야 지원
PLM 관련 취급 제품 3DEXPERIENCE Platform (3D익스피리언스 플랫폼), ENOVIA, DELMIA, SIMULIA, CATIA

다우데이타

다우데이타는 고객에게 최적화된 디자인 설계, 보안, 가상화, 스마트워크 분야에 이르기까지 약 20여 개 글로벌 소프트웨어와 솔루션 기반의 전문 서비스 및 컨설팅을 제공한다. 30년 이상 IT솔루션 사업에서 쌓아온 탄탄한 기술력을 바탕으로 현재는 VAN(Value Added Network)과 PG(Payment Gateway)를 개발 및 보급하는 핀테크 산업까지 사업 영역을 확장해 나가고 있다.

대표전화 02-3410-5100
홈페이지 www.members.daoudata.co.kr
사업분야 IT 솔루션 공급, 컨설팅 및 서비스 제공
PLM 관련 취급 제품 Autodesk Vault, Autodesk Fusion 360 Manage with Upchain

디엑스티(DXT)

디엑스티(DXT)는 2021년에 설립된 클라우드 SaaS 기반의 디지털 협업 플랫폼을 전문으로 하는 Cloud 서비스 기업이다. 2022년에 Private Cloud에서 운영되는 보안 강화

데이터 관리 서비스인 TPLAT MINT를 출시했으며, 2023년에는 자동차 부품 제조사를 위한 ASPICE SaaS 플랫폼과 기업의 외부 협업을 지원하는 CP(Collaboration Portal) 서비스를 선보였다. 디엑스티는 20년 이상의 경험을 보유한 시니어 개발자 그룹의 지식과 클라우드 개발 경험이 있는 주니어 개발자 그룹의 혁신적인 아이디어를 결합, 새로운 가치를 창출하여 SaaS 형태의 솔루션을 제공하고 있으며, 고객의 성장과 세상의 변화에 기여하는 비즈니스 모델을 구축하고 있다.

대표전화 010-2066-1347
홈페이지 www.dxt.co.kr
사업분야 클라우드 기반 제조기업의 협업 플랫폼
PLM 관련 취급 제품 ASOC(ASPICE on CLOUD), Collaboration Portal(Supplier, Customer), Teamcenter, Polarion, RD&L, Mendix, NX, Technology Platform(TPLAT)

디원

2018년 창립한 디원은 고객과의 동반성장을 모토로 지속적인 성장을 이어가고 있는 기업이다. 4차 산업혁명을 수놓하고 제조 및 공공분야의 디지털 전환에 앞장서고 있다. ENOVIA, 3D Experience Platform 등 다쏘시스템의 솔루션을 주력으로 삼고 있으며 30여 명의 개발자가 상주하여 고객에게 최상의 PLM 경험을 제공하고 있다.

대표전화 051-791-0777
홈페이지 www.d-1.co.kr
사업분야 PLM, MES, 3D CAD 및 해석, SI 사업
PLM 관련 취급 제품 EDEXPERIENCE Platform 기반으로 CATIA, ENOVIA, SIMULIA, DELMIA 등

디지테크

2000년도에 설립된 디지테크는 25년에 걸친 CAD/PLM/ALM/IoT/AR 분야의 시스템 구축 및 운영 노하우를 바탕으로 업계 최고의 기술력을 통해 DX(Digital Transformation 디지털 전환)를 선도하고 고객사의 스마트공장 구축을 지원하기 위해 최선을 다하고 있다. 4차 산업혁명 시대의 변화와 혁신이 그 어느 때보다 필요한 지금, 디지테크는 고객사를 위한 최고의 가치를 제공할 수 있도록 항상 고민하며 끊임없이 도전하고 있다.

대표전화 02-3663-8859
홈페이지 www.digiteki.com
사업분야 3D 모델링 설계 및 해석, PLM, ALM, IoT, AR 사업 등
PLM 관련 취급 제품 PTC Windchill

마이링크

제조 전문 IT솔루션 기업인 마이링크는 국내외 제조업을 위해 제조업무의 원활한 워크플로우를 넘어 공급사와 고객사까지 확장하여 사용할 수 있는 시스템을 직접 설계 및 개발하여 제공하고 있다. 주요 인력들이 SK, CJ, 삼성 등 최고 20년 이상 경력의 오랜 제조 IT 노하우를 가진 기술진들로 구성되어 있으며, 제조솔루션의 다양한 영역들을 맞춤형 솔루션으로 제공한다. 오래된 기존 제품들 대비 깔끔하고 편리한 UI/UX와 다양한 타 시스템들과의 연동으로 활용성이 높은 시스템을 합리적인 가격으로 제공하는 강점을 가지고 있다.

대표전화 02-826-1055
홈페이지 www.my-link.co.kr
사업분야 제품의 기획 설계, 생산 등 제조 관련 사업

PLM 관련 취급 제품 프로젝트 일정 및 자원 관리, 설계변경관리, 문서 도면관리, 제품수명주기 추적관리, 공정 및 표준 관리, 제품 및 자재 사양 관리, Workflow 관리 등

미라콤아이앤씨

1998년 설립된 미라콤아이앤씨는 혁신적인 IT기술을 바탕으로 스마트팩토리 토털 서비스를 제공하며 고객이 지향하는 스마트팩토리를 구현하고 있다. 대표 솔루션인 Nexplant MESplus를 중심으로 설비, 물류자동화 등 다양한 스마트팩토리 서비스를 제공하고 있다. 미라콤아이앤씨는 25년 전문 노하우를 바탕으로 20개국 이상 350개 고객 레퍼런스, 제조 25개 업종 중 21개 업종 BP사례 보유, 700종 이상의 설비 인터페이스, 7만대 이상의 설비 인터페이스 경험이 있으며, 1000명 이상의 스마트팩토리 전문 인력을 보유하고 있다.

대표전화 02-2125-6800
홈페이지 www.miracom-inc.com
사업분야 MES 솔루션, Smart Factory 관련 DX 서비스, PLM 및 Digital Twin
PLM 관련 취급 제품 Nexplant MESplus, Centric PLM, JK-PLM 등

센트릭 소프트웨어

실리콘 밸리에 본사를 두고 있는 센트릭 소프트웨어는 패션, 아웃도어, 럭셔리, 식음료, 화장품 및 퍼스널 케어, 가전제품 등 소비재, 리테일 분야의 기업들이 기획, 디자인, 제품 개발, 소싱, 구매, 제조, 가격 책정, 할당, 판매 및 보충을 포함한 제품 컨셉부터 출시 단계의 전체 프로세스 관리를 위한 완벽한 고객 맞춤형 솔루션을 제공하고 있다. 센트릭의 주력 상품인 제품 수명 주기 관리(PLM) Centric PLM은 제품의 디자인, 개발, 소싱 및 제조 단계에서 디지털 기술을 통해 제품 개발 프로세스를 최적화하고 비용 절감 및 업무 효율성을 극대화한다. Centric Planning은 소/도매 비즈니스 성과를 극대화할 수 있도록 전반적인 리테일 기획 프로세스를 최적화하는 혁신적인 클라우드 기반, AI 솔루션이다. Centric Pricing은 AI 기반의 리테일 가격 예측 자동화 및 재고 관리 플랫폼이다. Centric Market Intelligence는 AI 기반의 경쟁사 상품 벤치마킹, 제품 가격 최적화 및 제품 트렌드 인사이트를 제공하는 플랫폼이다. Centric Visual Boards는 데이터 시각화를 통해 소비자에게 최적화된 상품 구색과 제품 서비스를 지원한다.

대표전화 02-2190-3762
홈페이지 www.centricsoftware.com/ko
사업분야 소비재, 리테일 분야의 기업들이 기획, 디자인, 제품 개발, 소싱, 구매, 제조, 가격 책정, 할당, 판매 및 보충을 포함한 제품 컨셉부터 출시 단계의 전체 프로세스 관리를 위한 완벽한 고객 맞춤형 솔루션 제공
PLM 관련 취급 제품 Centric Visual Boards, Centric Planning, Centric Market Intelligence, Centric Pricing & Inventory

솔코

솔코는 최고의 기술력과 노하우를 바탕으로 클라우드 플랫폼 3DEXPERIENCE WORKS와 3D CAD 솔루션 SOLIDWORKS, 데이터관리 솔루션 SOLIDWORKS PDM 등 다쏘시스템의 2D/3D 설계/해석검증/제조/데

이터 관리 전 제품을 공급하고 있다. SOLIDWORKS 속성 편집 프로그램인 xPMWorks를 자체 개발, 고객에게 무상으로 제공하여 더 편리하고 정확한 설계를 할 수 있도록 지원하고 있다. 특히 PDM 공급 및 개발분 아니라 다른 시스템과 연동할 수 있도록 인터페이스 개발도 제공함으로써, 고객의 제품 품질 향상 및 시장 경쟁력 강화를 이루는 인더스트리 리더로서 고객과 함께 성장하고 있다.

대표전화 031-8069-8300
홈페이지 www.solidkorea.co.kr
사업분야 3D 모델링 설계 및 해석, 스마트팩토리, 교육, 컨설팅 등
PLM 관련 취급 제품 SOLIDWORKS PDM, SOLIDWORKS Manage, EXALEAD OnePart, SOLIDWORKS, 3DEXPERIENCE Works, SOLIDWORKS Simulation, SOLIDWORKS Flow Simulation, SOLIDWORKS Electrical 등

스페이스솔루션

스페이스솔루션은 지멘스 디지털 인더스트리 소프트웨어의 Expert Partner로서 Teamcenter, Tecnomatix, Simcenter, STAR-CCM+, NX CAD/CAM, Solid Edge 등의 소프트웨어 및 엔지니어링 서비스를 제공하고 있다. 특히, NX-API를 활용한 설계 및 해석 자동화와 다양한 분야의 해석 컨설팅, NX기반의 금형 설계 자동화(T-Mold) 솔루션을 제공하며, 이를 통해 고객의 비즈니스 요구 충족 및 성과 극대화를 지원하고 있다.

대표전화 02-2027-5930
홈페이지 www.spacesolution.kr
사업분야 CAD/CAM/CAE/CFD/PLM/DM SW 및 엔지니어링 서비스
PLM 관련 취급 제품 Line Design&Plant Optimization, Robotics&Process Simulation, Product Lifecycle Management, Manufacturing Planning 등

싱글톤소프트

싱글톤소프트는 2006년 설립 이후, 〈PLM 솔루션의 국산화〉의 외길로 매진하고 있는 PLM 전문업체이다. 지난 20여 년간 축적해온 풍부한 PLM 관련 개발 및 구축 경험을 바탕으로 국내 중소 제조기업 환경에 최적화된 PLM 솔루션인 Aone PLM 을 개발하였으며, 이를 활용하여 성공적인 PLM 구축사례를 쌓아가고 있다. 최근에는 모두솔루션과 공동으로, 클라우드 기반의 구독형 문서/도면관리 서비스인 Aone Cloud를 개발 및 출시함으로써 하이엔드뿐 아니라 로우엔드 PLM 영역으로도 시장 확장을 모색하고 있다.

대표전화 070-4126-6959
홈페이지 www.plm.co.kr, www.singleton.co.kr
사업분야 국산 PLM 패키지 솔루션 개발 / PLM 구축 및 컨설팅
PLM 관련 취급 제품 Aone PLM / Aone Cloud (에이원 피엘엠 / 에이원 클라우드)

쓰리피체인

쓰리피체인(3PCHAIN)은 고객의 3P(Product, Process, People)에 대하여 IoT 혁신을 통한 새로운 비즈니스 모델 전환 및 기존 비즈니스의 새로운 가치를 창출하며

산업 현장의 다양한 시스템 구축 경험을 바탕으로 CAD/PLM/ALM/PMS/AR/IoT 분야의 전문 솔루션을 제공하는 기업이다. 쓰리피체인(3PCHAIN)의 IoT 혁신은 AR을 바탕으로 CAD/CAE/PLM 등 솔루션을 융합하여 실시간 상태 데이터를 반영하는 Smart Product, Big data 분석을 통한 예측 정비 Smart Factory(Process), 이를 어디서나 쉽고 빠르게 모니터링 가능한 Smart People을 가능하게 한다. 또한, 3D 설계 방법론 경영의 첨단 노하우를 바탕으로 비즈니스 혁신의 새로운 방향을 제시하며 고객의 관점에서 문제를 해결하고 있다.

대표전화 02-6949-0626
홈페이지 www.3pchain.co.kr
사업분야 CAD/PLM/ALM/AR/CAE/IoT 등
PLM 관련 취급 제품 Creo, Windchill, Codebeamer, Thingworx, Vuforia

아이보우소프트

아이보우소프트는 국산 PLM 소프트웨어 개발사이  며, 국내 및 해외(중국-일본-대만 등)에 다수의 고객사를 보유하고 있다. DynaPLM 제품은 순수 국내기술로 개발된 제품으로, 원천기술을 모두 국내에서 보유하고 있으며, 국산 상용화 PLM 제품 1호 명맥을 꾸준히 유지하고 있다. 높은 가격, 라이선스 제약, 기능적 확장 등 여러 가지 제약으로 해외 수입제품 도입에 어려움이 있는 국내 제조업체에서 현실적인 대체품으로 DynaPLM을 많이 도입하고 있다. 주기적인 제품 개선과 확장으로 최신 트렌드와 고객 피드백 대응을 최우선 과제로 하고 있으며, DynaPLM 솔루션을 빠르게 구축하여 고객에게 인도하고 있다.

대표전화 02-6956-7116
홈페이지 www.ibowsoft.com
사업분야 PLM, CAD 사업 등
PLM 관련 취급 제품 DynaPLM, iCADPlus

알씨케이

알씨케이는 2011년 3월 설립된 회사이며, 디지털 트  윈 분야의 소프트웨어 제공 및 솔루션 공급사로서 성공적인 고객지원을 위하여 분야별 전문인력을 확보하고 있다. 또한 지속적인 자기 개발과 분야별 전문성을 통해 축적된 노하우가 당사 경쟁력의 원천이 되고 있다.

대표전화 02-575-0877
홈페이지 www.rckorea.net
사업분야 공정, 물류, 로봇 시뮬레이션 분야, PLM 분야, 3D 디지털 기술문서 분야, 클라우드 기반 디지털 트윈 플랫폼 분야
PLM 관련 취급 제품 ARAS PLM, Visual Components, SAP Visual Enterprise, Nextspace

에스더블류에스

에스더블류에스는 2012년 설  립된 기업으로, PLM 및 CAD 설계 자동화 솔루션 분야에서 고객의 다양한 요구를 충족하기 위해 최선의 노력을 기울이고 있다. 고객과 함께 성장하며 혁신적인 솔루션을 제공하며, LG에너지솔루션, 동국제강, SKC, 서울교통공사, 우진산전을 비롯한 50여 개 기업에 자체 개발 솔루션인 TeamPlus를 성공적으로 구축하였다. 에스더블류에스는 고객의 요구를 상세히 이해하고 명확하게 분석하여 최적의 해

결책을 제공하고 있으며, 빠른 산업환경 변화를 끊임없이 준비하고 대비하여 보다 나은 솔루션을 만들어가고 있다. 고객의 성공이 우리의 성공이라는 마음으로 상생하며 함께 성장할 수 있는 지속가능한 파트너를 지향하고 있다.

대표전화 02-6954-4700
홈페이지 www.sws.co.kr
사업분야 도면/기술문서 관리 솔루션, 설계 자동화솔루션, 협력사 거래 관리 솔루션
PLM 관련 취급 제품 TeamPlus, TeamBOM, TeamSupply, Team Add-in, Team viewer

SAP

SAP의 전략은 모든 기업이 지능형 엔터프라이즈로 운영될 수 있도록 지원하는 것이다. SAP는 기업용 애플리케이션 소프트웨어 시장의 선두주자로서 규모와 업종에 관계없이 모든 기업이 최고로 운영될 수 있도록 지원하고 있다. 전 세계 거래의 87%가 SAP 시스템을 통해 처리된다. SAP의 머신러닝, 사물인터넷(IoT), 고급 애널리틱스 기술은 고객의 비즈니스를 지능형 기업으로 전환하는 것을 지원한다. SAP는 사람과 소식에 깊은 비즈니스 인사이트를 제공하고 경쟁 우위를 유지하도록 지원하는 협업을 촉진한다. SAP는 기업이 소프트웨어를 중단 없이 원하는 방식으로 사용할 수 있도록 기술을 단순화한다. SAP의 엔드투엔드 애플리케이션 및 서비스 제품군을 통해 전 세계 25개 업종의 기업 및 공공 고객이 수익성 있게 운영하고, 지속적으로 바뀌는 상황에 적응하며, 변화를 이끌어내고 있다. SAP는 고객, 파트너, 직원 및 업계 선구자로 구성된 글로벌 네트워크를 통해 세계가 더 잘 운영되고 사람들의 삶을 개선할 수 있도록 지원하고 있다.

대표전화 080-219-2400
홈페이지 www.sap.com
사업분야 PLM, ERP, CRM 등의 기업용 응용 프로그램 개발 및 판매
PLM 관련 취급 제품 SAP S/4HANA Cloud, Enterprise Product Development, Product Lifecycle Costing, 3D Visual Enterprise, Engineering Control Center

엔솔루션스

엔솔루션스는 2000년 창립이래 업종별 국내 선진사의 PLM 분야 컨설팅 및 시스템 구축/운영을 통해 축적된 노하우와 Best Practice를 기반으로, 전 산업군의 R&D 및 제조 능력 향상과 디지털 전환을 위한 Enterprise Total Service & Solution Provider로서 고객 및 파트너와의 동반 성장을 추구하고 있다. 또한, PLM 솔루션인 nCore PLM, 다양한 CAD Data와 PLM과의 통합 및 협업 설계를 지원하는 nCore MCI, Enterprise System 구축을 위한 nCore Platform 등의 솔루션 개발 및 공급 사업을 제공하고 있다.

대표전화 02-3461-6915
홈페이지 www.n-solutions.co.kr
사업분야 PLM 시스템 구축 및 운영, 컨설팅, 소프트웨어 개발 및 공급 사업 등
PLM 관련 취급 제품 nCore PLM, nCore MCI, nCore Platform

오상자이엘

오상자이엘은 30년간 PLM을 전문으로 한 코스닥 상장 기업이며 다쏘시스템의 국내 대표 파트너이다. 전략적 파트너로서 솔루션 공급 뿐만 아니라 다수의 프로젝트를 수행한 경험과 노하우를 대기업뿐만 아니라 중견/중소기업에 전파하는 산업계(자동차/기계장치/하이테크)의 기술 전도사 역할을 담당하고 있다. 또한 다쏘시스템 공인 교육센터를 운영하면서 1994년부터 현재까지 2만명 이상의 수강생을 배출하고 있다. 3D익스피리언스(3DEXPERIENCE) 플랫폼이라는 단일 플랫폼 위에 설계/해석/디지털 매뉴팩처링에 걸쳐 다양한 포트폴리오를 제공함으로써 고객이 감동하는 최고의 PLM 파트너를 지향하고 있다.

대표전화 032-524-0700
홈페이지 www.osangjaiel.co.kr
사업분야 PLM, CAD, CAE, 컨설팅, 교육, GD&T, APS, ELN
PLM 관련 취급 제품 CATIA, Abaqus, CST, ENOVIA, 3DCS, ORTEMS, BIOVIA, DELMIA 외 다쏘시스템 전 제품

오토데스크코리아

오토데스크는 세상을 설계하고 만들어 가는 방식을 바꾸고 있다. 오토데스크의 기술은 건축, 엔지니어링, 건설, 제품 설계, 제조, 미디어 및 엔터테인먼트 분야 전반에서 활용되면서 전 세계의 혁신가들이 직면한 크고 작은 문제를 해결할 수 있게 지원한다. 오토데스크 소프트웨어는 친환경 건물부터 스마트한 제품이나 블록버스터에 이르기까지 혁신가들이 모두를 위해 더 나은 세상을 설계하고 제작할 수 있도록 돕고 있다.

대표전화 02-3484-3400
홈페이지 www.autodesk.co.kr
사업분야 Autodesk는 설계 솔루션을 시작으로 협업, 관리 솔루션에 이르기까지 건축, 엔지니어링, 건설, 제품 설계, 제조, 미디어 및 엔터테인먼트 분야 전반에서 토탈 솔루션을 공급해오고 있다.
PLM 관련 취급 제품 Autodesk의 PLM 솔루션은 Autodesk Vault PLM으로 제품 데이터 관리를 위한 Vault와 제품 개발 전반적인 과정에서의 제품 수명주기 관리를 위한 Fusion 360 Manage로 구성되어 있다.

유라

유라는 자동차 와이어링 하네스 핵심 소재인 전선, 커넥터, 릴레이 등을 생산하는 자동차 전장부품 전문 기업이다. 유라IT사업부는 유라코퍼레이션, 유라하네스, 유라테크 등 주요 자동차 부품을 제조하고 있는 관계사에 체계화된 솔루션을 공급해 스마트팩토리 구현에 앞장서고 있다. 현업에서 요구하는 기능 등을 솔루션으로 체계화하고 안정화시켜 현재의 스마트공장 구축 솔루션을 공급하는 기반이 되었다. 2003년에 IT사업부 설립 이후, 세계 12개국의 86개 공장에서 사용하는 솔루션을 공급, 유지 및 관리하고 있다. 특히 ICT 기술을 최적화하여 제조 업무에 특화된 각종 솔루션(전장설계CAD, 제품수명주기관리시스템, 제조실행시스템, 제조빅데이터시스템, 품질보증시스템, 시험관리시스템, 스마트폰보안관리) 등을 자체 개발하여 공급하고 있다.

대표전화 02-3270-7800
홈페이지 www.yurasolution.com
사업분야 스마트공장 구축 솔루션 공급 및 데이터 분

석, 전장설계CAD 공급

PLM 관련 취급 제품 FabePLM(제품정보관리), FabeHUB(데이터 배포 및 협업관리)

이노팩토리

이노팩토리는 PLM 컨설팅 그룹으로 시작하여 소프트웨어와 컨설팅을 아우르는 종합 엔지니어링 솔루션 기업이다. PLM 분야 기술력을 보유하고 있으며, 특히 Windchill 과 CREO, AutoVue의 구현에 강점을 가지고 있다. 또한 자체 솔루션인 ASTRA PDM을 통해 건축/설계, 엔지니어링, 플랜트, 제조 등 도면/문서를 활용하는 모든 산업분야의 기업들이 쉽고 간편하게 회사의 중요 지적자산들을 관리하게 함으로써 빠른 디지털 전환 및 업무 효율성 제고를 통한 사업 성공에 기여하고자 한다.

대표전화 070-8270-4571
홈페이지 www.innofactory.net
사업분야 제조 소프트웨어 전문기업으로 CAD/PLM/ALM/IoT 등의 소프트웨어 개발 및 유통과 컨설팅 분야
PLM 관련 취급 제품 ASTRA PDM, ASTRA Cloud, Windchill, Creo

이쓰리피에스

이쓰리피에스(E3PS)는 2006년 1월부터 현재까지 PTC사의 솔루션 및 서비스를 제공하는 파트너 회사이다. PLM 서비스(Strategic Advantage Provider), IoT 관련 서비스 자격을 부여 받아, 많은 고객사로부터 MCAD/PLM/IOT 분야에서 성공적인 프로젝트 수행을 통해 기술 능력을 검증 받았다. 현재 다방면의 산업 분야(자동차, 반도체/디스플레이 장비, 하이테크, 일반 제조, 의류, 식음료 산업 등)에서 MCAD, PLM 및 IoT시스템을 성공리에 구축한바 있으며, 그 규모는 300여 회사에 이른다. 또한, 2016년부터 스마트팩토리에 필수적인 밑단의 데이터를 수집하는 IoT 플랫폼(PTC의 Thingworx)를 이용하여 다수의 프로젝트를 성공리에 수행한 바 있다. 점진적으로 소프트웨어 분야의 ALM(Application Lifecycle Management), 서비스 분야의 SLM(Service Lifecycle Management)으로 사업 영역을 확장하고 있다.

대표전화 02-576-2997
홈페이지 www.e3ps.com
사업분야 PLM/PMS/PDM/IoT 시스템 개발 및 유지보수 , Creo(3D CAD) 판매/교육/컨설팅
PLM 관련 취급 제품 Windchill(제조업), FlexPLM(의류), Thingworx , Vuforia

자이오넥스

자이오넥스(Zionex)는 미국 MIT 대학원 박사과정을 졸업한 3명의 한국인이 한국의 B2B 소프트웨어 발전을 위해 의기투합하여 1999년에 설립되었다. 20여년간 축석된 경험과 노하우, 뛰어난 진문 인력 및 최침단 IT 기술을 기반으로 한 선도적인 밸류 체인 솔루션 전문 기업이다. 30여 명의 정규 인원으로 구성된 자체 부설연구소를 중심으로, 전 세계 제조 및 유통 산업에 속한 기업들의 밸류 체인 매니지먼트 혁신을 지원하는 소프트웨어 솔루션 패키지를 기반으로 컨설팅 및 구축 서비스를 제공하고 있다. 고객사의 신제품 기획 및 연구개발(R&D), 엔지니어링, 시험/테스트, 초도생산, 양산 및 단종, 그리고 서비스 파트까지 아우르는 제품 혁신을 지원하는 PLM 솔루션 사업과 함께 양산(Mass

Production) 영역에서의 탁월한 운영을 지원하는 공급망관리 계획 S&OP 솔루션 사업을 하고 있다.

대표전화 02-523-1203
홈페이지 www.zionex.com
사업분야 3D 모델링 설계 및 해석, Virtual Twin Platform 사업 등
PLM 관련 취급 제품 T3PLM(티큐브 PLM), Aras Innovator(아라스 이노베이터), DTM(디티엠, Dynamic Task Manager), Ansys Minerva(앤시스 미네르바), T3SmartSCM(티큐브 스마트 SCM), PlanNEL(플란넬)

줌인테크

줌인테크는 Autodesk PLM 전문화 파트너로 기계, 제조 분야의 디자인/설계/데이터 관리 솔루션 공급 및 제조 프로세스 개선을 위한 컨설팅과 엔지니어링 관리 시스템(PLM), 데이터 유출 차단 보안 분야에 대한 다수의 사례를 보유한 엔지니어링 전문 기업이다. 또한 글로벌 솔루션과 국내 유망 기업 솔루션을 국내 다양한 산업분야에 보급하고 있으며, 전문 기술 지원 조직을 통해 고객사에 지원 사업을 활발하게 진행하고 있다.

대표전화 070-7806-1991
홈페이지 www.zoom-in.co.kr
사업분야 3D 모델링 설계 및 해석, 솔루션 판매, 컨설팅
PLM 관련 취급 제품 Autodesk Vault PLM, Autodesk Fusion 360 Manage with Upchain

지경솔루텍

지경솔루텍은 2005년에 CAD(NX, SolidEdge)/  CAE/CAM 기반의 소프트웨어 공급 및 기술지원을 기반으로 설립되어, 2D/3D CAD를 활용한 설계자동화 및 견적자동화, 그리고 웹라이브러리 서비스 구축의 다수 성과를 가지고 있는 기업이다. 2018년부터 자체 개발한 PLM 시스템(JK-PLM)을 활용하여 스마트공장 구축 지원 사업에 다수의 구축 성과를 내어 제조업 IT혁신 중심의 미래지향적 가치를 창출하고 있다.

대표전화 02-6956-2131
홈페이지 www.jikyung.com
사업분야 PLM, CAD/CAE, 3D 모델링 설계 및 자동화
PLM 관련 취급 제품 JK-PLM, NX, SolidEdge

지멘스 디지털 인더스트리 소프트웨어

지멘스는 디지털 엔터프라이즈를 실현하기 위해 지난 10년 넘게 13조원 이상 R&D 및 제조 관련 솔루션 인수 및 합병에 투자하고 있으며 끊임없이 디지털 트윈 포트폴리오를 완성해 가고 있다. 지멘스 디지털 인더스트리 소프트웨어는 자동차, 전기/전자, 조선, 항공/국방, 중공업/기계, 유틸리티, 식음료, 의료기기/제약 산업에 이르기까지 전 산업 분야의 R&D 및 제조 혁신을 위한 디지털 혁신 플랫폼인 Siemens Xcelerator를 제공하고 있다. 특히, 개방형 디지털 혁신 플랫폼인 Siemens Xcelerator(엑셀러레이터)는 다양한 규모의 고객이 디지털 전환과 가치 창출을 가속화할 수 있도록 지원하며, 이를 기반으로 개인화된 솔루션을 통해 더 많은 고객 과제를 해결할 수 있도록 지원하고 있다.

대표전화 02-3016-2000
홈페이지 www.plm.automation.siemens.com/global/ko
사업분야 개방형 디지털 혁신 플랫폼인 Siemens

PART 7

Xcelerator(엑셀러레이터)를 통한 고객 Digital Transformation 지원

PLM 관련 취급 제품 Teamcenter, Polarion, NX, Solid Edge, Simcenter, Mendix, Opcenter, Technomatix, Capital, Xpedition

코너스톤테크놀러지

코너스톤은 2006년 첫 사업을 시작한 이후 지금까지 PLM을 중심으로 기업용 정보시스템 사업에만 몰두해 왔다. 장비 및 금형, 전기전자, 자동차, 항공 등 다양한 업종의 고객을 통해 산업을 이해하는 지식과 경험을 배웠다. 도면문서 관리 분야의 전문성만 가지고 출발했던 회사는 이제 영업, 개발, 생산, 품질 등 다양한 분야의 경험과 기술을 보유하게 되었다. 코너스톤은 이제 PLM의 모든 포트폴리오를 제공하는 솔루션 회사로 도약하는 것을 목표로 움직이고 있다. 기업의 노하우 축적과 생산성 향상을 위한 가성비 높은 솔루션과 서비스를 제공함으로써 고객의 성공에 기여할 수 있도록 지혜와 지식 그리고 열정을 다해 지원하고 고객과 함께 배우고 성장할 계획이다.

대표전화 070-7019-9871
홈페이지 www.csttec.com
사업분야 PLM, PMS, SCM, MES, CRM 등 솔루션 개발/판매
PLM 관련 취급 제품 코너스톤 웹하드, 코너스톤 도면관리, 코너스톤PMS, 코너스톤 SCM, 코너스톤 MES, 코너스톤 PLM

키미이에스(KIMIES)

키미이에스는 엔지니어링 중심 기업을 위한 혁신적인 설계 및 제조 솔루션, 교육 프로그램, 그리고 설계 서비스를 제공하고 있다. 지멘스의 최신 제품을 효과적으로 지원하며, 최대 3개 이전 버전까지도 호환성을 제공한다. 고객의 요구사항을 충족하기 위해 맞춤형 교육 프로그램을 제공하며, 엔지니어링 프로세스를 혁신하고 동시에 엔지니어링 의도를 강조하고 있다. 또한 턴키 솔루션과 현장 엔지니어링 설계 서비스를 통해 프로젝트에 필요한 자원을 제공한다. 지멘스와 긴밀한 파트너십을 통해 최신 기술과 지원을 제공하며, 다양한 산업에 강력한 솔루션을 제공하고 있다.

대표전화 02-2088-1830
홈페이지 www.kimies.co.kr
사업분야 SIEMENS PLM Software (CAD/CAM/CAE/PLM/ALM/DM) 제품 공급/서비스, 산업군별 PLM & SI 컨설팅 / 서비스
PLM 관련 취급 제품 NX CAD/CAM, Teamcenter, PLM Components, Cortona3D, Tecnomatix, ALM, PCM, Mendix, Simcenter, Star-CCM+, Solid Edge 등

P&P Advisory

P&P Advisory는 2014년에 Accenture 컨설팅 출신 유영진 대표가 PLM 및 모듈러 디자인, 기준정보 표준화 컨설팅 전문사로 설립하였다. 국내 제조 대기업(현대차/모비스, 현대중공업, 삼성, SEMES, SK, 두산, LIG 등)을 대상으로 PLM 전략수립, R&D 프로세스 PI, PLM 시스템 구축, PMO, 데이터 이관, 모듈러 디자인 컨설팅 등 End to End 서비스를 제공하며 높은 수준의 서비스를 제공하는 PLM 전문회사이다.

대표전화 02-597-3262

홈페이지 www.pnpadvisory.com
사업분야 PLM, R&D PI, 모듈러 디자인, 기준정보 표준화 컨설팅 및 시스템 구축 등
PLM 관련 취급 제품 주요 PLM 솔루션사 제품 구축 서비스 제공(다쏘시스템, 지멘스 등)

PTC코리아

PTC는 스마트 커넥티드 세상에서 사물을 설계, 제조, 운영, 서비스하는데 유용한 기술 플랫폼과 솔루션을 제공하는 글로벌 소프트웨어 회사이다. PTC가 제공하는 CAD, PLM, IoT, AR 기술 포트폴리오를 함께 사용하면 강력한 디지털 스레드 기반을 구축하여 비즈니스 전체에 더 빠른 데이터 연속성을 확보하고, 각 팀이 더 효과적으로 협업할 수 있도록 지원할 수 있다. 기업의 디지털 혁신 파트너로서 효율성 개선, 매출 성장 극대화, 운영 비용 절감을 통해 비즈니스 이니셔티브를 달성할 수 있도록 하는데 집중하고 있다.

대표전화 02-3484-8000
홈페이지 www.ptc.com/ko
사업분야 CAD, PLM, ALM, IoT, AR, SLM 등
PLM 관련 취급 제품 Windchill, Codebeamer, Kepware, ThingWorx, Service Max 등

헥사곤 매뉴팩처링 인텔리전스

헥사곤(Hexagon)은 센서, 소프트웨어, 자율 기술을 결합한 디지털 리얼리티 솔루션 분야의 글로벌 리더이다. 헥사곤의 매뉴팩처링 인텔리전스 사업부는 ▲디자인 & 엔지니어링 솔루션 ▲생산 소프트웨어 솔루션 ▲측정 하드웨어 및 소프트웨어 솔루션 등으로 CAE 소프트웨어, CAD/CAM 소프트웨어, 측정장비 및 소프트웨어 제품을 고객들에게 제공하여 더욱 스마트한 제조가 가능하도록 지원하고 있다. 한국에서는 한국헥사곤메트롤로지, 베로소프트웨어코리아, 디피테크놀로지코리아, 한국엠에스씨소프트웨어, 큐다스 등 5개 계열사가 사업을 진행하고 있다.

대표전화 1899-2920
홈페이지 www.hexagon.com/ko/company/divisions/manufacturing-intelligence
사업분야 디자인 & 엔지니어링 솔루션, 생산 소프트웨어 솔루션, 측정 하드웨어 및 소프트웨어 솔루션
PLM 관련 취급 제품 Nexus

헥사곤 ALI

헥사곤(Hexagon)은 센서, 소프트웨어, 자율화 솔루션 분야에서 글로벌 선두 기업이다. 헥사곤은 산업, 제조, 인프라, 안전 및 모빌리티 애플리케이션 전반에서 효율성, 생산성 제고 및 품질을 개선하기 위해 데이터 기반의 스마트 솔루션을 공급하고 있다. 헥사곤은 센싱 기술로 현실 세계의 데이터를 확보하고, 소프트웨어를 통해 디지털 세계를 구현하여 프로젝트 수행의 현대화와 디지털 성숙도를 가속화한다. 이를 통해 생산성 향상과 지속가능한 산업 시설을 설계, 건설, 운영 및 유지보수를 할 수 있도록 디지털 트랜스포메이션을 지원한다.

대표전화 02-3489-0300
홈페이지 www.hexagon.com/ko/company/divisions/asset-lifecycle-intelligence
사업분야 디지털 트윈 플랫폼 (데이터 기반의 설계, 건설, 운영, 유지보수) 사업
PLM 관련 취급 제품 SDx/SDR(Smart Digital Reality)

PART 8

공급업체(업체명/전화/홈페이지)	제품명	제품 설명	개발사
노드데이타, 02-595-4450, www.nodedata.com	ENOVIA	제품 수명주기 관리 솔루션	Dassault systemes
	SOLIDWORKS PDM	설계 주기 단축을 위한 데이터 관리, 협업 솔루션	
다쏘시스템코리아, 02-3270-7800, www.3ds.com/ko	3DEXPERIENCE Platform(3D익스피리언스 플랫폼)	제품수명주기관리(PLM)부터 디지털 목업(DMU), 컴퓨터 지원설계(CAD)까지 아우르는 통합 시스템	Dassault systemes
	ENOVIA	ENOVIA 협업 및 인텔리전스 & 데이터 기반 프로젝트 관리	
	DELMIA	DELMIA 협업 운영	
다우데이타, 02-3410-5100, https://members.daoudata.co.kr	Autodesk Vault	PDM으로 데이터 제어	Autodesk
	Autodesk Fusion 360 Manage with Upchain	데이터, 사용자, 프로세스를 연결하는 클라우드 PLM 및 PDM	
디엑스티, 010-2066-1347, www.dxt.co.kr	ASOC(ASPICE on Cloud)	자동차 부품사 전장품 개발을 위한 ASPICE Platform SaaS서비스	DXT
	CP(Collaboration Portal)	기업의 외부 협업을 위한 Cloud SaaS 서비스 (Customer용, 협력 사용, Platform용)	
	TPLAT(Technology Platform)(Public Cloud 용)	Public Cloud 환경에서 데이터 협업을 지원하는 SaaS서비스	
	TPLAT Mint(Private Cloud 용)	보안이 강화된 Private Cloud 환경에서 데이터 협업을 지원하는 SaaS 서비스	
	TPLAT EX(Extension Service)	제조기업 PLM 구축시 필요로 하는 확장 기능을 BP (Best Practice)화 하여 솔루션 형태로 제공	
	Teamcenter	제조기업의 전사 차원의 PLM시스템	SIEMENS
	Teamcenter X	제조기업의 전사 차원의 PLM시스템 (SaaS)	
	Polarion	제조기업의 전사 차원의 ALM시스템	
	Polarion X	제조기업의 전사 차원의 ALM시스템 (SaaS)	
	RD&L	프로세스 산업의 PLM시스템	
	Mendix	Low Code 개발 Platform	

업체별 주요 PLM 및 관련 소프트웨어 공급 제품 리스트

업체	제품명	설명	공급사
디원, 051-791-0777, www.d-1.co.kr	ENOVIA	전체 제품 수명주기 포괄 솔루션	Dassault systemes
	DELMIA	디지털 제조 및 계획, 가상공정 솔루션	
디지테크, 02-3663-8859, www.digiteki.com	Windchill	엔터프라이즈 제품 수명주기관리 솔루션	PTC
마이링크, 042-826-1055, www.my-link.co.kr	Link PLM	제품 수명주기 관리 솔루션	마이링크
	Link PMS	프로젝트 관리 솔루션	
미라콤, 02-2125-6800, www.miracom-inc.com	Centric PLM	식음료 소비재 전용 수명주기 솔루션	센트릭소프트
	JK-PLM	국산 엔지니어링 수명주기 솔루션	지경솔루텍
센트릭 소프트웨어, 02-2190-3762, www.centricsoftware.com/ko	Centric PLM	제품 수명 주기 관리 솔루션	센트릭 소프트웨어
솔코, 031-8069-8310, www.solidkorea.co.kr	SOLIDWORKS PDM	전체 제품 수명주기 포괄 솔루션	다쏘시스템
	SOLIDWORKS Manage	고급 데이터 관리 도구	
	EXALEAD OnePart	모든 문서를 활용하는 데이터 파일 어플리케이션	
스페이스솔루션, 02-2027-5930, www.spacesolution.kr	Teamcenter	전체 제품 수명주기 포괄 솔루션	Siemens
	Tecnomatix	제품 엔지니어링을 위한 포괄적인 디지털 제조 솔루션	
싱글톤소프트, 070-4126-6959, www.singleton.co.kr	Aone PLM(에이 원 피엘엠)	순수 국내기술로 개발된 한국형 PLM	싱글톤소프트
	Aone Cloud(에이 원 클라우드)	PLM으로 확장가능한 클라우드 기반 문서 및 도면관리 솔루션	싱글톤소프트/모두솔루션
쓰리피체인, 02-6949-0626, www.3pchain.co.kr	Windchill	분산된 다분야 팀, 품질 중심 프로세스, 데이터기반 제조 방식 지원	PTC
아이보우소프트, 02-6956-7115, www.ibowsoft.com	DynaPLM	제품 수명주기 솔루션	아이보우소프트
알씨케이, 02-575-0877, www.rckorea.net	ARAS PLM	전체 제품 수명주기 포괄 솔루션	ARAS
에스더블류에스, 02-6954-4700, www.sws.co.kr	TeamPlus	제품 수명 주기 관리 시스템	에스더블류에스
	TeamBOM	자동 BOM 생성 및 관리시스템	
	TeamSupply	협력사 거래 관리 시스템	
	Team Add-in	설계 자동화 관리 시스템	
	Team viewer	CAD 도면 Viewing 시스템	

PART 8

회사	제품	설명	벤더
SAP코리아, 080-219-2400, www.sap.com	SAP S/4HANA Cloud	PLM, ERP 등을 포함한 기업용 통합 어플리케이션 및 플랫폼	SAP
	Enterprise Product Development	클라우드 기반 제품 수명 주기 관리	
	Product Lifecycle Costing	제품의 사전 원가, 견적 원가, 수명 주기 원가 관리	
	3D Visual Enterprise	제품의 시각화 및 비즈니스 데이터 연계 활용	
	Engineering Control Center	CAD와 S/4HANA를 연계 (제품구조, 메타정보, 도면파일)	
	Production Engineering and Operations	개발과 제조 협업 강화, BOM 최적화 및 제조 빌드 패키지 생성, 계획, 작업 현장 관리 효율화	
엔솔루션스, 02-3461-6915, www.n-solutions.co.kr	nCore PLM	제품의 Lifecycle 전반에 걸친 프로세스 및 정보 통합 관리	엔솔루션스
	nCore MCI	다양한 CAD Data와 PLM/PDM과 연동을 통한 설계정보 관리	
	nCore Platform	기업의 업무 프로세스 및 정보의 체계적인 관리와 디지털화를 위한 Enterprise System Platform	
오상자이엘, 032-524-0700, www.osangjaiel.co.kr	ENOVIA	전체 제품 수명주기 포괄 솔루션	Dassault systemes
	DELMIA	디지털 제조 및 계획, 가상공정 솔루션	
유라, 070-7878-7004, www.yurasolution.com	FabePLM	전체 제품 수명주기 관리 솔루션	유라
	FabeHUB	데이터 배포 및 협업 관리 솔루션	
이노팩토리, 070-8270-4571, www.innofactory.net	ASTRA PDM	쉽고 편한 디지털 도면관리 솔루션	이노팩토리
	ASTRA Cloud	SaaS 기반 도면/문서 관리 솔루션	
	ASTRA View	HTML기반 2D도면 뷰어	
	Windchill	전사 제품정보 관리 솔루션	PTC
이쓰리피에스, 02-576-2997, www.e3ps.com	Winchill	Muliti CAD 환경의 협업 솔루션	PTC
줌인테크, 070-7806-1991, www.zoom-in.co.kr	Vault PLM	제품 수명주기 관리 솔루션	Autodesk
	Fusion 360 Manage with Upchain	Cloud제품 수명주기 관리 솔루션	
	Vault PRO	설계 데이터 관리 솔루션	

업체별 주요 PLM 및 관련 소프트웨어 공급 제품 리스트

업체	제품명	설명	공급사
인코스, 031-702-5770, www.incos.co.kr	TopSolid PDM	CAD/CAM 제품 데이터 관리	TopSolid
	TopSolid Shopfloor	전체 제조 프로세스 관리	
자이오넥스, 02-523-1203, www.zionex.com	T³PLM(티큐브 PLM)	PDM 및 PMS, QP(Quality Planning) 영역을 아우르는 PLM 솔루션	자이오넥스
	Aras Innovator (아라스 이노베이터)	글로벌 PLM 솔루션	Aras Corporation
	DTM(디티엠, Dynamic Task Manager)	최신 Web 기반 Project Management 솔루션	자이오넥스
	T³SmartSCM(티큐브 스마트 SCM)	최신 웹 기반 SCM(S&OP) 솔루션	자이오넥스
지멘스 디지털 인더스트리 소프트웨어, 02-3016-2000, www.plm.automation.siemens.com/global/ko	Teamcenter	전체 제품 수명주기 포괄 솔루션	Siemens
코너스톤테크놀러지, 070-7019-9871, www.csttec.com	코너스톤 웹하드	기업용 웹하드	코너스톤테크놀러지
	코너스톤 도면관리	클라우드 도면관리	
	코너스톤 PMS	프로젝트 관리 시스템	
	코너스톤 SCM	공급망 관리 시스템	
	코너스톤 MES	제조 실행 시스템	
	코너스톤 PLM	제품 품질 개선과 원가 절감 위한 PLM 시스템	
키미이에스, 02-2088-1830, www.kimies.co.kr	Teamcenter	전체 제품 수명주기 포괄 솔루션	Siemens
	Cortona3D	기술 문서 및 교육 자료 생성/관리	
	Tecnomatix	생산 프로세스 디지털화 최적화	
	Mendix	저코딩 플랫폼	
PTC코리아, 02-3484-8000, https://www.ptc.com/ko	Windchill	턴키 방식 완벽한 협업 솔루션	PTC
	ThingWorx Navigate	IIoT와 PLM 기능을 통합한 플랫폼	PTC
헥사곤 매뉴팩처링 인텔리전스, 1899-2920, www.hexagon.com	Nexus	디지털 리얼리티 플랫폼	헥사곤 매뉴팩처링 인텔리전스
Hexagn(헥사곤) ALI, 02-3489-0300, www.hexagon.com/ko/company/divisions/asset-lifecycle-intelligence	SDx/SDR	산업시설 수명주기 포괄 솔루션	Hexagon ALI

* 업체 가나다순   * 제품리스트는 내용을 제공해준 업체에 한하여 제공 내용을 토대로 정리한 것임.
* 주식회사 관련 표기는 일괄적으로 삭제함.
* 잘못된 내용이나 변경된 내용이 있을 경우 당사로 연락주시기 바랍니다. 문의 : 02-333-6900, mail@cadgraphics.co.kr

스마트 엔지니어링을 위한
PLM과 DX 가이드

공저	한국산업지능화협회 PLM기술위원회
	강한수, 김성희, 김태환, 도남철, 류용효, 서효원, 오민수, 유영진,
	유종광, 이봉기, 임명진, 전성호, 조형식, 최경화, 한순흥, 홍상훈
펴낸곳	이엔지미디어
전화	02-333-6900
팩스	02-774-6911
홈페이지	www.cadgraphics.co.kr
이메일	mail@cadgraphics.co.kr
주소	서울시 종로구 세종대로23길 47 미도파광화문빌딩 607호(우 03182)
등록	제2012-000047호
등록일	2004년 8월 23일
디자인	김미희, 홍다연
찍은곳	으뜸피앤디
초판 1쇄	2024년 1월 10일
ISBN	979-11-86450-32-1
정가	25,000원

이 책의 저작권은 저자에게 있으며, 허락 없이 전재 및 복제할 수 없습니다.
잘못된 책은 바꾸어 드립니다.